書系緣起

早在二千多年前，中國的道家大師莊子已看穿知識的奧祕。莊子在《齊物論》中道出態度的大道理：莫若以明。

莫若以明是對知識的態度，而小小的態度往往成就天淵之別的結果。

「樞始得其環中，以應無窮。是亦一無窮，非亦一無窮也。故曰：莫若以明。」

是誰或是什麼誤導我們中國人的教育傳統成為閉塞一族。答案已不重要，現在，大家只需著眼未來。

共勉之。

Hal Brands

霍爾·布蘭茲——編 鼎玉鉉——譯

美國主導的世界秩序
與科技變革帶來的全新戰場

5 當代戰略全書

後冷戰時代的戰略

THE NEW MAKERS OF MODERN STRATEGY

THE NEW MAKERS
OF MODERN STRATEGY

獻給 Richard Chang

致謝

這部著作主要歸功於所有撰稿人。他們放下手邊的其他重要專案，不僅花了不少心思，同時得忍受編輯經常催稿。其次要歸功於許多作家，因為他們的學術研究為這本書奠下了知識基礎。

我也要感謝一些人提供建議。他們影響了這本書的不同進行階段，也就是勞倫斯・佛里德曼（Lawrence Freedman）、邁可・霍洛維茨（Michael Horowitz）、威爾・英伯登（Will Inboden）、安德魯・梅伊（Andrew May）、亞倫・麥克林（Aaron MacLean）、湯瑪斯・曼肯（Thomas Mahnken）、莎莉・佩恩（Sally Payne）、艾琳・辛普森（Erin Simpson）、休・斯特拉坎（Hew Strachan）等。我特別感謝艾略特・科恩（Eliot Cohen），因為他在處理其他的事務之前幫我構思了這項專案。普林斯頓大學出版社的艾瑞克・克拉漢（Eric Crahan）先建議我出版《當代戰略全書》（The New Makers of Modern Strategy: From the Ancient World to the Digital Age）的第三版，然後見證這本書的完成。該出版社的許多人都在過程中協助我。在準備和設計章節方面，有幾位研究助理支援我；他們是露西・貝爾斯（Lucy Bales）、史蒂芬・霍尼格（Steven Honig）、雅各・派金（Jacob Paikin）以及裘瑞克・威利（Jurek Wille）。納撒尼爾・汪（Nathaniel Wong）則負責監督流程。此外，克里斯・克羅斯比（Chris Crosbie）也大力協助。

最後，我非常感謝一些重要的機構，包括約翰霍普金斯大學的高等國際研究學院和美國企業研究院（The John Hopkins School for Advanced International Studies and The American Enterprise Institute）提供了良好的學術氛圍；美國世界聯盟（America in the World Consortium）則提供寶貴的財務支援。最重要的是，如果沒有亨利・季辛吉全球事務中心（Henry Kissinger Center for Global Affairs）及其董事法蘭克・蓋文（Frank Gavin）的幫助，這項專案根本不可能完成。法蘭克從一開始就幫忙規劃專案。他和該中心的工作人員共同合作，功不可沒。在他的領導下，該中心已經變成獨特的組織，致力於宣揚與這本書相同的價值觀，並且在未來的許多年會有歷史和戰略相關的開創性成果。

國際權威作者群

克里斯多福・葛里芬（Christopher J. Griffin）是史密斯・理查森基金會（Smith Richardson Foundation）的資深企劃主管。曾擔任外交政策計畫的執行總監，也曾在參議員約瑟夫・李伯曼的團隊中工作。畢業於奧斯汀學院和約翰霍普金斯大學的高等國際研究學院。

迪瑪・阿達姆斯基（Dmitry Adamsky）在以色列瑞克曼大學（Reichman University）的政府外交暨戰略學院擔任教授，著有《軍事創新文化》（The Culture of Military Innovation）和《俄羅斯核武正統學說》（Russian Nuclear Orthodoxy）。

卡特・馬卡山（Carter Malkasian）著有《美國在阿富汗發動的戰爭史》（The American War in Afghanistan: A History）、《戰爭降臨加姆塞爾：阿富汗邊境的三十年衝突》（War Comes to Garmser: Thirty Years of Conflict on the Afghan Frontier）、《勝利的假象：安巴爾省的覺醒與伊斯蘭國》（Illusions of Victory: The Anbar Awakening and the Islamic State）。現在是美國海軍研究所的教授。

艾哈邁德．哈希姆（Ahmed S. Hashim）是迪肯大學的戰略研究系副教授，同時也在澳洲國防學院的人文與社會科學學院任教。專攻軍事歷史和戰略研究，尤其是暴動、鎮壓叛亂、南半球的正規戰爭以及亞洲國防體系的議題。

易明（Elizabeth Economy）在史丹佛大學的胡佛研究所擔任資深研究員。目前，她在休假期間擔任美國商務部的中國資深顧問。最新著作是《中國的世界觀》（The World According to China）。

賽斯．瓊斯（Seth G. Jones）是戰略與國際研究中心的資深副總裁和哈羅德．布朗教授（Harold Brown Chair）。著作包括《三大危害：俄羅斯、伊朗、中國，以及非正規戰爭的崛起》（Three Dangerous Men: Russia, Iran, China, and the Rise of Irregular Warfare）。

蘇米．特里（Sue Mi Terry）在威爾遜中心的現代汽車韓國基金會中心（Hyundai Motor-Korea Foundation Center）擔任韓國歷史與公共政策的負責人。曾經是中央情報局的分析師，也曾經在二〇〇八至二〇〇九年加入國家情報委員會，以及在二〇〇九至二〇一〇年加入國家安全委員會。

賈森・斯特恩斯（Jason K. Stearns）在西門菲莎大學擔任國際研究系的助理教授，也在紐約大學擔任剛果研究小組的負責人，著有《不明的戰爭：剛果的無盡衝突》（The War That Does Not Say Its Name: The Unending Conflict in the Congo）。

喬書亞・羅斯納（Joshua Rovner）是美國大學的副教授。他負責指導和撰寫情報和戰略相關的內容，同時擔任 H-Diplo 的《國際安全研究論壇》（International Security Studies Forum）主編和《戰略研究期刊》（Journal of Strategic Studies）的副主編。

湯瑪斯・里德（Thomas Rid）在約翰霍普金斯大學的高等國際研究學院擔任戰略研究系教授，以研究有衝突的資訊科技的歷史和風險而聞名。著作包括《積極措施》（Active Measures）、《機器崛起》（Rise of the Machines）、《網路戰爭不會發生》（Cyber War Will Not Take Place）等。

約翰・路易斯・蓋迪斯（John Lewis Gaddis）在耶魯大學擔任軍事與海軍史的羅伯特・洛維特教授（Robert A. Lovett Professor）。目前，負責指導大戰略、傳記以及歷史研究方法等課程。近期著作包括《喬治・凱南的一生》（George F. Kennan: An American Life，二〇一一年）和《論大戰略》（On Grand Strategy，二〇一八年）。

目次

推薦序／了解過去的決策方式，啟發面對未來的判斷 王立／「王立第二戰研所」版主 14
推薦序／戰略的本質、意義與影響力 張國城／台北醫學大學通識教育中心教授、副主任 17
推薦序／藉由經典史籍，一探領袖人物的戰略思維 22
張榮豐、賴彥霖／台灣戰略模擬學會理事長、執行長
推薦序／以全面的視野，理解戰爭、戰略及其深層原因 26
蘇紫雲／國防安全研究院國防戰略與資源研究所所長

前言
無可取代的一門藝術：現代戰略的三代制定者 31
——約翰霍普金斯大學特聘教授／霍爾．布蘭茲

Chapter 1
主導的困境：從老布希至歐巴馬執政時期的美國戰略 49
——史密斯．理查森基金會資深企劃主管／克里斯多福．葛里芬

Chapter 2
兩個元帥：奧加可夫、馬歇爾以及軍事事務的革命 85
——以色列瑞克曼大學政府外交暨戰略學院教授／德米特里・亞當斯基

Chapter 3
九一一事件後的反叛亂及反恐戰略 113
——美國海軍研究所教授／卡特・馬卡山

Chapter 4
從先知穆罕默德至當代時期的吉哈德戰略 155
——迪肯大學戰略研究系副教授／艾哈邁德・哈希姆

Chapter 5
習近平及中國的復興戰略 193
——史丹佛大學胡佛研究所資深研究員／易明

Chapter 6
蘇萊曼尼、格拉西莫夫及非常規戰爭戰略 225
——戰略與國際研究中心資深副總裁／賽斯・瓊斯

Chapter 7
脆弱的力量：金氏王朝與北韓生存戰略 261
——威爾遜中心現代汽車韓國基金會中心韓國歷史與公共政策負責人／蘇米・特里

Chapter 8
持續性衝突的戰略：卡比拉與剛果戰爭 293
——西門菲莎大學國際研究系助理教授／賈森・斯特恩斯

Chapter 9
新領域中的戰略與大戰略 323
——美國大學副教授／喬書亞・羅斯納

Chapter 10
情報革命 355
——約翰霍普金斯大學高等國際研究學院戰略研究系教授／湯瑪斯・瑞德

Chapter 11
準則、邏輯及大戰略 393
——耶魯大學軍事與海軍史羅伯特・洛維特教授／約翰・路易斯・蓋迪斯

註釋 425

推薦序／了解過去的決策方式，啟發面對未來的判斷

王立 「王立第二戰研所」版主

很榮幸可以向各位讀者推薦這套《當代戰略全書》，可說是戰略的教科書入門。本書歷經時代考驗，收集從古代到現代的戰略名家學說，不論是對戰略有興趣，或是想研究地緣政治的朋友，都不能錯過。

戰略學到底是不是一門學問，關鍵在戰略是否能被定義，很可惜的是至今戰略的定義仍是沒有公論，唯一可以確定的，是定義不停地被擴張。因為戰略一詞的使用是在近代，若我們從戰略思想史追溯源頭，會發現戰略的本意很接近「謀略」，是一種為了追求目標而制定的手段，也可以說是思想方法。

會被納入西方戰略思想研究內容者，多是其思想方法被推崇，而不是手段本身。也就是戰略的本質，更接近於方法論，每個時代的大戰略家不外乎兩種，一種是結合當代社會發

展、技術層次、政治制度諸多不同要素，完善了一套軍事理論，使其可以應用到軍隊；另一種則是在軍事思想停滯的年代，找出突破點並予以擴大。

這也是讀者在閱讀本書時會產生的疑惑，更是多數人對戰略的困惑。談到戰略（Strategy），中文的「戰」字給人連結到軍隊上，強烈的暴力氣息，但原意其實偏向策略。故可說國家政策本身就是一種戰略，為了追求國家目標制定的手段也是戰略。

回到戰略本質是思想上，那麼用兵手段、軍隊編制、政治改革，其實都可以算進戰略中。而要了解戰略，從這就可發覺需要接觸的範圍太廣了，於是了解戰略史、地緣政治史、重要決策者如何判斷，統統變成戰略教科書的一部分。於是戰略研究的第一步是歷史，第二步則是了解當代環境，從中抽絲剝繭，追尋決策者為何在當下的環境中，做出正確或錯誤的決策。而為了還原情境，現代戰略學已經納入人類學、民族學、心理學、行政學諸多領域，不停地更新過往的論點。

無論戰略研究變得多複雜，起步都是戰略思想史，從古代到現代，唯有了解過去的決策方式，才能啟發我們面對未來的判斷。而不同時代的戰略思想史，看似沒有重複之處，實則處處相合，我們不是在找尋模板套用到現代上，戰略研究是希望從過往，確認做計劃的方向，是否合乎古今中外的原則。

有人會覺得遺憾，本書除了孫子兵法外，沒有收錄任何的中國古代戰略史。這其實沒有影響，戰略至今仍然無法明確定義，恰好證明大道歸一，東西方戰略思想，最終追求的都沒有差別。

當代戰略全書，收錄各家學者對古今戰略思想、重要決策的詮釋，對於初窺戰略一道者有極佳幫助。你不見得能認同詮釋者的意見，但透過專家的解讀，對已有一定程度者更能有所啟發。

推薦序／戰略的本質、意義與影響力

張國城
台北醫學大學通識教育中心教授、副主任

《當代戰略全書》系列（原文書名為 The New Makers of Modern Strategy: From the Ancient World to the Digital Age），集結了當代西方戰略、軍事學者的一時之選，合計四十五位的重要著作，二〇二三年五月於美國出版。這類大部頭的書（原文書高達一千二百頁），雖然是研究戰略、軍事及安全者的寶書，畢竟和一般讀者的閱讀習慣有些差異。因此商周出版將繁中版拆為五冊，將原文書中的五篇各自獨立成冊，對於這種普及知識的作為，筆者要表達最大的敬意。

「戰略」這個詞，經常為人所聞，但究竟什麼是「戰略」，根據書中所述，是指一種操縱和利用某個國家資源（或幾個國家組成的聯盟）的技巧，包括軍隊，以確保重要的利益能有效地維持，並免受敵人的威脅，無論是實際、潛在或假設的情況都一樣。重點是「資源」和

「利益」這兩者之間的衡量與運用，因此，「戰略」是一門涉及治國方略的多樣化學科，適用於和平與戰爭時期，也適用於國家、團體與個人的策略規劃。

就筆者看來，本書的價值在於：

首先，明確闡述了戰略的意義，以及戰略思想家形成這些思想的脈絡，還有他們產生這些思想的歷史背景。戰略思想多半源於「思想家對於當時的重要戰爭和國際衝突的分析與詮釋」，關於這點，這套著作提供了完整的歷史敘述（如第二冊），許多是在相關歷史著作中也不易論述完整的。因此，本書還可作為重要的歷史參考書使用。

其次是與時俱進。原文書於一九四三年發行第一版（書名為Makers of Modern Strategy），一九八六年發行第二版。一九八六年時冷戰還沒有結束，眾所周知冷戰結束後，全球的軍事與安全環境都面臨了巨大的變化，因此又推出第三版，這次由約翰霍普金斯大學（Johns Hopkins University）高等國際研究學院霍爾・布蘭茲（Hal Brands）教授主編，堪稱是西方戰略學者所共著、在這一個領域的九陰真經。

第三，本書內容非常豐富。揭露的原則不僅是研究國際關係和安全者所必知必讀，同時也能運用在管理甚至人際關係上。譬如書中揭櫫一個重要的戰略原則，就是「……當你擊敗一個對手，另一個對手又出現，或者優先事項有所變化之際，正確列出主要對手的順序非常重要。」對筆者這種無論工作還是興趣都是戰略研究的人來說，這個原則並不陌生，但對一般讀者來說，釐清「要解決的問題其順序」，不僅是毛澤東擊敗國民黨的指導原則，在日常工作上也適用。但是，作者用了大量的歷史資料去論證這一個簡單卻清晰的原則，這對於易於淺碟化思考的現代社會，更是令人心折。

對於台灣的讀者而言，對韓戰、越戰、波斯灣戰爭等多半耳熟能詳，但世界上仍有許多地方有衝突，對於國際關係的影響一樣重要，譬如許多殖民地的反殖鬥爭。書中提出印度和許多國家在反帝國主義殖民做法中「自我去殖民化」的過程，非常寶貴。此外，書中指出國家權力只要採取脅迫、專橫的手段，就會面臨各種形式的異議與抗爭，事實上從中東到香港，異議和抗爭始終是國際新聞長期的焦點；但反殖民思想家也提醒我們，相較於「策略」（結果論）考量，去殖民化的關鍵更在於找回倫理思維的能力。對台灣讀者來說，幾百年來的歷史充滿著外來政權，今天許多問題根源於此。另一方面，要理解中國領導人的想法，也不能僅從西方人的角度出發，理解（當然不一定要同意）中共長期「反帝反殖」的民族主義號召也是非常必要的（所以他們對香港人爭民主會有那樣的詮釋）。本書是在這一方面提供台灣人反思並找回倫理思維的重要工具。

今天中國實力的崛起，從本書中可以看出，雖然中國實力大幅躍進是近二十年（軍事方面），但是其來有自。潘恩（S.C.M. Paine）在第三冊第八章（原文書第二十六章）中指出，羅斯福（Theodore Roosevelt）會在整個總統任期中尋求與蘇聯合作的原因。他認為蘇聯缺乏海軍實力，對美國不構成軍事威脅；也因為蘇聯是獨裁者中唯一處於其他獨裁者之間的國家，他預見到蘇聯有朝一日可能會樂於協助美國，甚至提供協助。後來美國撤銷對台北的外交承認，和北京建立外交關係，和羅斯福與蘇聯合作的邏輯相同。目前美中間的關係，也和二戰後杜魯門（Harry S. Truman）和蘇聯進入冷戰很類似。但是之後會如何？

克里斯多福・葛里芬（Christopher J. Griffin）在第五冊第一章（原文書第三十五章）中寫道，「……冷戰結束後，美國的國防戰略基本上都離不開國防部長理查・錢尼（Richard Cheney）和參謀長聯席會議主席科林・鮑爾（Colin Powell）首次闡述的政策路線。簡單說，就是美國會尋求捍衛並擴大在冷戰中取得勝利的「自由區」（zone of freedom），同時將其軍事力量從圍堵與蘇聯的全球戰爭轉向於因應區域危機上。」但是本書認為，這個做法主要是因應冷戰後國防資源的減少，不是真的意會到新的地緣政治。在面臨中國這種霸權崛起時，筆者認為就會捉襟見肘。因為因應區域衝突的軍事力量，壓倒伊拉克、塔利班（Taliban）並無問題，但很難壓倒中國這種大國。但美國長期卻是習慣成自然，把美國在冷戰後成為唯一主導大國的事實，很快地看作是影響其他政策選擇的前提假設。但現實狀況是和區域霸權客觀實力對比，美國作為唯一主導大國的地位已經相當削弱。

這些都是我們身處台灣，不得不認清的殘酷現實。但這並不等同於簡單地化約為「疑美論」或「親美論」，要做的是在和他國互動的過程中，釐清手中資源和利益的相對關係。畢竟國際關係理論中有具體定義的「後冷戰」時代已經結束，一個尚未命名或定義的新時代已經開始。在這個時代，國際關係的發展對台灣的每一個普通人來說，影響力會超過以往；所以，我們有必要對影響國際關係的「戰略」增加更多了解。對於無暇進入學術環境研讀，但又不想被片面、局部的知識所誤導的聰明人來說，本書是無與倫比的選擇。

推薦序／藉由經典史籍，一探領袖人物的戰略思維

張榮豐、賴彥霖　台灣戰略模擬學會理事長、執行長

對於何謂「戰略」，東西方文化長期以來存在著各式各樣的詮釋與說法，過去多年從事國安工作的經驗告訴我，凡是定義不明確的概念，都難以實際操作，最終只能成為抽象的名詞。因此，我個人認為對「戰略」二字最適當、通俗且實用的定義就是：根據明確的目標，在對的時間、對的地點、投入正確的資源。

在制定戰略時，首先必須要有清晰的願景與／或明確的目標。「目標」是整個戰略中最關鍵的部分，所以美國陸軍參謀指揮學校在訓練學員時特別強調，在擬定戰略方案的實務操作上應投入至少三分之一的時間針對目標進行討論。其次則是必須盡可能地了解「未來的戰場」和「對手的行為模式」。接著則應對「現況」進行客觀、完整的盤點，包括自身的優劣勢、所掌握的資源，以及在執行方面的限制條件。最後，在上述關鍵元素都確認後，再利用

動態規劃（dynamic programming）的概念，以逆向推理（backward induction）的方式，從「目標」逐步往「起始點」逆向推導出最佳的戰略路徑，在此路徑上，包含了每一個子局所需要達成的次目標與相關的戰術方案及資源配置。至此，一個完整的戰略規劃方可完成。

在「當代戰略全書」系列中可以看到，歷史上許多具備戰略思維的頭腦，其實都呼應了我們對於戰略制定程序的理解。這些被世人冠以「雄才大略」的領袖人物，具備明確的願景與目標作為引導，熟知自身的優劣勢，並能夠客觀分析當下所處的戰略地位及未來的戰略環境，因此能制定出各種影響深遠的偉大戰略。以馬漢（Alfred Thayer Mahan）為例，他分析出未來的戰略競爭為海權的競爭，美國面臨的軍事威脅最好發生在領土之外，因此呼籲無論在和平或戰爭時期，都必須充分準備好海軍的實力。這不僅影響了美國建軍發展，更奠定了美國近百年來國家戰略最關鍵的底層邏輯——決戰境外，保持戰略優勢。

國家戰略的考量自不限於軍事層面，事實上，就國家整體戰略的規劃與執行上，更著重的會是國與國之間在政治、經濟、社會、產業等方面長期政策的博弈。以過去李登輝總統時期為例，李總統在進行通盤考量後，為當時的台灣所訂定的國家整體戰略目標就是「民主化」，當時身為李總統幕僚的我曾問總統「要如何處理統獨問題？」李總統明確地告訴我：「統獨議題和民主化無關，所以我不會處理，事實上目前也沒有處理這個問題的條件」。由此可見其對目標有清晰的理解。為了達成此目標，李總統首先宣布終止「動員戡亂時期」，讓凌駕於憲法之上四十三年的《動員戡亂時期臨時條款》走入歷史，但為了不讓此動作的「副（負）作用」影響到推動民主化的目標，因此提出了《兩岸人民關係條例》且設立了「國統會」、頒布了《國統綱領》。此外，為了達成民主化最關鍵的績效指標（KPI）——總統直接民選——也透過民主機制修憲，來推動國會全面改選，讓所謂的「萬年國會」走入歷史。除了在政治上讓台灣完成民主化，李總統亦在兩岸戰略競爭上提前布局，提出當時被工商界質疑、批判的「戒急用忍」政策，限定「高科技、五千萬美元以上、基礎建設」這三類的對中投資，其戰略作用有二：其一是盡可能保持台灣對中國在科技上的優勢，其二是避免台灣的資金與人才於短時間內大量流入中國，導致對本國的產業與市場產生負面效果。最後，為了最大限度減低中國對我們推動民主化所可能施加的阻礙，李總統也在任內提升國防，尤其針對海、空軍的強化以及新式飛彈的研發。由上面的例子可以看出，國家整體戰略的規劃不但需要有清晰的願景，其規劃與執行上更是需要整合諸多不同領域與部門，而當所有預期的結果在不同的時空逐步產生時，其所獲得的綜效就會形成一股「看不見的力量」，推動著國家達到預定的戰略目標。

實務經驗有助於培養戰略思維，然而我們的生命經驗有限，沒辦法親自參與歷史上每一場戰爭和戰役的規劃，也不可能親身走過人類社會發展過程中，那些足以影響世界或區域發展之大戰略的年代。每個時代根據時空背景、國家發展目標的不同，領導者制定出不同的戰略，但其規劃原理卻有相似之處。藉由閱讀高品質的經典史籍，能夠幫助我們俯視不同時空背景下，不同戰略理論的興起背景、互動，以及不同國家所制定的戰略方針，推薦「當代戰略全書」給對戰略思維有興趣的讀者。

推薦序／以全面的視野，理解戰爭、戰略及其深層原因

蘇紫雲　國防安全研究院國防戰略與資源研究所所長

晶瑩剔透的光芒在身著德國灰軍服的士兵手中顯得格格不入，但是德軍官兵異常小心地捧著這些精緻琥珀，這是來自元首的直接命令。經過一番苦戰攻入列寧格勒（Leningrad），目標之一就是要將俄國視為國寶的琥珀宮給搬回德國，發現這藝術瑰寶令德軍欣喜不已。零下二十度是一九四一年十月德國北方集團軍面對的戰場氣溫，這只是俄國早冬的開始。同一時間，遠在半個地球外的普林斯頓大學（Princeton University），一位學者看著窗外的美國晚秋，思索著希特勒（Adolf Hitler）的軍事戰略，以及人類文明史中占據重要地位的戰爭。

這位學者正是厄爾（Edward Mead Earle），當然不會知曉希特勒掠奪藝術是戰爭願望清單的小心思，但在二十世紀的前四十年美國就第二次面對大型現代戰爭令他憂心忡忡，於是嘗試著手解釋情勢的發展過程，以利更加了解並協助戰略的制定，他構思的《當代戰略

全書：從馬基維利到希特勒的軍事思想》（Makers of Modern Strategy: Military Thought from Machiavelli to Hitler），就是由一群學者共同寫就，跳脫傳統純軍事框架，寫手包括經濟、政治、外交乃至於地理學者，這本書詳細地介紹了自文藝復興時期以來，歷史上具代表性的戰略制定者和思想家，以及他們對戰爭和國際關係理論的重要觀點。其後跨越世代多次改版，由全領域來透視國家競爭與戰略的規劃，對新時代的戰略進行補充。可以說，這本書從馬基維利到核時代，探討了一系列戰略制定者的思想和行為，讓我們一窺歷史上的戰略大師們是如何指點江山、謀劃戰略，堪稱是總統級的教科書。

傳統的戰略著重軍事領域，就如同經典的「坎尼會戰」（Battle of Cannae），迦太基（Carthage）將領漢尼拔（Hannibal）只有一萬餘名雜牌部隊，對上的是四萬名重裝羅馬軍團，在依靠鐵器與肌肉能量的冷兵器時代，人多好辦事是戰場鐵律，任誰也不會看好劣勢的迦太基可以擊潰羅馬大軍。但是漢尼拔跳脫戰場規律將老弱部隊置於方陣中央，精銳部隊則配置於兩翼，因此兩軍接觸後，強勢挺進的羅馬軍團將迦太基中央陣線擠壓後退，但迦太基青壯兵力則在兩翼奮力抵擋，使得戰場呈現新月型將羅馬軍隊包圍在中央，勝利女神開始向原本居於劣勢的迦太基招手，漢尼拔的騎兵再由後方包圍，造成羅馬大軍團滅，以寡擊眾的勝利為軍事研究者所樂道。

但拉高視角來看，迦太基與羅馬的戰爭是因著地緣政治與經濟衝突的深層原因，也就是地中海區域的貿易與制海權爭奪導致兩國長期的布匿戰爭（Punic War），這就說明了「戰爭構造」，軍事只是其中的一項手段，也是使用暴力改變現狀的激烈選項。此正是本書作者以跨領域方式闡明戰略的初衷。

與一般的經驗法則不同，戰略從來不會是直線思考，反而是曲線的思維。軍師燒腦的是，戰略需同時考慮所處環境、政治、外交、經濟、軍事條件以設定目標，困難的是由於資源並非無限，因此這些條件的運用往往是相互制肘，需要拿捏優先順序。更傷腦筋的是，外部環境的情報資訊也是有限，因此即使是「情報國家隊」也不乏預測「翻車」窘況，英法誤信希特勒「善意」並縮減自己軍費導致二次大戰，美國蔑視日本帝國海軍新興的航艦戰力，使珍珠港遭到突襲，以色列梅爾（Golda Meir）政府誤判戰略情報遭突襲幾近亡國，以及二十一世紀二〇年代的俄烏戰爭，都是輕忽敵人遭致侵略的實證。

或許可以這麼說，只想倚賴敵人的善意，或過度自信、貶抑對手，都使己方成為攻守中的弱勢，誘使對手軍事冒險。進一步說，筆者借用社會學領域的「自證預言」（self-fulfilling prophecy）理論，潛在敵對雙方對於情感的投入不同，形成「避戰」、「備戰」的不同認知，一旦實力失去平衡，雙方認知交集的「戰爭」惡夢就會成真。因此，在經歷一、二次大戰災難後，西方國家面臨核大戰恐懼發展出較為成熟的「嚇阻」模式，以確保足夠反擊的「第二擊」能力作為靠山，就可避免先下手為強的誘惑，也同時阻卻對手的偷襲意圖。事實也證明「相互保證毀滅」的確成功避免核大戰的爆發。

整體而言，這本書有著讓人無法停止閱讀的魔力，除了對歷史上戰略思想回顧與綜整，筆觸紙間更訴說著當代戰略問題的思考和探討。比較戰爭史中的不同戰略思想與國際情勢分析，作者們提煉出的戰略原則與規律即使在技術進步的今日依然適用。不同的年代與案例，作者將戰略思想置於歷史切片和文化的底蘊中進行解讀，可以帶著讀者穿越時空，廣泛地與不同思想家對話，身歷其境地感受君王、總統、將軍的視角以及其觀點背後的思路。再以春秋之筆對各個時期的戰爭和衝突深入描繪，從而使讀者理解並體會應對實際戰爭和國際關係問題時，戰略家出謀劃策的底氣何來。如同北京派遣海警船、軍機、軍艦騷擾台灣，並不是因著誰當台灣總統而改變，其真正企圖是國家戰略的轉型：由一個陸權國家走向海權強國，就此而言北京可說是海權論之父馬漢（Alfred Thayer Mahan）的好學生，也符合人類發展由江河文明走向海洋文明的歷史脈動，但軍力擴張與國家權力槓桿的過度操作將可能重蹈希特勒敗亡的風險。

從古代到現代，每位戰略大師都有自己獨到的思路和手路。從馬基維利的城府機心、拿破崙的軍事天才，到冷戰時期的核戰略，再到今日醞釀中的新冷戰，每一個時代都有獨特的挑戰和策略。戰略思維伴隨著人性和權力的思考。這些戰略大師的故事，刻劃人類本性和權力本質的糾結，如同量子纏繞般地啟發人心，我們可以從中汲取智慧，並將其應用到我們自己的生活和工作中。也許你不是一位將領、政治家或企業家，但是你也可以從大師們的成功或失敗中，領悟、掌握自己的人生戰略，採取明智的決策，做自己的軍師。

前言

無可取代的一門藝術：現代戰略的三代制定者

霍爾・布蘭茲（**Hal Brands**）在約翰霍普金斯大學的高等國際研究學院擔任亨利・季辛吉全球事務特聘教授，同時也是美國企業研究院的資深研究員。

戰略無可取代。在混亂的世界中，戰略讓我們的行動有明確的目標。如果我們要在思維和行動上戰勝敵人，戰略則十分重要。缺乏戰略的行動，只不過是隨機且漫無目的，白白浪費了權力和優勢，無法有效運用。在缺乏良好戰略的情況下，也許強大的帝國可以存活一段時間，但沒有任何的帝國能夠長久興盛。

戰略非常複雜，卻也非常簡單。戰略的概念一直都是辯論的主題，也不斷被人誤解和重新定義，包括戰略的本質、涵蓋的範圍、最佳的實行方式。即使是有才華的領袖，也曾經努力克服戰略的困境。但是，戰略的本質其實很容易理解——在全球事務的摩擦中，以及在競爭對手和敵人的抵制中，戰略是一種召喚力量的技巧，能運用力量去實現核心的目標；戰略是不可或缺的藝術，能讓我們運用本身擁有的條件去實現願望。

從這個角度來看，戰略與武力的使用密切相關，因為暴力的陰影籠罩著任何有爭議的互動關係。如果世界充滿了和諧，而且每個人都可以實現自己的夢想，那麼就不需要一門鑽研競爭性互動的學科了。這本書完成時，恰逢俄羅斯入侵烏克蘭，為歐洲帶來了二戰之後最大的州際陸戰。不幸的是，這一點能提醒我們：軍事力量並沒有過時。然而，戰略也包括利用各種形式的勢力，在難以駕馭的世界中蓬勃發展。其實，戰略基本上屬於樂觀的活動，前提是強制性的手段能達到建設性的效果，以及領導者可以掌控事件，而不是被事件控制。[1]

那麼，戰略是永恆的。但我們對戰略的認識並不是如此。戰略的基本挑戰對修昔底德（Thucydides）、馬基維利（Machiavelli）或克勞塞維茲（Clausewitz）而言，並不陌生。這就是為什麼他們的作品至今仍然是必讀經典。戰略研究的領域根植於這種信念：它的基本邏輯能超越時間和空間的限制。但，「戰略」這個詞的基本含義並未定型、僵化，我們總是透過自己關注的焦點去重新詮釋，就連存在已久的文獻也不例外。因此，如果戰略令人覺得難以捉摸且變化多端，那只是因為每個時代都教導我們一些關於有效執行戰略的概念和條件。

如今，我們有必要更新理解戰略的方式。嚴謹的人不該再像過去的世代那樣認為，戰爭和戰略已經在後冷戰的和平時代過時了。現代充滿了激烈的競爭，伴隨著災難性的衝突威脅，明擺著是殘酷的現實。民主世界的地緣政治霸權和基本安全，面臨著幾十年來最嚴峻的挑戰。當風險變得太高，而且失敗的後果很嚴重時，戰略便顯得寶貴。也就是說，良好的戰略以及人們對戰略歷史的深刻理解，變得越來越重要了。

I

「當戰爭來臨時，我們就無法主宰自己的生活。」愛德華．米德．厄爾（Edward Mead

Earle）在《當代戰略全書》初版的前言中寫道。[2] 該書是在歷史上最糟糕的二戰時期構思而成，於一九四三年出版。當時，衝突跨越了海洋和大陸。在這種背景下，該書的的主要內容在強調戰略研究對世界上僅存的幾個民主國家而言，已成為生死攸關的問題。

這版本的撰稿人是由美國與歐洲的學者組成。他們試著追溯馬基維利、希特勒（Adolf Hitler）等關鍵人物的軍事思維演變，[3] 藉此增進人們對戰略的認識。但是，該書也強調第二次世界大戰無法迴避的另一個事實：國家的命運不只取決於戰鬥中的卓越表現。「在當今世界，」厄爾寫道：「戰略是一種操縱和利用某個國家資源（或幾個國家組成的聯盟）的技巧，包括軍隊；以確保能有效地維持重要的利益，並免受敵人的威脅，無論是實際、潛在或假設的情況都一樣。」[4] 這是一門涉及治國方略的多樣化學科，適用於和平與戰爭時期。《當代戰略全書》強調的觀點是，富勒（J.F.C. Fuller）、李德哈特（Basil Liddell Hart）等英國思想家曾經在兩次世界大戰之間提出：戰略不只是偉大軍事指揮官的專屬領域，也屬於經濟學家、革命家、政治家、歷史學家以及民主國家的公民。[5] 該書說明了如何深入研究歷史，進而認識錯綜複雜的戰略，以及戰爭與和平的動態關係。因此，該書的初版有助於使戰略研究變成現代的學術領域，並針對當前的問題，將過去當作洞察力的主要來源。

如果說戰略研究是熱戰的產物，那麼，冷戰期間則促使了戰略進入發展成熟期。當時，美國變成了超級大國，有負起龐大的國際責任的理智需求。核武革命引人深思的基本問題是：戰爭用途以及武力與外交之間的關係。在許多案例中，新一代的學者紛紛研究並修訂了這門學科所仰賴的歷史知識體系。學者和政治家彷彿透過冷戰難題的稜鏡，重新詮釋了舊作品，例如克勞塞維茲的著作。[6]

經過不只一次的失敗嘗試後，這就是促成《當代戰略全書》第二版於一九八六年問世的背景。[7] 該書由彼得．帕雷特（Peter Paret）編輯，並得到了戈登．克雷格（Gordon Craig）和菲利克斯．吉爾伯特（Felix Gilbert）的協助，內容深入探討核武戰略、激烈叛亂等議題。這些議題已成為冷戰政治的焦點。[8] 該書將一戰和二戰視為獨立的歷史時代部分，而不是時事。第二版著重於美國戰略的歷史發展，同時也重新詮釋了重要的議題和人物。但有趣的是，帕雷特當初編輯的這本書對戰略有相對狹隘的看法，賦予的定義是「為實施戰爭政策而發展、掌握和利用國家的所有資源」。[9] 該書的整體主旨是，人們對軍事戰略的認識變得非常重要，因為現代戰爭的風險極高。

初版和第二版都是經典作品，讀者可以從不同文章中的見解，以及內文分析的西方世界戰略演變中，得到有益的知識。兩者都是聚焦在如何運用學術知識的典範，教育民主國家的大眾，讓他們更懂得捍衛自己的利益和價值觀。雖然，這兩版本的出版年份久遠，但也同時提醒著我們：戰略會隨著時間以及技術的發展而改變。

II

從一九八六年以來，世界發生了巨大的變化。冷戰結束後，美國贏得了現代歷史中無可匹敵的主導地位，卻也面臨著新、舊問題的考驗。核武擴散、恐怖主義、叛亂、灰色地帶衝突、非正規戰爭以及網絡安全的問題，都列入（或再度列入）不斷增加的戰略關切項目表。新的技術和戰爭模式，考驗著受到認可的戰略和衝突模式。曾有一段時間，美國有機會免於強國的地緣政治競爭。但是，這段時期已經結束了，因為中國挑戰霸權，俄羅斯試圖對歐洲平衡進行重大的修正，還有許多修正主義者考驗著華盛頓及其帶領的國際秩序。

如今，全球的現狀陷入激烈不斷的爭議。擁有核子武器的國家之間可能會爆發戰爭，確實令人驚恐。沒有人能保證民主國家在二十一世紀會像二十世紀那樣，在地緣政治或意識形態方面占上風。經過了前所未有的主導時期後，戰略的疲乏效應已緩和下來，美國和同盟國都發現自己處於一個需要戰略紀律和洞察力的時代。

隨著未來變得不樂觀，我們對過去的理解也有所改變。在過去的四十年間，國際政治、戰爭以及和平的學術研究越來越國際化，伴隨著新開放的檔案和新納入的觀點。學者為看似熟悉的研究主題帶來了新的見解，包括經典文本中的涵義、世界大戰和冷戰的起因與過程。[10]或許這是進行戰略研究的挑戰性時刻，卻也是我們重新認識戰略的好時機。

首先，關於「戰略制定者」是誰以及條件為何的疑問，戰爭的理論家和實踐家仍然十分重要。許多偉大的戰略家都在早期書籍中寫下自己的思想和功績，例如馬基維利、克勞塞維茲、拿破崙（Napoleon Bonaparte）、約米尼（Antoine Henri Jomini）、漢彌爾頓（Alexander Hamilton）、馬漢（Alfred Thayer Mahan）、希特勒、邱吉爾（Winston Churchill）等，全都在這本書中再度出現。[11]個別的制定者依然被賦予最高榮譽，因為是他們制定和執行戰略，而且透過他們的思想和經驗，我們才能理解每項任務中的堅持不懈。

然而，個人並不是在孤立無援的情況下制定戰略。戰略受到了技術變革、組織文化、社會力量、思想運動、意識形態、政權類型、世代心態、專業團體等的塑造。[12]例如，美國的冷戰核武戰略是否主要來自末日巫師（Wizards of Armageddon）的巧妙分析，還是來自難以理解、乏味且缺乏人情味的官僚程序，還有待商榷。[13]或許更重要的是，非西方制定者（孫武、穆罕默德、特庫姆賽、尼赫魯、金正恩、毛澤東等，早期書籍中沒有提到的人物）的戰略思想和行動已發揮影響力，塑造了我們的世界，也影響著我們對這門藝術的認知。這並不是風靡一時或「政治正確」的問題。在陌生的領域尋找戰略，可以防止思想停滯，而這種停滯的原因往往是一再採用相同的策略。

何謂「現代」的概念也改變了。新的戰爭領域已出現。數位時代也改變了情報、祕密行動以及其他存在已久的戰略工具。決策者在未來幾十年關注的議題列表，以及議題對相關的歷史產生的影響，皆與一九八六年或一九四三年截然不同。此外，現代人可以全面研究充滿殺戮和騷亂的二十世紀。冷戰和後冷戰時代都象徵著不同的歷史時期，能教導我們關於核武戰略、反恐行動、流氓國家的生存機制等議題。因此，《當代戰略全書》中有大約一半的文章都在探討二十世紀以後的事件。

最後，何謂「戰略」呢？起初，這個詞是指將領用來智取對手的詭計或藉口。在十九世紀，戰略漸漸與軍事領導藝術有關。後來，在兩次世界大戰和冷戰中，更廣泛的戰略概念變得更普遍，但這種概念仍然主要與軍事衝突有關；[14] 這方面也需要進行修訂。

有些偉大的美國戰略家其實是外交家和政治家，而不是軍人，例如約翰・昆西・亞當斯（John Quincy Adams）和富蘭克林・羅斯福（Franklin Roosevelt）。和平時期的競爭戰略與軍事衝突的戰略一樣重要，主要原因是前者通常能決定後者是否發生，以及在什麼樣的條件下發生。地緣政治競爭在國際組織、網際網路以及全球經濟中展開。財政和祕密行動等各種手段，以及道德等無形因素，都可以變成治國方略的有效武器。甚至連非暴力抵抗的戰略，也深刻地影響到了國際秩序。

更確切地說，戰爭研究和準備措施對戰略的研究仍然很重要。這純粹是因為在用於解決爭端的戰略方面，暴力衝突是最終的仲裁者。當戰爭來臨時，我們的生活確實會受到支配。考慮到當代的國際和平遭遇了諸多威脅，軍事脅迫和有組織的暴力歷史可說是關係重大。但是，如果善於使用暴力的拿破崙帶領國家走向毀滅，而憎惡暴力的甘地幫助國家實現了自由，那麼這無疑是讓我們瞭解到戰略的條件。

III

《當代戰略全書》的努力方向是，試圖理解戰略的持久特性，同時考慮到新的見解和思維方式。這系列共分為五冊。

第一冊《戰略的原點》，其中有許多文章重新探討相關的經典作品，深入研究有爭議性的涵義和持續的相關性，不只鑽研我們對戰略的理解所衍生的長期辯論，也談論到了財政、經濟、意識形態、地理等基本議題如何塑造戰略的實務。無論好壞，這些文章還說明了現代戰略仍然受到不同人的思想和行動影響，而這些人早已離世。

第二冊《強權競爭時代的戰略》，從十六世紀和十七世紀的現代國際國家體制的崛起，延伸到二十世紀的大動盪前夕。本書的內容聚焦在早期的多極化世界中，戰爭與競爭模式在重要的發展背景下如何運作，包括知識、意識形態、技術、地緣政治等，促成了同樣顯著的戰略創新。內文追溯了權力平衡、戰爭法則等概念的興起，而這些概念的宗旨是，同時利用和規範國際體系內的對抗力量。最後，內文探究的戰略是如何抵制當時已成熟或新興的大國，包括北美洲的印第安部落聯盟、英屬印度及其他地方的反殖民主義的理論家和實踐者。

第三冊《全球戰爭時代的戰略》，多著墨在一戰和二戰中的主要思想、教義和實務的發展。內文提到的劇烈變動都是人類不曾見過的，有可能摧毀文明。這些變動使先進的工業社會互相競爭，為了生存鋌而走險的加入長期鬥爭，以無法挽回的方式打破了既有的世界秩序。領導者制定戰略，是為了應對現代戰爭固有的新挑戰和新機會。他們也提出了重建全球事務的願景。而從這些衝突中出現的戰略也同時塑造了國際政治，持續影響到二十世紀末以後的時期。

第四冊《兩極霸權時代的戰略》。二戰結束後，美國和蘇聯變成對立的兩個超級大國，掌控著分裂的國際體系。歐洲帝國解體後，產生了新國家和普遍的混亂局面。核子武器迫使政治家重新思考全球事務中的武力作用，以及如何在和平時期的競爭中利用戰爭方法取得優勢。各地的領導者都必須制定戰略，在全球冷戰時代中保護自己的利益，不只是在莫斯科和華盛頓。本書涵蓋了二十世紀後期的主要議題，例如核武戰略、結盟與不結盟、正規戰爭與代理人戰爭、小國的戰略與革命政權，以及如何融合競爭與外交等。這些議題在現代仍然具有重要性。

第五冊《後冷戰時代的戰略》，也就是以美國主導及其引發的反應為特色的時代。占優勢的美國試圖充分利用本身的優勢；然而，勢力並沒有為戰略的長期困境提供出口，例如平衡成本與風險，或調整手段與目標，同時也不允許迴避競爭對手制定戰略的行動，而且對手的用意是破壞或推翻美國主導的國際秩序。到了二十一世紀初，戰略的普遍認知受到了技術變革的考驗。這種變革將競爭和戰爭帶入新的戰場，並加快了國際互動的速度。因此，本書的內容主要是分析美國霸權時代的戰略問題，以及地緣政治所引發的各種威脅。

這五本書的寫作，作者都有考慮到時限和不受時間影響的部分，包括產生某種思想或行動的具體歷史情境、戰略性的洞察力或想法，不只侷限於特定的背景。書的內容收錄了不少主題式或比對是文章，主要是為了突顯相關議題和辯論的重要性。[15]

整體而言，這五本書中的文章涵蓋了失敗與成功的戰略例子。有些戰略的意圖是為了打勝仗，而有些戰略則是為了限制或拖延戰爭；還有一些戰略受到了宗教和意識形態的影響。某些例子指出，參與者相信鬥爭本身就是一種戰略；無論是否有效，反抗的行為就是一種解放的形式。戰略的類型分為航海與大陸、消耗與殲滅、民主與專制、轉型與平衡。最後得出的結論既豐富又複雜。在重要的議題、事件或個人方面，撰稿人的意見不一定相同。即便如此，有六大關鍵主題貫穿了這五本書及其講述的歷史。

IV

首先，戰略的範疇很廣泛。即使是在一九四三年的全球戰爭中，普林斯頓大學教授艾德華・米德・厄爾（Edward Mead Earle）已意識到戰略非常重要且複雜，不該完全交給將領決定。他的看法在現代變得更重要。不論是俄羅斯總統佛拉迪米爾・普丁（Vladimir Putin）的暴力修正主義；或是中國令人稱羨的海軍部隊，以及強制要重新調整西太平洋秩序的威脅，我們必須理解戰爭及其威脅仍然是人類事務的核心。同樣地，當我們看到北京爭取國際主導權的積極度，這包括在國際組織中掌握主動權、與其他國家建立緊密的經濟依賴網、爭奪二十一世紀重要技術的支配地位、利用情報戰分裂民主社會，以及提升中國意識形態在世界各地的影響力等，就能理解戰略遠比戰爭或其威脅更加多元。[16]

戰略的最高境界是加乘作用：可結合多種手段，包括武器、金錢、外交，甚至是能實現遠大目標的理念。戰略的本質在於將權力與創造力結合在一起，以便在競爭中獲勝，無論這種權力的具體形式是什麼。這意味著當我們想進一步了解戰略時，必須要擴大資訊來源。

第二，探討戰略時需要瞭解政治的重要性和普遍性。這不只是肯定克勞塞維茲經常被誤解的名言：戰爭是政治的另一種延續手段。重點在於，雖然戰略的挑戰普遍存在，但戰略的內容很難脫離產生它的政治體系。

在西元前四三一年的伯羅奔尼撒戰爭中，雅典和斯巴達的戰略植基於其國內制度、傾向以及分歧。拿破崙的軍事戰略創新，是法國大革命帶來的劃時代政治與社會變革的產物。美國第六任總統約翰・昆西・亞當斯（John Quincy Adams）為十九世紀的美國所制定的成功外交戰略，有一部分就是利用美國在國外推行的意識形態力量。至於二十世紀專制君王所追求的地緣政治革命戰略，則是與他們在國內追求的政治與社會革命的戰略密切相關。所有的戰略都充滿了政治色彩，這就是政治與社會變革（民主政體的崛起、極權主義的興起、殖民地自治化的開端）經常驅動戰略發展的原因。

這也是為什麼戰略競爭（strategic competition）不僅是對領導體系的考驗，也是對個別領袖的考驗。關於自由社會是否能勝過不自由社會的辯論，可追溯到修昔底德和馬基維利的時代。這正是美國分別與中國、俄羅斯之間互相競爭的根本問題。這五本書的重要主題（但存在爭議）是民主國家或許在戰略上更具優勢。權力集中可以在短期內展現靈活度和才智，但權力分散終究能創造出更強大的社會，並做出更明智的決策。[17]

第三，戰略的寶貴之處是在意想不到的方面展現力量。即使是最強大的國家，也需要戰略。運用勢不可擋的力量，可說是一種致勝的方式。但，依賴蠻力並不是最有說服力的戰略形式。競爭互動的結果也不一定是由重要的權力平衡所決定。最令人印象深刻的戰略，則是透過創造新優勢來改變力量平衡的戰略。[18]

這些優勢可能來自意識形態的承諾，進而揭開致命的新戰爭方式，例如先知穆罕默德（Prophet Mohammed）在阿拉伯半島的實例；優勢也可能來自聯盟的協調、策畫，例如大同盟（Grand Alliance）在二戰中的謀畫；或者來自巧妙運用多種治國手段，例如特庫姆賽（Tecumseh）在對抗美國向西擴展的戰爭中所展開的行動。此外，優勢還可以來自對敵人的脆弱或敏感部分施壓，例如俄羅斯和伊朗針對非正規戰爭所制定的策略。矛盾的是，優勢甚至可以出自劣勢，例如冷戰時期的小國利用了本身的脆弱，迫使超級大國讓步。此外，優勢也可以出自對賽局性質的獨特見解，毛澤東最後在國共內戰中獲勝，因為他利用區域性與全球的衝突來贏得局部戰爭。儘管戰略可以在行動中被彰顯，但卻是一門很需要智力的學科，才能熟練地評估複雜的情勢和關係，並從中找到重要的影響力來源。

誠然，創造力不一定能使權力的殘酷算計失效。擁有強大的軍隊和大量資金並沒有害處。不過，「變得更強大」並不是有用的建議。也許真正有用的是瞭解優勢來源的多樣性，以及如何透過良好的戰略使局勢變得更有利。

那麼，制定有效戰略的關鍵是什麼呢？長期以來，思想家和實踐家一直在尋找普遍的成功法則。威廉・特庫姆賽・薛曼（William Tecumseh Sherman）說過，「作戰和戰略的原則，就像乘法表、萬有引力定律、虛擬速度定律，或自然哲學中的其他不變規則一樣。」[19] 然而，這五本書的第四個主題是：無論我們多麼希望戰略是一門科學，它始終都是一門不精確的藝術。

當然，書中的文章提出了許多通用的準則和實用的建議。熟練的戰略家會找出對手的弱點，藉此發揮本身的優勢。他們從不忽視保持手段和目標平衡的必要性。知道什麼時候該停下來十分重要，因為自不量力可能會導致嚴重的後果。要瞭解自己和敵人雖是老生常談，卻仍至關重要。如果說，戰略失敗通常是想像力有缺失，那麼戰略家需要找到檢查和驗證假設的方法。[20] 然而，尋找固定的戰略法則通常是行不通的，因為敵人也有發言權。戰略是一種持續互動的投入。其中任何一個具有思維能力的對手隨時可能破壞最精巧的設計。[21]

以下的文章凸顯了意外無處不在，以及戰略優勢缺乏持久性。希特勒的擴張戰略創造了傑出的成果，直到不再有效為止。在冷戰後時代，美國的主導地位使對手設計出不對稱的應對策略。新的戰爭領域出現後，通常會使戰略家希望能取得永久性的優勢。只有當其他人迎頭趕上時，現實又回到原點。幾乎在每個時代，傑出的領導者都會參戰，並期待在短期的衝突中致勝，但最後卻都陷入漫長又難熬的戰鬥中。

這些都確保了戰略是永無止境的過程。其中的適應性、靈活性以及良好的判斷力，都與任何初步計畫背後的才智同樣重要。或許這就是民主國家在整體上表現得更好的原因，但並不是因為民主國家不受戰略判斷失誤的影響，而是因為他們重視責任，並提供內建的程序修正機會，有助於糾正錯誤。這也提醒了我們，為什麼歷史對良好的戰略很重要：並不是因為歷史揭露了實現卓越戰略的清單，而是因為歷史能舉出在世界上的風險、不確定性以及失敗的打擊下，仍然有許多成功領導者的例子。

這引出了第五個主題：對戰略和歷史不熟悉可能會帶來災難性的後果。如果戰術和軍事行動的掌握最重要，那麼，德國應該會贏得不只一次而是兩次的世界大戰。實際上，兩次擊垮德國（以及在現代的大國對決中經常失敗的國家）的因素都是嚴重的戰略誤判，最終使他們陷入絕望的困境。良好的戰略抉擇，能帶來修正戰術缺失的機會。一連串的戰略錯誤並不明智。[22]從古至今，戰略的品質決定了國家的興衰和國際秩序。

這就是歷史的價值所在。謙遜地汲取過去的教訓是必要的。我們很容易忘記：「永恆」的文本都是特定年代、地點以及議程的產物，與我們的處境並不完全類似。亨利・季辛吉（Henry Kissinger）曾說道，「歷史並不是一本烹飪書，沒有提供預先測試的食譜。歷史無法產生通用的行事準則，也無法從我們的肩上卸下很難選擇的重擔。」[23]

然而，儘管歷史是個不完美的老師，但它仍然是我們擁有的最佳選擇。歷史讓我們能夠研究哪些優點造就了良好的戰略，以及哪些缺點造成了差勁的戰略。歷史的研究讓我們的知識超越個人經驗，因此，即使是面對前所未有的問題，也不致讓人感到全然陌生。[24]戰略不能被歸納為數學公式的事實，使這種間接經驗變得更重要。歷史是磨練判斷力和培養成功治國所需的智力平衡的最直接的方式。更重要的是，研究過去能提醒我們：賭注是——世界的命運可能取決於正確的戰略。

這是歷史最重要的教訓。第一版《當代戰略全書》在可怕的暴政統治地球大部分地區，民主生存受到質疑的時期出版。第二版在經歷了一場漫長而艱難的鬥爭、考驗自由世界之際出版。第三版則是在競爭與衝突加劇，專制黑暗似乎即將逼近的時刻問世。我們對戰略歷史的理解越深，在面臨嚴峻未來時就越有可能做出正確的決策。

因此，最後一個主題是：《當代戰略全書》的內容可能隨著時間改變，但其重要目的從未改變。戰略研究是一項深具工具性的追求。由於它關乎國家在競爭世界中的福祉，因此不可能是保持客觀中立的。前兩版《當代戰略全書》的編輯對此事實毫不掩飾：他們明確目的是幫助美國及其他民主社會的公民更好地理解戰略，以便在對抗致命對手時能夠更有效地實踐它。這是在其最具啟蒙意義的形式上的參與性學術研究——這也是本新版《當代戰略全書》今天所希望效仿的模式。

Chapter

1

主導的困境：從老布希至歐巴馬執政時期的美國戰略

克里斯多福・葛里芬（Christopher J. Griffin）是史密斯・理查森基金會（Smith Richardson Foundation）的資深企劃主管。曾擔任外交政策計畫的執行總監，也曾在參議員約瑟夫・李伯曼的團隊中工作。

一九九一年三月六日，老布希（George H.W. Bush）在國會發表演說，關於剛落幕的波斯灣戰爭及其所預見「新世界秩序的真實前景」。而在老布希所展望的這個世界中，「公平與正義原則得以鋤強扶弱……擺脫了冷戰僵局的聯合國，亦準備好要實現其創始人的歷史願景；至於自由及尊重人權的意識，則是在世界各國找到其歸宿」。[1]老布希這番高談闊論並非毫無根據。畢竟這場在伊拉克的勝仗是地緣政治變遷時期的里程碑，見證了共產主義在歐洲的崩潰與蘇聯的解體。

在波斯灣戰爭和蘇聯徹底解體之前的十年間，反觀西方的政治與經濟模式仍不斷在前進。政治學家薩謬爾．杭亭頓（Samuel Huntington）將此種趨勢稱之為「第三波民主化浪潮」，從一九七〇年代中期至一九九一年，全球民主國家的數量幾乎是翻倍成長。[2]在一九八九年曾任職美國國務院政策規劃幕僚的法蘭西斯．福山（Francis Fukuyama）便預設道，「經濟和政治自由主義的大獲全勝」正帶來「歷史的終結」，即「西方自由民主的普世化將成為人類政府的最終形式」。[3]而記者查爾斯．克勞塞默（Charles Krauthammer）在一九九〇年底則是更為直接地指出，「現在是單極世界的時刻」，美國就是「世界強權的一極」。[4]

三十年後的今天，克勞塞默的說法恰好就是老布希執政時期的最佳敘述，並影響了美國四分之一個世紀的政策選擇。正如克勞塞默所判斷，單極世界是個事實，亦是一系列事件的產物，而美國憑藉著在冷戰時期聯盟的適應力、日益自由化的世界經濟、不斷擴大的民主化，以及短期內不可能出現勢均力敵對手等事件，也使其成為唯一一個超級大國。

單極世界的出現為老布希及其繼任者帶來一個既基本、卻又出乎意料的問題：美國該如何在國際體系中行使其新發現的主導權？在之後的四分之一個世紀裡，每屆政府的國防戰略基本上都離不開國防部長理查・錢尼（Richard Cheney）和參謀長聯席會議主席柯林・鮑威爾（Colin Powell）首次闡述的政策路線。美國會尋求捍衛並擴大在冷戰中取得勝利的「自由區」（zone of freedom），同時將其軍事力量從圍堵與蘇聯的全球戰爭，轉向於因應區域危機。

這項戰略在許多方面都具有顯著成果。例如，大國之間無戰爭爆發；而美國相較未來的對手，在軍事力量上仍佔有明顯優勢。同時，美國的冷戰聯盟得以延續，甚至就北約而言，還能持續擴大其範圍。全球經濟成長也使全世界十多億人口得以脫離貧窮處境。

然而，該戰略在兩個關鍵方面仍存在不足之處。首先，便是錢尼和鮑威爾制定方向的初衷只是為了應付預算壓力，而非因應新地緣政治現實，更遑論在後冷戰時代，戰略和資源之所以能夠互相配合，是因為後者決定了前者。而在相對和平的一九九〇年代，更是常見戰略與資源脫節，導致二者分配不均的情形，在隨著新安全威脅的出現，逐漸惡化至戰略破產

（strategic insolvency）的危險地步。

其次，則是美國所採取的路線並未考量到單極時代終將結束的必然性。儘管老布希的政府幕僚曾預測單極世界必然是種短暫現象，但繼任政府卻是習慣成自然，把美國成為主導大國的事實，很快地看作是影響其他政策選擇的前提假設。

I

老布希上任時，冷戰正處於一個不確定的新階段。蘇聯總理米哈伊爾・戈巴契夫（Mikhail Gorbachev）在一九八八至一九八九年冬季宣布裁減常規軍備及短程核武軍備，老布希擔心這可能會「說服我們解除武裝，而蘇聯卻不必對自身的軍事結構做出任何根本性的改變」。[5]為此，老布希與國務卿詹姆斯・貝克（James Baker）和國家安全顧問布倫特・史考克羅夫特（Brent Scowcroft）合作，先是擺脫戈巴契夫的圈套，再達成避免北約危機的解決方案，並在最終創造了與蘇聯簽訂《歐洲常規武裝力量條約》（Treaty on Conventional Armed Forces in Europe, CFE）的條件。

一九八九年初的狂熱外交活動，彰顯了老布希作為革命時期「保守派管理者」的角色，他在每個關鍵時刻所採取的行動，都遵循並擁護「既有的西方體制和結構」。[6] 老布希之所以會如此，很大原因是源自其個人的秉性，以及長期服務於政府部門的經驗。這也反映了他對該體制的洞察力，使美國得以度過冷戰最危險的關頭，最適合冷戰的最後階段，以及隨後可能發生的一切情況。透過維護這些體制，老布希也使美國得以在未來幾年中持續享有主導地位。

老布希的對話式管理，也決定了他對德國統一的態度。從一九八九年十一月九日柏林圍牆倒塌，到一九九〇年十月德國最終統一，老布希和貝克頂住蘇聯、法國和英國的反對壓力，努力確保統一後的德國成為北約聯盟的一員。史考克羅夫特在一九九〇年二月的一份備忘錄中，簡單扼要地闡述了這項觀點及其對北約未來的影響：

> 我們正在進入冷戰的終局。我們必須做好無懈可擊的準備，以便在終局到來之際，確保北大西洋聯盟及美國在歐洲的地位，仍然是我們從過去繼承下來的和平與穩定的重要工具。[7]

老布希在此期間一直受到批評，大家認為他在面對歐洲共產主義崩潰時過於謹慎，他卻將此形容成拒絕在柏林圍牆問題上動怒。然而，這種公開表現出的謙虛掩飾了他的直覺。

一九九〇年二月，老布希與德國總理赫爾穆特・科爾（Helmut Kohl）討論德國的未來地位時，總統坦率地描述了其對利害關係的看法：「我擔心的是德國不能留在北約的言論。就讓這種說法見鬼去吧！我們勝利了，他們沒有。我們不能讓蘇聯從失敗的夾縫中求取勝利。」[8]老布希確實贏得了勝利，統一後的德國加入北約使西方聯盟保持完整，而華沙公約組織在第二年春季期間便宣布解散。

若是說，按照美國的條件解決德國問題，便代表已在建立冷戰後秩序的奮鬥中取得決定性的勝利，那麼第一次波斯灣戰爭倒是證明了該秩序出現一邊倒的傾向。一九九〇年八月二日薩達姆・海珊（Saddam Hussein）入侵科威特之後，老布希政府得到蘇聯相當勉強的默許，接著組織一個涵蓋三十九個國家的聯盟來發動戰爭，並在幾個月內向該地區部署五十多萬美國軍人。經過四十三天的空襲，地面戰爭僅僅打了一百個小時，老布希總統便認為科威特已重獲自由，伊拉克軍隊被擊敗，接著便宣布停火。

第一次波斯灣戰爭展現了美國在後冷戰時代處理全球危機的獨特能力。甚至在擊潰伊拉克軍隊之前，美國就迅速組建了一支多國聯軍，這讓克勞塞默產生了以下看法，即是美國能讓自己「選擇涉入世界上任何地方、任何衝突之中，並成為一個決定性的角色」。[9]戰爭也帶來了一種誘人的可能性，即聯合國將不再受制於美、蘇在安理會的長期僵局，而這項發展更鼓舞老布希對「世界新秩序」方面高談闊論。老布希和史考克羅夫特後來表示，替美國的軍事行動尋求多邊支持具有更實際的好處，至少能確保海外基地為其提供便利性，同時聯合國方面的支持「能為我們的付出披上一層大家都能接受的外衣，並動員國際輿論以支持我們所欲輸出的原則」。[10]

此外，第一次波斯灣戰爭是美國展示其軍事力量、並在今後幾十年間維持其主導地位的一次示範。美國的空運與後勤能力，使其軍事投射力量得以到達中東，並維持其軍隊在中東的戰鬥能力。戰火一開始，美國便成功展現出冷戰後期多屆政府所奉行的「第二次抵銷戰略」（second off-set strategy），該戰略試著以品質優勢克服蘇聯在歐洲的軍事數量優勢。美軍確實在每一個想像得到的領域都佔有優勢，例如加入支援其作戰行動的太空通訊、指揮控制和情報能力，以及結合隱形、精確科技及電子戰而行動更加自如、戰鬥效果更具毀滅性的美國軍機。而在美軍和伊拉克地面部隊交戰之處，在光學、彈藥和訓練方面，也都證明美國具有關鍵性優勢。[11]在戰爭期間，伊拉克與聯軍的傷亡比例接近一千：一，代表美國的過度應戰造成了毀滅性的影響，並隨後引發美國是否開啟了「軍事革命」的長期爭議。畢竟美國在後冷戰時代已預備好其軍事投射能力，唯一明顯的限制只在於其是否願意這麼做而已。

II

事實證明，老布希總統在處理冷戰終局時，並不願意對未來的時代做出預言，而且在試著有所預言時也是語焉不詳。例如，他對「世界新秩序」的願景只是簡單地一言以蔽之。反倒是國防部提出了更為清晰的長期構想，因為隨著冷戰的結束，國防部也將與大家普遍期待的「和平紅利」（peace dividend，譯註：因為戰爭威脅減少，政府透過削減軍費而節省下來的預算）有所牽扯。為了面對這項預算現實，參謀首長聯席會議主席鮑威爾和負責政策的國防部副部長保羅·伍佛維茲（Paul Wolfowitz），也從一九八九年底開始分別對美國的國防政策、戰略、軍隊態勢及計畫進行審查。

到了一九九〇年初，鮑威爾提出了「基準兵力」（base force）建議，重新組織軍隊以因應蘇聯沒有直接參與的區域衝突。這種作法也與五角大廈幾十年來，為了與蘇聯進行全球戰爭所做的準備大相徑庭，反倒是優先考量在全球範圍內處理突發危機的應變能力。因此所產生的計畫，強調要保持海外「軍事存在」（military presence）而非「永久駐軍」，同時以美國為基地的大規模「應變兵力」（contingency force）來因應緊急情況。在該計畫下，鮑威爾預計美國所需現役軍人總人數將降至一百六十萬人，低於其上任時的二百一十多萬人。[12] 面對和平紅利的需求，鮑威爾將「基準兵力」視為「美國履行超級大國責任的底線」。[13]

同時，伍佛維茲指派戰略與資源部首席副部長路易斯．利比（Lewis Libby）所領導之下的團隊自行進行戰略審查，最終提出一項名為「危機反應／重組」的概念。就跟鮑威爾所領導的聯合參謀首長會議的研究一樣，該文職團隊的研究重點，在於後冷戰世界中因應區域突發事件的需要。文職小組提出不同之處在於，其考量到從以和平競爭為特徵的未來，到蘇聯威脅重現等多種基本情況。因為伍佛維茲比鮑威爾更加懷疑美蘇關係是否持續升溫，所以他的構想強調，若是美國再次面臨全球戰爭的威脅，便需要制定一項「重組」美國全球兵力的計畫。[14]

一九九〇年六月，國防部長錢尼將這兩項建議皆納入參考。因為伍佛維茲的團隊提供了一個更清晰的政策路線圖，而鮑威爾的削減部隊計畫則得到其參謀長們的支持。八月二日，老布希總統在亞斯本研究所（Aspen Institute）發表演講，以推出新戰略，他在演講中說道：「在這個世界上，我們部隊的規模將越來越取決於區域突發事件及和平時期部署的需求。」並結論道，到了一九九五年，現役軍隊便可依照鮑威爾的建議削減約二十五％。同時，老布希也表示，新戰略將「防範蘇聯意圖進行重大的顛覆，透過納入……重組（兵力）概念」，從而保持「組建全新部隊」的備戰狀態。[15]

總統在亞斯平研究所的這番說法，倒是立刻被伊拉克突襲科威特的危機給淹蓋過去。這場危機使五角大廈暫時擺脫了預算壓力，但也推遲了長期策略進一步的發展。五角大廈在制定國防規劃指南（DPG）時重新開始了這項作業，該文件規範五角大廈的部隊規劃和資源配置。在一九九一年將近年底，當時負責政策規劃的國防部助理副部長扎爾梅·哈里扎德（Zalmay Khalilzad）帶頭撰寫修訂草案之前，該草案初稿已經於一九九一年九月完成。

一九九二年二月的國防規劃指南草案，是在大敗伊拉克和蘇聯解體之後一年撰寫的，其認為美國的「首要目標是防止前蘇聯領土或其他地方再次出現新的對手，並產生與前蘇聯類似的威脅」。草案定義出避免發生這種最壞情況的三大部分戰略。首先，美國應「表現出建立和保護新秩序所需的領導力」，使潛在競爭者相信他們不必「渴望發揮更大的作用，或是採取更具侵略性的姿態來保護自己的合法利益」。第二，在「非國防領域，我們必須充分考慮先進工業國家的利益，使其不敢挑戰我們的領導地位」。第三，美國必須「保持足以嚇阻潛在競爭者的機制，使其甚至不敢妄想在區域或全球發揮更大的作用」。[16]

當二月公布的國防規劃指南草案登上《紐約時報》和《華盛頓郵報》之後，輿論嘩然。《泰晤士報》更是報導該草案提出了「由一個超級大國主導世界的理由」，並表明這是「迄今為止對於集體國際主義最為明確的否定立場」，以支持美國的單極權力。[17]草案一見報後就引起了國會和白宮的批評，國會參議員喬・拜登（Joe Biden）稱該草案「簡直就是美國治世（Pax Americana）」，是「行不通的」，而白宮的史考克羅夫特則稱該草案「發瘋」又「荒誕」。[18]儘管受到批評，但國防規劃指南草案還是直接源自老布希總統在一九九〇年八月所闡明的戰略。其最重要的變化是，後蘇聯的發展脈絡大大提升了國防規劃指南中「重組戰略」的意義。錢尼在《紐約時報》發表的專欄文章中為該戰略草案辯護，並於一九九三年一月發布了改名為區域防禦戰略（RDS）指南的最終版本。

區域防禦戰略闡述了美國在後冷戰時期的戰略模式，其保證美國將對「一個不確定的未來進行塑造，以維護並加強西方的和平區」。該戰略描述了與「前蘇聯國家合作建立民主政治制度和自由市場的必要性，以便它們也能加入民主的『和平區』」。更強調，美國必須「防止敵對的非民主國家主導世界上對美國至關重要的區域」。此外，該戰略還表示，美國應「透過減少地區不穩定的根源來協助排除相關衝突」，並「在衝突發生時限制其暴力程度」。[19]區域防禦戰略所確立的目標，將在很大程度上決定未來政府所訂定的目標。

結合「基準兵力」和「區域防禦戰略」二者，共同確立了後冷戰期間的軍隊規模標準，即「兩場近乎同時發生的主要區域衝突」（two-major regional contingency, two-MRCs）。此概念的基本主張，即是假設美國捲入某個戰區衝突，其可能對手很可能會在其他戰區發動衝突，若是其認為美國無法有所反應的話。在老布希政府任期即將結束時，鮑威爾向國會說明基準兵力概念時，證實基準兵力在處理一場「主要區域衝突」（MRC）方面已「非常吃力」，要是出現兩場近乎同時發生的主要區域衝突的情況，基準兵力就會處於「崩潰邊緣」狀態。正如後來一份分析報告所總結，「雖然『兩場近乎同時發生的主要區域衝突』標準的起源背景並不美好，但配合『通盤檢討』（Bottom-Up Review, BUR）和『四年期國防總檢討』（Quadrennial Defense Review, QDR）措施，該原型概念卻成為國防規劃的最高標準。」[20]

最後，伍佛維茲領導的團隊提出了「兵力重整」（reconstitution）概念，該概念解決了一個根本問題，即美國在面臨「新全球威脅或新興敵對、非民主區域大國聯盟」時，應如何保持其軍事優勢。[21]在制定國防規劃指南和區域防禦戰略草案的過程中，這種擔憂逐漸演變為對未來潛在對手的擔憂，這些對手所要求的能力將超過基準兵力所能提供的能力。錢尼及其顧問們已經開始接受後冷戰時期已經來臨的事實，他們曾表示若是後冷戰時期結束，美國該如何安排其軍事態勢。

III

比爾・柯林頓（Bill Clinton）競選總部的海報「笨蛋，問題在經濟！」，清楚地宣告了這位候選人在一九九二年大選前的政治議程。作為候選人，柯林頓深知外交政策議題不會贏得選舉；身為總統，他也會私下貶低大戰略的重要性，認為前任總統富蘭克林・羅斯福（Franklin Roosevelt）和哈利・杜魯門（Harry Truman），「只不過是隨心所欲地編造戰略」。[22]儘管柯林頓對該項議題缺乏興趣，但他還是試著在兩個基本重點上將自己與老布希區分開來。

首先，柯林頓重視人權和促進民主，他認為老布希優先考量的是「與外國領導人的個人關係，更勝於這些領導人如何獲得和維持權力」。[23]柯林頓言論中的這種新威爾遜主義傾向與安東尼・雷克（Anthony Lake）有關，後者為柯林頓的競選活動提供建議，並在最終受任為柯林頓的首席國家安全顧問。接著，柯林頓也利用國會民主黨人攻擊老布希，因為老布希在一九八九年六月天安門大屠殺後與中國領導人和解，以及在一九九〇至一九九一年反對蘇聯解體後的獨立運動。儘管柯林頓保證將取消中國的最惠國待遇並實施人權制裁，但在一九九四年將貿易與人權「脫鉤」之前，他還是將該問題擱置了一年。

其次，柯林頓加倍放大了老布希有關聯合國的空洞說辭，並表示「多邊主義蘊含著前所未有的希望」，同時表示支持「新的聯合國自願快速部署部隊」（new voluntary UN rapid deployment force）。[24] 瑪德琳・歐布萊特（Madeline Albright）對該議題則是有最清晰的闡述，她創造了「堅定的多邊主義」（assertive multilateralism）一詞來描述新政府透過聯合國展開其行動的傾向。而這種偏好多邊行動的傾向不僅呼應了老布希的觀點，即聯合國的支持可以為美國的行動披上「合法的外衣」，更是提供了「一種成本相對較低的策略，用於處理已被視為低優先等級的問題」。[25]

然而，柯林頓政府爭取多邊支持的作法，很快就被證明是舉步維艱的。一九九二年十二月，即將卸任的老布希政府派遣美國軍隊到索馬利亞執行人道救援任務；而柯林頓團隊努力在聯合國擴大任務範圍，納入歐布萊特所描述「一項史無前例的事業，其目的無非是讓整個國家重新成為國際社會中自豪、正常運轉及具有生存能力的一員」。[26]

事實證明，巴爾幹地區迅速惡化的局勢造成更多混亂。老布希政府一直避免捲入伴隨南斯拉夫解體而來的衝突，然而，隨著巴爾幹半島事態的發展，歐洲也籠罩在一九四五年以來從未見過的大規模流血事件，以及在北約盟國之中針對衝突而競爭利益的雙重陰影之下。至於聯合國在一九九一年九月實施武器禁運，則是使得普遍被認為是衝突侵略者的塞爾維亞在軍事上佔盡優勢。而在柯林頓放棄採取早期軍事干預之後，戰事更是進一步惡化，最終造成法國總統雅克・席哈克（Jacque Chirac）把自由世界領袖的職位視為「從缺」。[27]

柯林頓處理外交事務時大受批評，於是在一九九三年夏季期間，他指示其外交政策團隊就其對國際社會的態度提出連貫的解釋。這項任務的主要負責人是雷克，他協調了國務卿華倫・克里斯多福（Warren Christopher）、歐布萊特、柯林頓和雷克本人在九月下旬聯合國大會召開前進行一系列的演講。

在這些演講中，雷克提出了最有說服力的觀點，即需要採取「擴大世界民主國家自由市場」的戰略，以取代冷戰時期的圍堵政策。雷克認為，近來有關波士尼亞、索馬利亞和「多邊主義」的爭論淪為「濫觴」，因為這些敏感問題「本身並不能定義出我們更廣泛的世界戰略」。[28]相反的，他認為政府正在實施一項由四大部分所組成的戰略，該戰略將（一）加強民主國家主要市場的「核心」，並「從這些國家開始向外擴大」；（二）在歐洲的共產主義崩潰之後，「培育並鞏固新興民主國家及其市場經濟」；（三）「反擊」伊拉克、伊朗和北韓等來自「敵視民主與自由市場」的「反動國家」（backlash states）之侵略；以及（四）推動人道主義議程，既提供援助，也協助民主與市場經濟「在人道主義問題最嚴重的地區向下紮根」。[29]但其實只要稍加修改，這些目標也能直接從錢尼的區域防禦戰略看見輪廓。

雷克的演講更是指導了美國與其他大國關係的走向。他表示，「我們主要關注重點」應是戰略所列出的前三項，而不是佔據頭條新聞的人道主義危機。[30]他強調完成世界貿易組織（WTO）、北美自由貿易協定（NAFTA）談判，以及北約在冷戰後世界中重新扮演角色的重要性。雷克討論了幫助鞏固俄羅斯及其他新興獨立國家的民主與市場改革的重要性，目標是將其轉變成「具有外交及經濟價值的夥伴國家」。然而，這些重點主要都是透過外交和經濟方面的國家政策來實現。雷克認為，軍事戰略的主要目標便是準備好因應「反動國家」和人道主義任務所帶來的挑戰。

負責軍事戰略的是國防部長萊斯．亞斯平（Les Aspin），他也負責在老布希政府提議的基礎上，削減超過一千億美元的國防支出。[31]亞斯平在擔任眾議院軍事委員會主席期間，提出了「通盤檢討」作為基準兵力的替代方案。因為通盤檢討聚焦在中東和朝鮮半島的區域威脅，所以最直接的問題便是，是否要像老布希政府時期一般，使軍隊規模維持在得以參與兩場近乎同時發生的主要區域衝突。亞斯平提出了一項「贏－拖－贏」戰略（win-hold-win strategy），即依次應對同時發生的地區衝突。然而，面對國會的批評和盟國表達的擔憂，他的立場也有所鬆動，認為若是考量到「如果我們已經參與制止某個區域的侵略行為，另一區域的可能侵略者……很可能會想趁機撈點好處」，所以美軍必須有能力「打贏近乎同時發生的兩場主要區域衝突」[32]

通盤檢討也成為美國在人道主義和維和行動中扮演更重要角色的指南，使這些行動與準備好因應主要區域衝突及和平時期的海外軍事存在二者具有同等地位。不過，該戰略亦表示，「這些行動所需的軍事能力，主要是為了達成其他目的，因此能從一般軍隊中抽調出來，並在必要時提供特殊訓練及裝備」。[33]正如有份研究報告所觀察，通盤檢討在言論和政策上更加重視美國參與多邊和平與人道主義行動，同時設定條件以加快行動效率和部署速度，即使在兵力持續削減的情況下也是如此。[34]

通盤檢討放棄了錢尼時期所提出的「兵力重整」概念，以應對未來鄰近侵略者的可能性。通盤檢討反倒是認為，按照「兩場近乎同時發生的主要區域衝突」標準所建立的部隊，會有足夠的「避險能力，以防止某天未來的對手會形成比預期更大的威脅來對抗美國」。[35]這項改變代表該戰略是往以美國優先作為政策前提、而非目標的方向邁出了一步。至於鮑威爾會樂見該概念被排除，倒也不令人意外，因為亞斯平的最終報告致使「基準兵力」和「兵力重整」概念被相對地適度削減，而兵力重整概念是由伍佛維茲底下的文職人員推動的。最後，鮑威爾在他認為最重要的議題上，滿意地宣布基準兵力是通盤檢討的直系血親。[36]

儘管雷克在其九月的演講中斥責有關索馬利亞和波士尼亞的爭論已淪為「濫觴」，但十月三日突襲索馬利亞軍閥失利一事，也使柯林頓政府所推出的戰略陷入混亂。這次事件導致十九名士兵喪生，不只加大反對美國參與聯合國維和行動的聲量，也促使政府正式決定美軍絕不在聯合國指揮下行動，在五角大廈任職不到一年的亞斯平也在十二月辭職求去。

波士尼亞衝突倒是成了柯林頓政府戰略的彌補機會，因為美國總統終究還是接受了既要維護民主國家市場的核心，又要面對日益惡化的人道主義災難，就必須具有強大領導力的觀點。一九九五年，波士尼亞的流血事件越演越烈，七月的雪布尼查大屠殺（Srebrenica massacre）和八月的塞拉耶佛市場爆炸事件更是雪上加霜。作為回應，美國要求進行談判，並主導北約進行大規模空襲。在理查・霍爾布魯克（Richard Holbrooke）的有力領導下，最終談判達成了《岱頓協議》（Dayton Accords），既結束了戰爭，也在波士尼亞建立起多種族、脆弱的和平。

波士尼亞的成功也促使柯林頓政府決定繼續擴大北約，最終使捷克、匈牙利和波蘭於一九九九年加入北約，同時也啟動了另外九個新興獨立國家加入北約的計畫。國務卿克里斯多福強調解決波士尼亞問題對擴大北約的重要性，他說道：「在波士尼亞問題尚未解決、宛如籠罩在我們頭上的一片烏雲之際，若是北約無法找到解決波士尼亞問題的辦法，又怎麼還會考慮要擴大呢？」[37]一九九九年，柯林頓政府再次在歐洲發動戰爭，對塞爾維亞的斯洛博丹・米洛塞維奇（Slobodan Milosevic）發動了長達數月的空襲，以回應其對科索沃飛地的侵略。此事更證明了歐洲是「參與及擴大」（engagement and enlargement）要素的模型，就跟「區域防禦戰略」的制定願景相差無幾。

在一九九〇年代後半，亞洲卻面臨其特有的挑戰。中國從未像雷克所希望的一般完全符合他對國家的分類。在雷克一九九三年的演講中，他在討論反動國家時曾談到對中政策。這種看法似乎在一九九五至一九九六年得到了驗證，當時中國試圖透過軍事演習和飛彈試射「包圍」台灣北部和南部港口來恐嚇台灣。柯林頓政府便在西太平洋集結自越戰以來最強大的海軍力量，部署兩支航空母艦戰鬥群作為回應。美國在一九九〇年代中期採取該舉動，無疑展現了其關鍵性的軍事優勢，因為根據消息回報，北京當局著實為此舉嚇了一跳，尤其在得知其中一艘航母是從波斯灣出發、短時間內便抵達之後。

台海危機不僅象徵著自一九五〇年代以來美中關係最嚴重的危機，也代表華盛頓當局對北京態度的重大轉變。在瀕臨衝突的邊緣後，柯林頓政府隨後將賭注押在日益受全球化影響的中國，其創業型中產階級的崛起，將迫使中國領導階層採取開放政策。在第二任期的外交活動中，柯林頓及其中國夥伴江澤民則是共同打造建立「戰略夥伴關係」（stragegic partnership）的願景，並徹底解決了最惠國待遇的爭論，以利促進中國加入世界貿易組織的步伐。中國軍方則展開了一項飛彈及其他軍事能力的研發計畫，以便在未來發生衝突時能阻止美軍進入西太平洋。而雙方所各自採取的行動，其利害關係要到多年後才逐漸顯現。

柯林頓在執政末期展現了極大的自信，他和歐布萊特經常引用「不可或缺的國家」（indispensable nation）這項概念來描述美國在世界上的角色。法國外交部長于貝爾・凡德林（Hubert Vedrine）則是創造出「超級大國」（hyperpower）一詞來取代，他認為美國實在太樂衷於在全球各地推行其單邊主義了。[38]儘管柯林頓政府確實成功並令人欽羨，其主動積極的舉動也為之產生了不少挑戰。

美國頻繁的軍事干預顯示出，美國在戰略與執行戰略方面的資源並不協調。在索馬利亞、海地、波士尼亞和科索沃的部署，以及維持其在伊拉克所設立的禁飛區所採取的「北方守望」（Northern Watch）和「南方守望」（South Watch）行動，都在資源日益減少的情況下為武裝部隊帶來沉重的負擔。由於後通盤檢討時期的軍方曾經預期，執行這些任務的部隊將從那些「為其他目的而保留的」部隊中抽調出來，因此軍方在執行這些任務及兩場主要區域衝突戰略時都開始顯得兵力不足。正如一九九七年「四年期國防總檢討」所表示，國防部缺乏資源以維持目前的兵力規模、海外行動速度，以及採購新裝備取代冷戰後期期間所購買的裝備。[39]

此外，美國的海外行動也開始產生惡果，讓潛在對手對美國戰爭方式的弱點有了新見解。例如，在整個一九九〇年代，中國軍事分析家們就曾針對美國在軍事方面所採行的變革措施、美國從戰區後勤中心進行遠征作戰模式所能承受第一次打擊（first-strike）的破壞程度，以及美國後勤、前進空軍基地和航空母艦所具有的具體弱點等等展開大量討論。[40]同時，類似蓋達組織（Qaeda）的奧薩瑪・賓拉登（Osama bin Laden）這類的恐怖分子頭目，也觀察到美國在這十年間突然從索馬利亞撤軍、在巴爾幹地區採取消極的軍事行動及對襲擊缺乏反應，並因此判斷美國就是實力太弱了，才會無法嚴正對待未來的挑釁事件。享有霸權地位必然要付出代價，即使美國當時並沒有意識到這件事。

IV

在二〇〇〇年大選之前，小布希對外交政策的看法主要建立在其對柯林頓政府「國家建設」（nation-building）戰略的批評上，他認為柯林頓政府的國家建設戰略是種「無止盡又漫無目的的部署」。[41]小布希從柯林頓政府一九九二年的行動中汲取靈感，批評其與北京當局的緊密關係，並將北京稱為「戰略競爭對手」（strategic competitor）。[42]儘管小布希在處理對中關係上曾於二〇〇一年春季受到考驗，因為當時有一架中國戰鬥機與一架美國偵察機相撞，但該事件很快就解決了。事件之後，小布希總統更將精力集中在減稅和教育改革上，所以二〇〇一年九月十一日上午，他還親自到佛羅里達州某所小學參加教育改革活動。

九一一攻擊事件重塑了小布希的執政方向及整個後冷戰時期。小布希總統及其高層顧問認為，攻擊事件象徵著一個劃時代的轉變，他本人也在幾年後將一九九〇年代形容成「相對平靜、休養生息的年代，直到爆炸性的一天就這樣到來」。[43]

攻擊事件發生後，美國並沒有太多時間反省檢討。十月初，政府發起了一場針對蓋達組織及阿富汗塔利班政權的戰役，同時採取一系列金融、情報和司法措施來加強反恐單位。在此期間，小布希一直收到蓋達組織可能使用生物、化學或核武陰謀的可怕警告。該年秋天，美國郵政系統更收到一系列含有炭疽病毒的信件，疑似驗證了第二波攻擊的可能性。剛開始，美國對於九一一攻擊事件的主要反應很是被動，之後倒是迅速又出奇不意地對阿富汗發動攻擊，以美國特種作戰部隊、叛軍勢力和精確空襲的組合，在二〇〇一年十二月初將塔利班政權所在的主要城市全都一一擊潰。

在隨後幾個月內，小布希利用一系列演講探討了全球反恐戰爭所涉及的廣泛意義。這些演講影響了美國政府的國家安全戰略，而該戰略主要是由國家安全顧問康朵莉莎・萊斯

（Condoleezza Rice）和菲利普・澤里科（Philip Zelikow）起草，澤里科是一位學者，也是萊斯在老布希政府時期的前同事。這些演講的主旨及二〇〇二年九月所公布的戰略，既反映前幾屆政府所表達的戰略概念，也對其進行了延伸。

首先，小布希的言論重新提到「自由區」和「擴大民主」（democratic enlargement）等概念，並將其發揮到極致。他在二〇〇一年十二月說道，「絕大多數國家現在都站在道德和意識形態鴻溝的同一邊」，因為「文明所面臨的新威脅正在消除國家間舊有的競爭和仇恨關係」。[44] 國家安全戰略甚至更具有劃時代意義，其認為「自十七世紀民族國家崛起以來，現在正是國際社會建立大國在和平中競爭、而非不斷備戰的世界的最好時機」，因為他們會「受恐怖主義暴力和混亂的共同危險影響而團結在一起」。[45] 小布希經常因為這種「要不跟我們站在一起，要不就跟恐怖分子站在一起」等類似摩門教性質的言論而受到批評，但他也提出了大國關係將進入合作新時代的千禧年願景。

其次，小布希將北韓、伊朗和伊拉克稱為支持恐怖活動及尋求大規模毀滅性武器的「邪惡軸心國家」，並警告：「美國絕不會允許世界上最危險的政權，用世界上最具毀滅性的武器來威脅自己。」[46] 國家安全戰略擴大了布希的言論，並描述未來在何種情況下採取先發制人的軍事行動為合法行為，其認為在「流氓國家及恐怖分子並不採取常規軍事手段攻擊我們」的情況下，有必要「依當今對手的能力和目標調整所謂即時威脅的概念」。在這種情況下，「文明的敵人公開積極地追求世界上最具破壞性的科技，美國不能在危險聚集的時候袖手旁觀」。相反，美國堅決「在必要時單獨行動，行使我們的自衛權，對這些恐怖分子採取先發制人的行動，以防止他們對我們的人民和國家造成傷害」。[47]

第三，布希呼籲要實現「有利於人類自由的和平」，該種說法在國家安全戰略中再次出現，即「有利於自由的權力平衡（balance of power）」，最後亦成為布希第二次就職演講的核心主題。[48]為了實現該目標，美國將保持足夠強大的軍事力量，「勸阻潛在對手放棄軍事擴張，以追求超越或持有與美國相等軍事力量的目標。」正如布希在二〇〇二年夏季在西點軍校所說，「美國已經具備並打算保持足以超越挑戰的實力。」[49]

國防部長唐納・倫斯斐（Donald Rumsfeld）的任務，便是保持這些優勢。倫斯斐力求實現布希的競選承諾，即「改造」軍隊，使其更加「敏捷、致命、快速部署，並且只需最低限度的後勤支援」。這些建議是為了總結十年前第一次波斯灣戰爭的教訓，將美國軍事科技優勢發揮到極致，尤其是因為第一次波斯灣戰爭之後開始出現在網路及精確彈藥方面的進步。二〇〇一年九月所完成的《四年期國防總檢討報告》，其重點便是軍事轉型的議程，該報告對於美國的軍事實力保持樂觀，並採用「兩場主要區域衝突」的兵力規模結構，不僅要在近乎同時發生的重大衝突中擊敗侵略行為，還要保留透過「政權轉移（regime change）或佔領」取得關鍵性勝利的選擇。[50]

阿富汗戰爭的勝利，正好成為美國未來軍事行動的指引。在戰爭初期階段，特種陸軍騎兵隊及精確炸彈的組合徹底擊敗了塔利班部隊。儘管美國所支持的阿富汗部隊無法在二〇〇一年底抓到蓋達組織領導人賓拉登，但在新的一年裡，阿富汗似乎出奇地穩定，美國在當地的影響反而微乎其微。正當布希政府在二〇〇一至二〇〇二年把重心從阿富汗轉向伊拉克，因為在阿富汗的衝突經驗顯示或許有取得類似成果的可能，不需要像第一次波斯灣戰爭那樣大規模投入軍隊，也不需要在之後以大規模軍力進行佔領。

二〇〇三年三月進攻伊拉克的行動，反倒使這些期望經歷考驗。在短短一個多月的時間內，該進攻行動便推翻了海珊的政權。然而到了夏天，衝突迅速演變成了一觸即發的游擊戰，海珊政權的前支持者發起針對美軍的叛亂行動，並得到湧入伊拉克的伊斯蘭戰士的支持。二〇〇六年初，遜尼派極端分子炸毀阿斯卡里清真寺（al-Askari Mosque）後，伊拉克陷入近乎內戰的狀態。美軍似乎無力緩解，更不用說解決該國發生的教派流血衝突了。

成功進攻阿富汗和伊拉克的事實顯示，美國有能力實施布希的國家安全戰略，但戰爭本身很快就證明了其野心的危險。隨著叛亂在這兩場衝突中越演越烈，美軍的部署消耗速度遠遠超過了前十年柯林頓時期的最高峰。此外，五角大廈試著利用調高戰時預算來推行其雄心勃勃的軍事現代化計畫，例如陸軍的「未來戰鬥系統」，但到了二〇〇〇年代中期，最後還是未能為轉型計畫提供資金，也未能為派駐中東部隊提供其急需的能力。二〇〇六年十二月接下倫斯斐職位、領導五角大樓的羅伯特．蓋茲（Robert Gates）認為，這次失敗的原因在於各軍種「一心只想著為未來與其他國家的重大戰爭進行規劃、裝備和訓練，對於當前的衝突及其他所有類型的衝突卻都不太重視」。[51]

二〇〇六至二〇〇七年冬季，面對日益惡化的伊拉克災難，布希做出一系列扭轉戰局的決定，但卻付出了昂貴的代價。小布希的黨內成員、伊拉克問題專家研究小組（Iraq Study Group）及其他人都建議開始從伊拉克撤軍，但小布希卻決定在二〇〇七年一月向伊拉克「增兵」兩萬多人。白宮幕僚、外部專家如退休將軍傑克．基恩（Jack Keane）與美國企業研究所的佛雷德．卡根（Fred Kagan），以及習慣保護伊拉克平民免受暴力對待的戰區軍官們，全都為此決定提供參考意見。這些努力的結果，便是從二〇〇七年夏季到秋季，暴力攻擊事件大幅減少，似乎為地方治理及安全的完整過渡創造了可行的條件。

增兵戰略挽救了戰爭，但伊拉克衝突為布希更大的議程帶來了沉重的代價。由於絕大部分的軍事力量都投入了伊拉克戰爭，總統不得不在其他關鍵戰場尋求一定程度的和解。例如，二〇〇五至二〇〇七年間，美國透過一系列「六方會談」安撫北韓。而伊朗在整個伊拉克戰爭期間，扮演反美攻擊的重要支援角色，並重新恢復提煉濃縮鈾，但美國政府並未做出任何重要的反應。二〇〇七年中，美國在得知敘利亞正在北韓協助下建造一座未經申報的核反應爐之後，也沒有採取任何行動，而是允許以色列對其進行打擊行動。到了二〇〇八年八月，俄國入侵喬治亞；同時，阿富汗局勢惡化，塔利班叛亂勢力再起。可以說，小布希的戰略固然有雄心壯志，但最終還是暴露了冷戰後美國實力的限制。

V

跟後冷戰時期的前幾任總統不同，巴拉克．歐巴馬（Barack Obama）在競選期間所強調的，反而是在中東衝突持續不斷的情況下的外交政策。二〇〇二年秋季，作為伊利諾伊州參議員的歐巴馬在一次反戰集會上發表演說，反對他所謂的「一場輕率的戰爭……這場戰爭既非基於理性、而是激情，既非基於原則、而是政治」。在演說中，他承諾會迅速從伊拉克撤軍，把重心轉移到阿富汗衝突上，並稱阿富汗衝突是「一場美國必須打贏的戰爭」。[52]

歐巴馬的世界觀皆由其自身觀點所形成，他認為美國已經擴張過度了，尤其是在二〇〇八年金融危機之後。為了提高美國在世界上的地位，他努力透過一項結合參與與縮減（retrenchment）的計畫來達成，即改善與盟國的關係、向對手示好，並從中東衝突中抽身。透過在布拉格針對核不擴散的議題、在開羅針對與阿拉伯世界關係的議題、在奧斯陸針對美國在世界上的角色等所發表的一系列演講，歐巴馬試著為美國實現一個「新的開始」。他也認為，從中東撤軍將能為美國面對更大的挑戰做好準備，例如在中國持續成長、渴望在全球扮演更重要角色的情況下與中國保持建設性關係。在就任總統初期，歐巴馬的議程也在三個主要方面受到挑戰。

首先，在二〇〇九年大部分時間裡，總統及其顧問一直都在爭論，該如何兌現他曾表示要在阿富汗重振美國影響力的競選承諾。畢竟在前一年曾發生阿富汗衝突史上最血腥的戰鬥，當時亦有跡象顯示，無論是阿富汗政府還是美國，目前的投入規模都不可能扭轉局勢。受到伊拉克增兵成功的激勵，資深軍事顧問如大衛．裴卓斯（David Petraeus）和史丹利．麥克克里斯托（Stanley McChrystal）將軍都建議進行大規模部署，以利面對長期、以民眾為主的反叛亂行動。然而，在整個政策辯論過程中，歐巴馬也逐漸強調其希望能有一個近期撤軍策略，因此他在二〇〇九年十二月宣布，增派至阿富汗的三萬名士兵，將會在十八個月後開始縮編。歐巴馬說：「我希望阿富汗人民明白，美國想結束這個戰爭和苦難的時代。」[53]

阿富汗政策辯論的結果，反映出歐巴馬日益致力於縮減美國的全球地位，羅伯特．蓋茲總結道：「歐巴馬只是想結束『糟糕的』伊拉克戰爭，而一旦上任，美國在阿富汗的角色、即所謂『理想的』戰爭，就會在戰事範圍及期間上受到限制。」[54]

其次，二〇一一年初，中東地區廣泛的內亂為歐巴馬帶來了一連串的機會與危機。突尼西亞總統宰因．亞比丁．班阿里（Zine El Abidine Ben Ali）和埃及總統胡斯尼．穆巴拉克（Hosni Mubarak）分別於一月和二月迅速下台，為該地區帶來民主化浪潮「阿拉伯之春」的希望。然而，一場反對利比亞獨裁者穆阿邁爾．格達費（Muammar al-Qaddafi）的起義卻迅速演變成暴力衝突。到了三月中旬，格達費的軍隊血腥圍攻米蘇拉塔（Misrata），並向班加西（Benghazi）發起進攻行動，保證對該國第二大城市的居民「絕不留情」。美國國會和歐洲盟國催促美國進行干預，而歐巴馬制定了一個應對方案，以符合他長期以來的觀點，即「多邊行動、而非單邊行動，一直是符合美國的戰略利益」，聯合國的支持對美國來說更是一劑「強心針」。[55] 美國將在北約及阿拉伯夥伴的聯合行動下發動空中攻勢，阻止格達費向班加西和其他城市推進，接著再將利比亞軍事行動的主要責任移交給其夥伴國家。行動開始一週之後，歐巴馬便宣布「執行禁飛區和保護當地平民的領導權」已經移交，而美國將持續扮演輔助角色向聯軍提供情報等等。[56] 有位匿名幕僚將美國總統在利比亞的作法稱作「幕後領導」（leading from behind），歐巴馬則對此說法相當不以為然，不過，這也成為批評他的人經常掛在嘴邊的一個詞。

第三，歐巴馬政府削減國防預算中有關未來面向的計畫，在二〇一一年的《預算控制法案》（Budget Control Act, BCA）及「自動減支」（sequestration）條款中都要求進行更大幅度的預算削減。蓋茲部長對五角大廈該如何在為未來的國與國衝突，以及正在進行的非常規戰爭進行投資之間取得平衡感到不滿，因此在二〇一〇至二〇一一年期間，他提議終止或削減約三十個計畫，並在整個國防部提出了一千億美元的節約建議。[57]他滿意地表示，二〇一〇年的《四年期國防總檢討》將「當前衝突置於我們預算、政策及專案優先事項的首位」，接受了面對傳統挑戰的額外風險。不過，跟預算控制法案所規定的大幅削減相比，這些初步措施還是顯得微不足道，因為預算控制法案中的自動減支條款規定，國防預算將在十年內削減達一兆美元，但是恐怕難以達成，所以國會不得不另外制定一條審慎的替代財政途徑。只是國會失敗了，自動減支條款隨後開始生效，因此在軍方被迫大幅削減訓練、維護和計畫等預算的同時，還是通過了一系列的過渡性法案，使其得以暫時延後執行預算控制法案的規定。

這三項事件的最終影響，形成了歐巴馬時期美國戰略最明確的官方聲明，即是二〇一二年《國防戰略評論》。面對預算控制法案規定的國防預算削減，以及二〇一一年十二月從伊拉克撤軍、二〇一一年六月從阿富汗撤軍之後，歐巴馬表示，他欲「在一個快速變化的世界中，清楚確立美國的利益」。該政策描述了新的優先事項，包括應重視「亞太地區的安全與繁榮」，認為美國在歐洲的軍事態勢該「與時俱進」，因為「大多數歐洲國家現在是安全的『生產者』，而不是安全的『消費者』」，並決心「美國軍隊的規模將不再擴大」。[58] 該報告認為，在一個「戰爭浪潮正退去」的時代，美國現在可以更「專注於國內的國家建設」，正如歐巴馬在去年夏天所宣布的。[59]

《國防戰略檢討》（Defense Strategic Review）也對於形塑後冷戰國防政策的兩個長期問題產生了影響，即是五角大廈的兵力規模概念，以及面對大國挑戰者的準備。雖然該文件沒有直接涉及兩場主要區域衝突的構想，但縮減陸軍規模的決定其實已經表態，美國不可能對區域大國發動一場重要戰役，更不用說兩場了。同時，美國將重點轉向利用海空軍力嚇阻中國，顯示美國仍希望以未來科技、而非兵力規模，使其有能力擊敗修正主義競爭對手。在歐巴馬執政後期，美國國防部副部長鮑伯．沃克（Bob Work）制定了「第三次抵銷戰略」（third offset strategy），旨在擴大此類計畫所能提供的概念和能力範圍，即使在資金減少的時期也是如此。[60]

儘管歐巴馬希望將美國的重心從中東轉移到其他地區，但不斷升級的敘利亞內戰迫使該地區問題重新進入議程之中。自二〇一一年初以來，巴沙爾．阿薩德（Bashar al-Assad）在兩年的衝突中，對敘利亞人民採取了蓄意逐步升級的戰略。二〇一一年和二〇一二年，阿薩德便曾使用過大砲、空中轟炸和飛毛腿飛彈等暴力手段進行攻擊。阿薩德政權更開始在二〇一三年春季使用化學武器，當時正好是歐巴馬發出首次警告一年之後，歐巴馬在警告中曾表示，若有「一大堆化學武器四處移動或使用」，就會視之為踩到「紅線」。[61]當阿薩德的暴力升級在二〇一三年八月的古塔（Ghouta）攻擊中達到最高點，造成近一千五百人喪生時，歐巴馬啟動了一項對阿薩德政權實施報復性打擊的計畫，並由國務卿約翰．凱利（John Kerry）負責提出採取行動的主要論點。然而，八月三十一日，總統迅速改變策略，宣布在沒有國會授權的情況下就不會採取行動。[62]就在國會爭論行動的利弊之際，俄國總統普丁（Vladmir Putin）帶著解決方案橫空出世，促成阿薩德自願交出化學武器庫存的協議。

對歐巴馬所制定的國家安全戰略而言，敘利亞危機算是關鍵性轉折。歐巴馬後來表示，他為自己處理危機的方式「感到非常自豪」，因為這讓他打破了「外交政策機構的遊戲規則」。[63]然而，敘利亞危機的結束似乎為來自全球的國家及非國家行為者的新挑戰大開門戶。

二〇一四年春季，烏克蘭發生了反對強人維克多．亞努科維奇（Viktor Yanukovych）的民眾革命，俄國也隨後入侵烏克蘭併吞克里米亞，引發了一場持續到歐巴馬總統任期之後的衝突。那年夏天，恐怖組織「伊斯蘭國」（Islamic State of Iraq and Syria, ISIS）先是順應敘利亞內戰而生，接著便利用美國撤軍後伊拉克的不穩定局勢，征服伊拉克北部大部分地區，並建立以喀布爾（Kabul）為首都的「哈里發國」（caliphate）。二〇一四年，中國還在南海展開大規模的造島運動，在有爭議的水域中實際開闢了新領土，並在歐巴馬任期的最後幾年迅速實現軍事化行動。作為回應，歐巴馬政府先是協調對莫斯科當局的制裁，根據「歐洲再保證倡議」（European Reassurance Initiative）向歐洲增派部隊，在敘利亞和伊拉克重新部署以打擊伊斯蘭國，並在南海發起航行自由行動以抗衡中國日益增長的領土主張。每一個舉動都呼應了歐巴馬曾在二〇一四年夏季說過的喪氣話：「結束戰爭比發動戰爭更難。」[64]

歐巴馬政府就跟之前的政府一樣，對於美國應如何在世界上行使權力，同樣奉行大膽的理論。至於結果也跟之前的政府一樣，令歐巴馬政府大失所望。而歐巴馬留給繼任者的，則是危機和大國競爭的再現。

VI

當查爾斯・克勞塞默觀察到「單極時刻」（Unipolar Moment）的到來時，他也客氣地描述了這個時代不可避免的結束：「在權力結構方面，世界格局將類似於第一次世界大戰前的時代。」[65]在許多方面，克勞塞默的警告似乎預見了唐納・川普（Donald Trump）及拜登執政所面臨的世界。

在二〇一七年十二月的《國家安全戰略》中，川普認為美國之所以面臨著「日益激烈的政治、經濟和軍事競爭」，皆是來自於中國和俄國「對美國權力的挑戰」、北韓和伊朗「破壞區域穩定」的決心，以及恐怖主義和跨國犯罪組織「傷害美國」的活動。面對「日益縮減的優勢，美國需要「持續的國家保證及關切」來面對這些長期挑戰。[66]一個月後發布的《二〇一八年國防戰略》，同樣將修正主義大國「重新出現的長期戰略競爭」，視為對美國繁榮和安全的主要挑戰。[67]拜登在二〇二一年三月發布的《美國國家戰略指導暫行本》（Interim National Security Strategic Guidance）中，儘管與前任總統有許多分歧，但同樣保證美國將「在與中國或任何其他國家的戰略競爭中取得勝利」。[68]

雖然重新出現大國競爭象徵著單極時代的結束，但在這段時期仍留下了一些長久的政治遺緒。首先，從一九八九到二〇一四年，美國維持並擴大了在冷戰結束時取得勝利的「自由區」。這並不是一個小小的勝利，因為這使西方在新的競爭時代到來之際，得以處在其所期望的強勢地位。至於俄國和中國的「擴張」行為、中東地區出現民族國家建立及領土佔領，以及「敵對國家」等等，最後都證明仍然難以望其項背。

其次，美國從未確立一支規模適當的軍事力量，來應對其在整個單極時代所面臨的挑戰。老布希政府時期所建立的基準兵力在經過適度調整之後，便承擔了無數次部署、長年衝突，以及後續政府所要求的軍事存在與塑造任務等重任。在這二十五年內，美國國防部被迫在兵力結構和現代化之間權衡利弊，無法滿足任何一邊的責任。

第三，小布希政府制定的「兵力重整」戰略並沒有長期持續。相反的，隨後的政府只是將希望寄託在軍事革命的前景上，直接略過一個世代的武器裝備，或是為保持美軍超強戰鬥力所進行的第三次抵銷戰略。許多充滿雄心壯志的現代化計畫都萎縮了，幾乎沒有一個能跟得上五角大廈的遠大目標。同時，美國的對手也在研究美國的軍事行動，以找出其在軍事現代化計畫中得以利用的漏洞。歐巴馬政府後期的危機更是清楚顯示，美國應推行「兵力重整」政策，但美國既沒有預算，也沒有實施該政策的計畫。在單極時代，美國的戰略與資源之間雖然長期存在差距，倒還算是應付得來，但是對於單極時代結束後、競爭更為激烈的世界，若是戰略貧乏無力就有可能帶來更高的代價。

Chapter

2

兩個元帥：奧加可夫、馬歇爾以及軍事事務的革命

德米特里・亞當斯基（Dmitry Adamsky）在以色列瑞克曼大學（Reichman University）的政府外交暨戰略學院擔任教授，著有《軍事創新文化》（The Culture of Military Innovation）和《俄羅斯核武正統學說》（Russian Nuclear Orthodoxy）。

「元帥」是將領軍階的最高階級。晉升到最高軍階的條件一般是因歷史和軍隊而異，但共同點便是需要具備卓越的專業成就作為提名要件。本章欲以「元帥」喻為最高軍階，探討現代戰略思想的兩位「元帥」，蘇聯總參謀長尼古拉·奧加可夫（Nikolai Ogarkov，一九七七至一九八四年）和美國國防部網路評估辦公室主任安德魯·馬歇爾（Andrew Marshall，一九七三至二〇一五年）二者的主要貢獻。奧加可夫和馬歇爾來自冷戰的對立陣營，但他們都涉及現代戰略的核心概念之一，即軍事事務革命（revolution in military affairs）的概念，也是後冷戰時期世界辯論的核心特色。本章探討了一位來自蘇聯、另一位來自美國的國防知識分子，該二位對軍事事務革命概念在概念化和普及化方面的影響，以及其對全球學術界和國防機構的實踐和理論的影響。

奧加可夫和馬歇爾的言行塑造了當今專業界思考和實施軍事創新的方式。可以說，在當代戰略理論與實務的三個主要概念背後，都有他們的身影。

首先，兩人在完善軍事革命概念方面扮演了主導角色，使其成為專業安全的代名詞和現代軍事思想中的應用概念。其次，奧加可夫和馬歇爾是勾畫現代戰爭的輪廓，以及與其相關作戰藝術原則的先驅者。兩位國防知識分子都是兩大概念普及化的領導人物，這兩大概念便是當今軍事機器理想類型的縮影，即是偵察打擊綜合體（reconnaissance-strike complex）及以網狀化作戰（network-centric warfare）。這兩大概念在現代軍事組織中佔有重要地位，也是世界各地建立軍隊、組織結構和作戰概念背後的主要邏輯。最後，奧加可夫和馬歇爾更是使軍事創新框架成為一門學術學科及應用規劃工具的思想奠基者，而該分析視角源自於軍事科技革命和軍事事務革命的思想，用於探討國防機構對於戰爭性質變化的反應。

以下章節將對上述論點進行解讀。此外，本文也闡述了跟馬歇爾和奧加可夫相關的另外兩個衍生概念，即競爭戰略和跨領域強制行為。透過研究與這兩個概念關係最密切的兩位人物，本章也算是為現代戰略的兩大主題撰寫了一部思想史。若論及奧加可夫和馬歇爾的影響力，都是國防專業學者所普遍認同的人物，那麼本章便是採用現有文獻及新資料來源和見解，來證明這些知識分子對當代軍事理論和實務的龐大影響力。[1]

I

軍事事務革命是一種重大的軍事創新，在這種創新中，新組織結構和（經常但並不總是由新武器所驅動的）新作戰概念，都改變了戰爭的進行方式。雖然大多數革命是基於科技進步形成的，但所需條件不僅僅是科技突破。軍事事務革命代表著武器、理論、組織結構，以及指揮與控制文化的深刻與多方面變革，這些變革會迅速淘汰傳統的衝突形式。[2]儘管科技進步往往是必要的，但軍事事務革命會涉及系統、理論和組織發展之間的協同作用。[3]

自一九九〇年代以來，國際安全專家和國防政策實務者一直在使用「軍事事務革命」一詞，作為戰爭性質變化的通用參考框架。為了具體說明自二十世紀末以來一直在進行的創新發展，並清楚標示出該項科學催化劑，專家們使用了軍事事務中的資訊科技軍事事務革命（IT-RMA）一詞。這是指精確導引彈藥於當代常規戰爭中，在與指揮、控制、通訊、電腦及各種偵察、監視和目標定位系統方面的整合所帶來的變革。

在作戰方面，資訊科技軍事事務革命可以說是在一定距離內進行精確打擊的方法，也是透過隱形技術和使用無人系統穿透防禦的手段，以及透過橫向和縱向通訊以利發揮聯合軍隊影響力的方式。[4]在有著明顯戰線和後方區域的前線進行調動已經過時，平台數量的重要性遠不如整合這些平台之間的網絡；火力投射能力取代了大規模機動性；「偵攻一體」（sensor-to-shooter）的迴路縮短了；距外武器（standoff weapon）和空軍實力取代了重型地面部隊；小型機動部隊在遠距作戰方面，也具有更高的精確度和殺傷力。作戰計畫的目標是達成特定成果，而非消耗或佔領領土。[5]資訊科技軍事事務革命的起源，可以追溯到冷戰時期蘇聯和美國之間的學習競爭，當時先是推出了第一代距外精確導引彈藥。時任蘇聯總參謀長的奧加可夫及五角大廈網路評估辦公室主任的馬歇爾，可以說是與這些概念最密切相關的兩個人。

這些概念的開始及其在後冷戰時期於世界各地傳播的過程，共分為三個步驟。首先，便是美國的「抵銷戰略」為創新提供了科技起點。一九七〇年代，北大西洋公約組織開始考慮運用品質方面的科技優勢，來抵銷華沙公約組織在常規武器數量上的壓倒性優勢。微處理器、電腦、雷射和電子設備的發展，都使智慧武器的生產成為可能，例如陸地、空中和海上發射的精確導引彈藥，透過指揮、控制、自動偵察和目標定位系統對目標進行遠距終端引導。創新科技所發展出來的超視距縱深打擊（Deep over-horizon strikes），能在不跨越核門檻的情況下有效突破敵人的攻擊。這個概念在美國稱為「空地作戰」（Air-Land Battle），在北約則稱為「後續武力攻擊」（Follow-On Forces Attack）。[6]理論上，其目的是使美國和北約能在不跨越核門檻的情況下突破蘇聯可能發動的常規攻擊。

起初，抵銷戰略只是維持科技優勢，並沒有改變美國的戰爭模式。研究該歷史事件的學者認為，美軍在近十年的時間內一直在開發科技及武器裝備，卻沒有意識到其革命性的影響。大多數美國國防分析家都太重視技術戰術，使他們無法意識到這種縱深打擊能力的革命性意義。[7]

之後蘇聯的投入也令這項創新具有革命性特色，並在戰爭性質方面形成一種創新典範。而大西洋兩岸的史學界更是把該事件與當時蘇聯總參謀長奧加可夫連結在一起。

雖然美國打下了科技基礎，但考量其發展的長期後果及多方面影響的仍是蘇聯、而非美國的理論家。從一九七〇年代末期開始，蘇聯軍方高層就十分密切關注美國的研發動態，特別是由資訊科技所推動、與空地作戰和後續武力攻擊有關的武器研究、開發和採購。他們對於西方軍事創新的仔細研究，也使蘇聯認定戰爭可能正開始出現不一致的特色。此與西方國家關注新武器系統對未來歐洲戰爭的狹隘影響不同，蘇聯將該現象視為「軍事事務革命」或「軍事科技革命」（該兩個詞在蘇聯科學詞典中可以互換使用），並就此撰寫了大量理論文獻。在其依規劃所出版的專業文章、書籍和內部文件中，奧加可夫始終認為，最近的發展很可能是軍事事務出現重大變革的前兆，資訊科技已經開始徹底改變戰爭。[8]

根據奧加可夫的指示，蘇聯軍方掀起了一股腦力激盪浪潮，以探索這項科技發展在戰略及作戰方面的具體影響。到了一九八〇年代中期，蘇聯國防機構已經大量掌握該相關議題的見解，並對資訊化時代的未來戰爭有相對一致的意識。因此，在沒有開發新武器裝備或擁有先進技術的情況下，蘇聯反而開始撰寫有關軍事科技革命如何改變戰爭性質的開創性文獻。[9]然而，其政治、文化、科技和經濟方面的現實障礙，全都阻礙了蘇聯軍隊彌合軍事技術革命的理想化願景與實際達成能力之間的差距。直到俄羅斯在敘利亞的行動，奧加可夫的勝利理論才在俄方軍隊中得以實現。

最後，美國承認了軍事事務革命的出現，並在一九九〇年代和二〇〇〇年代將其轉變為國防轉型的關鍵。這項歷史性事件主要與馬歇爾擔任網路評估辦公室主任有關。學者認為，馬歇爾及其工作人員為美國國防機構中，最早承認並認同蘇聯對戰爭性質變化的觀點，並且推廣軍事事務革命概念的人。[10]俄方消息來源也同意此說法，認為馬歇爾是充分掌握蘇聯願景本質的人，是他創立了美國版的軍事事務革命。[11]而事情發展經過是這樣的，當冷戰接近尾聲時，蘇聯在軍事技術革命方面的探索，尤其是那些在保密專業期刊上發表的見解，也逐漸傳入西方。蘇聯的遠見越來越引人注目，也像是交給美國專家一支得以預見未來的「望遠鏡」一般。到那時，正如英國在一九二〇年代中期所進行的裝甲試驗一樣，美國軍方已經為軍事事務革命奠定了科技基礎，卻還沒有奠定概念基礎。[12]

一九八〇年代初，只有少數國防知識分子意識到重大軍事革新的到來。亞伯特・沃斯泰特（Albert Wohlstetter）是最早意識到微電子科技的突破，為軍隊使用和政治選擇開闢了新天地的著名人物之一。在馬歇爾及其他某些人的幫助下，沃斯泰特敦促（通常較消極的）國防機構去考量一系列日益增長能力的戰略影響，並重新構想戰爭面貌。[13]整體結構也開始出現變化。一九八七年，沃斯泰特與佛瑞德・伊克雷（Fred Iklé）共同擔任整合長期戰略委員會（Commission on Integrated Long-Term Strategy）主席，該委員會認為蘇聯了解距外精確導引彈藥、太空、隱形、雷達和瞄準能力對現代戰爭的影響，聲稱美國即使在技術上領先，但在概念上卻已經落後了。[14]

委員會責成一個由馬歇爾和查爾斯・沃爾夫（Charles Wolf）共同主持的工作小組，以利勾勒未來軍事競爭的可能輪廓。委員會的報告指出，蘇聯和美國已經確定了大致相同的技術，尤其是高精密、遠程系統等科技對未來戰爭的重要性。然而，與美國專家相比，蘇聯更有條理地衡量了這些技術，對未來的想像也更遙遠、更詳細。該工作小組則認為，蘇聯對於新技術的出現將徹底改變戰爭的評估或許是正確的。若是確實如此，那麼這種變革對美國某些軍隊結構和指揮安排的影響，可能比近半個世紀前核武的應用更為深遠。[15]

從一九八〇年代末期開始，馬歇爾取代沃斯泰特成為探索新興安全環境的主要倡導者，網路評估辦公室也對蘇聯的軍事技術革命願景，進行了多項研究和評估。而第一次波斯灣戰爭中，在資訊科技對軍事行動的設計和執行方面，其所受影響的初步經驗同樣進一步推動了這項研究。即便如此，在馬歇爾和安德魯・克雷皮內維奇（Andrew Krepinevich）就軍事科技革命發布備忘錄之前，軍事事務革命和資訊科技軍事事務革命的概念仍然只是個抽象概念。[16]至於網路評估辦公室有史以來最著名的文件，即一九九二年全面審查報告，其推論自一九七〇年代末以來，蘇聯在有關新興軍事體制特色的說法是正確的。而網路評估辦公室報告認為，尤其是資訊學和遠距精確導引武器等先進技術，正在將軍事藝術提升到戰爭革命的高度。該評估報告也確立「偵查－打擊」跟「資訊化戰爭」共同為未來戰場的主要特色。[17]

這份評估報告的結論，促成自越戰以來美國國防機構最全面的改革。而馬歇爾對未來戰爭的興趣及其具體探討資訊科技對軍事事務的影響，也都激起了「美國國防轉型」，更是一九九〇年代末以來美國軍事改革的流行語。一言以蔽之，這場改革的目的是按照前述「資訊技術軍事事務改革」的構想，以利改造美軍和國防機構，其強調精確性、隱蔽性、聯合性，強調網絡而非平台，強調火力投射能力而非軍隊機動性，強調縮短「偵攻一體」的迴路，強調距外武器及空軍實力而非重型地面部隊，強調小型機動部隊以更高精確度及殺傷力進行遠距作戰，強調作戰效果而非消耗。

北約陣營在一九九九年科索沃戰役中，進一步確立了早在第一次波斯灣戰爭便已展現資訊科技應用於軍事方面的價值。自一九九〇年代中期以來，產生於美國的理念也已傳遍全球，「軍事革命」一詞更是深入專業詞彙群中。而在伊拉克和阿富汗的行動則顯示，美國是如何打這場資訊科技革命時代的戰爭。[18]截至本文撰寫之際，軍事事務革命及資訊科技軍事事務革命這兩個術語，都很少出現在美國當前的專業論述中。然而，馬歇爾箴言的概念遺緒和精神，顯然仍支撐著美國國防政策規劃者的意圖和傾向，即使其並沒有以理想的方式完全實現。[19]

II

奧加可夫及其擁護者所倡導、蘇聯未來戰爭作戰觀的核心，即是偵察打擊綜合體概念。一九七〇年代末，蘇聯軍事理論家在總參謀長的指示下，將未來戰場概念化為精確武器時代，並提出了「偵察打擊綜合體」一詞，以抓住戰爭性質變化的本質。概括來說，該構想認為軍隊在資訊時代將轉變成由情報、監視與偵察能力、指揮與控制（Command-and-Control, C2）系統，以及精確距外火力組成的聯合武器系統。蘇聯軍事專家亦從美國的「突擊破壞者」（Assault Breaker）概念及其相關能力中，見到了這項新興現象的徵兆。蘇聯方面則是將這種在「戰略－作戰」層面出現的現象定義為「偵察－打擊」一詞。而北約當時在歐洲發起的創新風潮，即空地作戰與後續武力攻擊，也都激發了蘇聯理論家的想像力，儘管這些術語對他們來說更具有通用含義，既與自己的戰場架構有關，也與敵方的戰場架構有關。蘇聯理論將資訊科技軍事事務革命時代的未來戰爭，設想為偵察打擊綜合體及偵察火力綜合體的對立衝突。[20]

蘇聯將偵察打擊綜合體確立為戰爭的主導架構，而美國國防機構花了將近十年的時間才理解蘇聯對軍事行動特色的看法。[21] 到了一九八〇年代初，美國國防界已經意識到，蘇聯方面出於對類似對抗能力所構成威脅的擔憂，正在討論發展所謂的偵察打擊組織（蘇聯便是以美國的突擊破壞者計畫作為參考架構，因為其具有戰區級的縱深打擊能力，能夠精確打擊正在移動的蘇聯後續部隊）。美國分析家正確地了解蘇聯的偵察打擊組織面貌，即由情報和目標定位綜合體、自動化指揮和控制元素，以及遠程打擊系統三位一體所組成。對蘇聯理論的進一步分析也確定了蘇聯的假設，即未來衝突的結果將由大規模、常規、精確引導打擊和即時偵察來決定，而不是由大規模裝甲動員來決定。[22]

一九九〇年代，馬歇爾及其追隨者將蘇聯的偵察打擊綜合體概念，作為自己思考資訊科技軍事事務革命的出發點。美國重新梳理此概念，並在國防機構中傳播其對該概念的理解。最終，經過數次概念實驗，美國以自己的術語來稱呼同樣的現象，即「網狀化作戰」；而蘇聯的偵察打擊綜合體概念，正好是其前身。簡言之，這兩個名詞都涉及同一個體系，也是精確武器時代戰爭本質的縮影。在本世紀初，網狀化作戰，即資訊時代戰爭的精華，也成為美國國防轉型的熱門詞彙之一。從那時起，網狀化作戰這項理想類型，激勵並推動了大西洋兩岸、中東和亞洲在軍事方面的創新發展。儘管並非所有軍事組織都使用這些術語，但國家和非國家行為者都一直在仿效、採用及調整，跟偵察打擊綜合體與網狀化作戰相關的作戰藝術、組織設置和部隊建設的主要原則。[23]

最終繞了一大圈，馬歇爾還是採用蘇聯的「偵察打擊綜合體」一詞，並將其作為制定計畫願景的參考框架。後者最終蛻變為美國所稱的「網狀化作戰」（Network-centric warfare）。這個美國提出的術語和概念，也在隨後引起大部分俄國專家的注意，算是一種具體又實用的興趣；從本世紀初開始，後蘇聯時代的俄羅斯便開始從地緣政治的低谷中崛起，並根據網狀化作戰的理念對其武裝力量進行現代化改造。蘇聯是網狀化作戰概念化的先驅，但從未真正實現。後蘇聯的改革朝著這個方向前進，但在二〇〇八年俄羅斯對喬治亞戰爭中所凸顯的缺點，正是沿著偵察火力綜合體的軸心一一出現，例如精確導引彈藥不足；指揮、控制、通訊、電腦、情報、監視和偵察水平低落；發動網狀化作戰的聯合作戰能力低落等等。大約從二〇〇八年起，俄羅斯軍隊開始了大規模現代化改革，其邏輯和規模堪比當時進行了十多年的美國國防改革。

俄國改革的目的是盡可能推動其常規軍事，向理想的偵察打擊綜合體發展。在此軍事轉型的背景下，網狀化作戰一詞成為俄國專業詞彙的一部分，既是參考框架，也是探討系統的主題。在十多年的專業詞彙和論述中，網狀化作戰在某種程度上也使得偵察打擊綜合體黯然失色。然而，在俄國二〇一五年發動敘利亞行動之後，俄國官方和專家的論述，尤其是在專業軍事期刊上，也開始交替使用這兩個術語。同樣的，當西方專家對俄羅斯軍事現代化重新產生興趣時，他們也開始注意有關偵察打擊綜合體的論述。[24]

俄羅斯軍事現代化的第一批成果，解決了先前提到的二〇〇八年喬治亞戰爭的缺陷，並在俄國干預敘利亞之際已告成熟。在俄國評論家的反思中，大家可經常讀到或聽到，敘利亞行動是俄軍首次按照資訊科技軍事事務革命的思路進行作戰。俄國總參謀部認為，敘利亞行動幾乎是所有武器類型與作戰系統的試驗場，更具體地說，是使用情報、偵察、監視、目標定位、指揮、控制、通信和打擊系統的試驗場，這些系統在作戰和戰術層面上被整合為統一的綜合體。毫不意外的是，俄國官方及專家在有關敘利亞問題的論述中，更到處充滿著「偵察打擊綜合體」和「偵察火力綜合體」等術語。[25]

關於奧加可夫和馬歇爾對指揮控制文化，以及採用偵察打擊綜合體和網狀化作戰所需程序的看法，目前尚無任何證據。不過，大家或可推測該二者會傾向於任務指揮及授權下級的作戰管理方式，而此種方式也將此種系統的潛能發揮至極致。近年來，俄國總參謀長瓦萊利・格拉西莫夫（Valery Gerasimov）也採取與奧加可夫非常相似的方式，他經常要求和督促高階軍官探索不斷變化的戰爭特色。格拉西莫夫更是積極貫徹奧加可夫的假設，參考其勝利理論，甚至使用其蘇聯前輩所創造的專業術語。具體而言，格拉西莫夫主張下放權力，並將下級指揮的戰鬥編隊轉變為自我同步的自主偵察火力綜合體。

大家或許會假設馬歇爾有提倡類似該願景的可能，而這也確實部分反映在二十世紀初美國軍隊推崇網狀化作戰的「優勢力量」（power to the edge）上。有意思的是，儘管這兩個概念的創始人在假設上是一致的，但卻存在著明顯的不對稱之處。俄軍採用這種具有與其某些傳統相反的作戰管理方式，而美軍的作法卻朝著不同的方向發展。有證據顯示，採用網狀化作戰及相關武器系統和程序，往往會使美國軍隊傾向於更集中的管理方式，並偏離任務指揮文化。[26]

III

對軍事事務革命現象的探索，在後冷戰軍事戰略理論和實踐中，留下了重要的印記。這股腦力激盪風潮也因此產生了許多新術語、新詞彙及新分析架構。其中，最傑出的衍生物之一就是軍事創新概念，即是戰略研究文獻中的分支學科，也是國防實務者的參考架構。其概念部分源自於美國的資訊科技軍事事務革命論述，部分源自於蘇聯的軍事未來學，而後者是蘇俄軍事科學中探索戰爭未來的一門學科。至於西方學術界在當代軍事創新學術方面的思想淵源，則是可以追溯到奧加可夫和馬歇爾。

蘇聯思考未來戰爭的方法，催化了西方軍事創新學術的出現。正如大家所見，一九七〇年代至一九八〇年代發展起來的蘇聯未來戰爭研究成果，逐漸成為一九九〇年代西方戰略家和軍事規劃者遙望未來的參考，而這方面的知識體系也促成了其他的影響。雖然大多數觀察家認為，蘇聯在軍事技術革命方面的文獻算是種承認新科技的證明，但馬歇爾及網路評估辦公室的專家卻有其他額外發現。[27]除了理解新興軍事制度，蘇聯的見解也讓馬歇爾看到以系統性思考觀察戰爭本質變化的通用方法。尤其是蘇聯的例子為馬歇爾展示了準確診斷、預測和構思未來戰爭輪廓的能力（而且是在既未擁有該科技，也未擁有武器裝備的情況下）。

蘇聯軍事理論家透過「預測和預知軍事事務」的獨特視角，來分析西方的科技發展。[28]在當時，西方軍事思想還不具備相當於該蘇聯軍事科學這門分支學科的理解能力，無論是在複雜程度還是制度化規模上都無法與之相比。總之，這是一種系統性研究科技進步以帶來新戰爭工具的方法，同樣重要的是，這是一種組織傾向。而蘇聯進行這種研究的目的，則是從武器系統、作戰概念和組織結構的角度，將新興科技定位成演化性或革命性的科技，然後推論其對建立軍隊、採購政策和理論變革的條件。理想情況下，對未來戰爭趨勢的準確預測，應為當前的國防轉型規劃提供參考依據，而國防轉型規劃則由軍隊高層發起。這種研究不僅是蘇聯（及俄國）軍事文化的傳統思想傾向，也是國防官僚機構的制度化成果，其跡象在後冷戰時代依然清晰可見。[29]

一般而言，蘇聯的軍事預測和預知方法，尤其是在預測軍事事務革命、揭示其影響及確定未來戰場輪廓的方法，可說是種多元學科的學問。該學問結合從人文科學到精密科學的質化和量化分析工具和實務研究，例如，對軍事歷史的系統性研究（目的是歸納出一般的作戰原則、組織動力趨勢，激發出有關戰爭新特色的假設）並與形式模型（formal modeling）及先進數學技術共存。[30]蘇聯國防機構在概念和組織上的傾向與美國的馬歇爾產生了共鳴，後者對於適用於判斷軍事戰略問題的分析工具有著長期的興趣。

馬歇爾在蘭德公司（RAND Corporation）評估北約與華沙公約組織的平衡時，就曾主導過蘇聯軍事理論、有效性衡量標準和評估方法的研究。他深信，蘇聯的作法不同於西方的普遍作法。[31]馬歇爾看到的主要差異，包括蘇聯強調革命性變化（即不連續性現象）、太過刻意對其進行判斷，以及研究過去以確定新出現的主導戰爭形式的作法。馬歇爾認為，接受不連續性現象的概念及判斷其不連續性現象的方法很是合理，他認為這種立場使大家能有意識地體驗戰爭性質的改變。正如馬歇爾所描述：

> 通常，當一個人處於戰爭之中時，他最不容易意識到這一點。然而，軍方越早體認到軍事制度變革的出現，其國防管理的效率就越高。[32]

蘇聯軍事技術革命文獻將一九二〇年代及一九三〇年代作為思考不連續性現象的參考。同樣的，馬歇爾也經常提到德國和英國的戰時經驗，以說明軍隊往往不會有意識地思考軍事革命議題，並鼓勵國防官員就創新發展提出正確的問題。[33]在並不以科技為主方面，蘇聯的看法倒也引起了馬歇爾的共鳴。他強調長期框架，更注重軟體方面（即組織文化、結構和作戰概念）的發展，而不是僅僅只是注意硬體方面的新科技，這使他的方法有別於美國戰略文化中受到整體科技發展所驅動的思維。[34]對馬歇爾來說，這算是種學習競爭，大家都想要優勢科技，但是真正的競爭還是在智力方面，也就是在發掘新的行動概念及適當的組織設置上超越競爭對手。[35]因為「軍事革命」一詞過於偏重科技，馬歇爾和網路評估辦公室的專家們，採用了同樣來自蘇聯詞典的「軍事事務革命」一詞。

奧加可夫是一位官僚知識分子，也是先前所提及蘇聯研究方法的典範，馬歇爾也因此對他留下了深刻的印象。一九九一年第一次波斯灣戰爭證明了奧加可夫預言的準確性，也驗證了支撐蘇聯軍事未來主義的研究方法的潛力，馬歇爾對蘇聯傳統某些方面進行了調整、採納和改良。他開始推動和教育美國國防機構採取類似的知識－官僚傾向。馬歇爾也開始深入探討該議題，將軍事事務革命視為由國防機構有意創建及管理的典範式變革，並提出了一系列問題，例如：軍事組織如何學習與創新？在該議題方面，歷史上最好和最糟的作法是什麼？為什麼有些組織在學習競爭中會表現比其他組織好？後者又會如何影響戰鬥力？

網路評估辦公室也從一九九〇年代初開始委託進行歷史研究，以解決這些問題，特別是探索戰時的軍事創新發展。這種外包給學術界、特別是歷史學家的作法並非史無前例，其繼承了網路評估辦公室先前的傳統，即研究遙遠的過往歷史，以利在思考未來發展時能提供最佳資訊。馬歇爾相信，在應用歷史上的嚴謹研究，可以大大改善大家思考國防政策，尤其是軍事事務方面的疑惑。[36]他的部分努力成果甚至更早於軍事事務革命時期。一九七〇年代，馬歇爾召集了幾位使用歷史模型的政治學家，以及來自美國著名大學的軍事和外交史學家，研究不同國家的官僚機構在過去和最近面對「戰略平衡」的評估方式，而這也是網路評估辦公室核心任務的委婉說法。就該領域的社會學而言，這項活動的附帶效應便是西方學術界出現了一群由志同道合的知識分子組成的團體，其各自的研究議程則是指向大致相同的方向。[37]

至於分析廣義的軍事管理和軍事創新的相關結果，其前身便是對不同國家進行軍事效能的研究。這項工作計畫有多位作者參與，由威廉森·莫瑞（Williamson Murray）及艾倫·米萊特（Alan Millett）主持，並在一九八〇年代後期出版了幾卷學術著作。[38]最終，這也成為歷史學家為現實戰略問題展開合作的一種普遍方法。[39]就在該計畫成功完成的同時，馬歇爾對軍事事務革命的興趣也急劇上升。這種方法更是得以自我複製。馬歇爾認為，「歷史有助於思考創新發展的影響」，對和平時期創新的特定案例進行歷史比較研究，便能看出軍事組織經歷典範式變革的過程。[40]這次主要的研究目標是探索技術、概念、作戰、文化和組織因素，這些因素推動並限制了軍隊對未來戰爭的設想及創新方式的變化。[41]這項努力的結果便是以該主題出版了一本頗具權威的學術著作，隨後又展開一些研究，以觀察該現象的另外一面，即敵方在適應這種不確定性時的反應和勝利理論。[42]

在網路評估辦公室的支持之下，學術界開始系統性探討歷史上的軍事事務革命議題，主要是英美的歷史學家和政治學家。[43]而網路評估辦公室所委託進行的歷史研究發現，「那些發展出以認真學習、研究及知識作為專業核心的組織文化的軍事機構」，是最適合新興軍事制度的軍事機構。這種知識發展產生了兩個結果，首先，便是在軍事機構內部，馬歇爾和克雷皮內維奇建議各機構將其最優秀的人才用於思考未來戰爭上。為此，在一九九〇年代中期，各軍種參加了由網路評估辦公室所資助舉辦的圓桌會議和戰爭賽局。[44]從這些活動中總結出來的見解，也隨後形成美國在一九九〇年代末至二十世紀初「國防轉型」中的各種趨勢。

此外，這股風潮在學術界催生了一門新學科，即是軍事創新研究，而該學科也成為了實務界正在持續進展的學術分支。兩者相互關聯，以政策為導向的學術研究議程一經公布，就為新興學術子領域的出現奠定了基礎。史蒂芬・彼得・羅森（Stephan Peter Rosen）、莫瑞、米萊特、麥克葛雷格・諾克斯（MacGregor Knox）和湯瑪斯・曼肯（Thomas Mahnken）等人的開創性著作就是例證，他們最初的努力成果建立起該領域的框架，並將其轉化為戰略或國際安全研究的學術（及政策導向）分支學科。[45]這些著作的標題同樣反映了馬歇爾當時的研究興趣，以及軍事創新文獻的關鍵術語和主要方向，這些術語和方向自那時起便一直保持不變。這塊新興領域從一開始就是跨領域的學科，其匯集了擅長採用形式模型和量化方法的國際關係和政治學者，並且對軍事組織及其形成因素進行定位、歷史、人類學和社會學分析的學者。三本主要學術期刊，即《國際安全》（International Security）、《戰略研究雜誌》（Journal of Strategic Studies）和《安全研究》（Security Studies），就成為了西方學術界軍事創新研究的主要戰場。

西方戰略研究學科軍事創新文獻的思想史尚待書寫。截至本文撰寫之時，亞當・格利森（Adam Grissom）和史都華・格利芬（Stuart Griffin）就詳盡描述了該領域的譜系，以進行深度文獻回顧。[46]自一九九〇年代末期以來，學術界掀起了幾波研究熱潮，其中也不少分析上的注意事項和方法上的挑戰。不過，格利森及格利芬的論述清楚地表示，該議題的發展已經超越了創建那一代人，並且一直吸引著大量新學者進入此領域。軍事創新已成為國際安全研究的主要分支領域之一，也是最具政策相關性的探索途徑之一。軍事創新研究計畫涵蓋了國防變革現象中軟、硬體兩個面向，並不限於軍事科技本身的探索。同時，這也成為觀察和研究另一方軍事事務革命的框架。因此，歷史再次回到原點，馬歇爾成為蘇聯在未來戰爭思想某些假設方面（主要與奧加可夫時代有關）進入西方戰略理論和戰略研究的管道。

IV

除了軍事事務革命和軍事創新的概念，還能追溯到馬歇爾和奧加可夫另外兩個現代戰略的核心概念，即美國的競爭戰略思想及俄國的跨領域強制力（coercion）思想。雖然這兩個概念與軍事創新和軍事革命的概念沒有直接相關，但它們都是現代戰略思想的核心，而且都源自於資訊科技軍事事務革命所激發的研究成果和思想氛圍。

無論是在冷戰期間還是冷戰之後，競爭戰略都是網路評估辦公室的專業研究重心之一。根據其與蘇聯長期互動的經驗，競爭概念也不斷地改良和調整，更有賴於網路評估所提供的見解。競爭概念是戰略對手之間的動態模型及多面向競爭的術語，是一個整體分析框架，包含競爭雙方所有可用的社會－意識形態－文化－組織的特色，以及雙方產生競爭的戰略環境趨勢，以利判斷出隨著時間經過，其互動的預期與非預期的一階和二階後果。儘管網路評估的目標是提出可操作的見解，但從本質上來說，這是一項判斷性、而非規範性的工作。網路評估的見解也是馬歇爾本人不斷改進和推廣的學科，目的在於作為戰略規劃及制定競爭戰略的基礎。[47]

競爭戰略是一種針對和平時期長期競爭的策略，目標是以有利於影響發起者的方式塑造對手的戰略行為。其目的在於操縱對手的戰略投資，使其遠離具有威脅性的領域和能力，從而使手段和力量產生有利的關聯。競爭戰略旨在判斷並利用對手的某些傾向。根據網路評估方法對對手進行分析，可以突顯影響戰略行為的文化－組織因素，特別是那些造成次優、自我挫敗和適得其反行動的傾向。反之，這些傾向的準確判斷也會成為如何有效規劃使用這些傾向的可靠基礎。競爭戰略不是偶爾為之的工作，而是一項長期的學習任務，其必須在不斷變化的賽局中，不斷發現競爭優勢，同時也要不斷評估對手、自身和互動環境。[48]

競爭戰略是和平時期的努力重點，但也代表著軍事力量的使用。軍事力量的發展、採購、部署和演習或許會影響競爭對手的選擇，使其選擇有利於己方的目標。[49]這種戰略在行動中的最佳範例之一，便是美國在冷戰後期以某種方式建立其空軍實力，將蘇聯的資源從進攻能力轉移到威脅性小得多的防禦手段上。美國戰略家們在深思熟慮後決定生產和部署新型轟炸機，藉此加強了蘇聯國防機構內部那些主張進一步投資強大國家防空系統的聲音。這在和平時期的競爭中，塑造了對美國有利的蘇聯戰略行動，因為其促使克里姆林宮當局在相對無害的防禦能力上投入鉅額資金，而不是用於下一代具有威脅性的進攻性核武和常規武器系統。其目的便是「在不迫使蘇聯放棄防空任務的情況下，讓蘇聯為了達成防空系統現代化方面，付出其願意承擔的最大代價」。[50]截至本文撰寫之時，政策制定者和國防規劃者仍在繼續使用此分析模型，主要是為了在大國競爭及思考大戰略時提供戰略參考。除了軍事事務革命以外，競爭戰略的概念與馬歇爾及網路評估辦公室的關係最為密切，目前此概念在美國國家安全論述中，主要是指與中國、俄國和伊朗的長期競爭。

另一方，奧加可夫與當代俄國戰略藝術的另一個概念，即「跨領域強制力」，也有間接的關聯。這個術語是俄國軍事戰略藝術當前表現形式的委婉說法。在俄方的專業論述中，跨領域強制力被稱為「戰略嚇阻力」，是一種跨越核武、常規、次常規和非軍事等多個領域的綜合影響力。無論在任何特定時刻採取何種手段，跨領域嚇阻力都是在俄國核武和常規武器的支持下進行，其目的是操縱對手的認知、操縱其決策過程、影響其戰略行為，同時盡量減少動武規模，至少與工業戰爭時代相比是如此。因此，俄國目前的作戰藝術具有核武面向，只有在整體嚇阻作戰的背景下才能理解，在此整體中，常規能力、資訊能力、核能力和非軍事能力都可用於追求嚇阻和屈服。

奧加可夫及其同事與資訊科技影響所帶來的軍事事務革命概念關係最為密切。如前所述，他們認為未來的軍事組織是偵察打擊綜合體，由一系列先進的情報收集和目標定位能力、使用遠程精確導引武器的編隊，以及將前兩部分聯繫在一起的自動化指揮、控制和通訊系統所組成。俄國戰略家將未來戰爭設想成這些綜合體之間的衝突，在作為戰略選擇方面，這些綜合體倒是能保持無核狀態。這些綜合體所蘊含的戰鬥潛力，使得透過非核手段實現戰爭政治化成為可能。[51] 相比奧加可夫對蘇聯及當代俄國軍事現代化的貢獻，他對嚇阻概念化的影響還未被充分發掘。[52] 即使大家不應誇大和過度解讀奧加可夫的著作，但他對當代俄國強制戰略思想的影響並不容忽視。

在資訊科技軍事事務革命時代，奧加可夫撰寫有關常規制勝理論的開創性著作，為俄國關於升級管理以及核與非核行動之間關係的思考提供了概念化模式。大家能從奧加可夫身上看到，俄國正在尋求打造一支由常規通用部隊和戰略（核）嚇阻力量組成的平衡軍隊，前者能夠產生非核嚇阻，後者則能夠產生核嚇阻，儘管這位蘇聯元帥確實有過核武領域與常規軍事領域應加以區分的主張。奧加可夫並不是在談論嚇阻，而是在談論常規劣勢的核平衡，以及非軍事形式的影響力與常規力量的融合，這些都是當今「俄式嚇阻能力」的核心主題。然而，對於蘇聯解體後的俄國軍方高層來說，奧加可夫在有關「常規偵察打擊綜合體所產生效果方面，可與戰術核武相比擬，因此得以承擔其部分作戰任務」的論點，則是能延伸至以往只與核武能力相關的嚇阻任務，得以擴展到常規武器系統的原因與方式。[53]

在探討俄國嚇阻方法時，麥克．科夫曼（Michael Kofman）將俄國對離散損害程度的校準方法（calibrated approach）追溯到奧加可夫。奧加可夫放棄了長期核戰的可行性假設，轉而提倡持久常規戰爭階段的概念。事實上，他強調戰區內的常規、完全非核的戰略行動是當時新興軍事體制的特色之一，並呼籲將核戰與常規戰爭的劃分作為計畫的重心，只是最後此項呼籲未能成功。科夫曼則是更進一步解釋奧加可夫這項主張，他認為這位蘇聯元帥將戰術核武視為從常規戰爭階段往核戰階段過渡的居中升級管理工具。[54]要支持或反駁該論點，還有賴對原始資料的研究；不過，若是該前提是正確的，那麼當代的俄式嚇阻能力就更應該歸功於奧加爾科夫了。

V

本章探討了蘇聯總參謀長尼古拉・奧加可夫和五角大廈網路評估辦公室主任安德魯・馬歇爾在現代軍事戰略制定過程中留下的印記。可以說，這兩位國防知識分子塑造了當今戰略學者和實務者思考軍事創新和未來戰爭的方式。具體來說，奧加可夫和馬歇爾是三大概念的思想奠基人，三大概念即是「軍事革命」、「偵察打擊綜合體」及「軍事創新研究」，其各自是戰爭性質發生根本變化、網狀化作戰時代主要戰場架構，以及國防變革探索框架的委婉說法等。這三個概念都是世界國家安全討論和國防政策的核心，因此直接關係到現代軍事戰略的演變。然而，馬歇爾和奧加可夫對現代戰略思想的貢獻遠不止這些。競爭戰略的概念是馬歇爾的思想遺緒，而跨領域強制力的概念，即近年俄國戰略藝術，則是能追溯到奧加可夫。因此，這兩人都對今天大西洋兩岸的軍事實務者如何面對強制行動戰術產生一定的影響。此外，從馬歇爾和奧加可夫在現代軍事思想中留下的足跡，可看出實務者和理論家對戰略各方面概念的典範式改變，往往源自於跨越地緣政治界限的學習競爭。戰略競爭者之間這種知識行動－反應及其相互催生的效應，似乎是戰略思想中出現新典範的必要條件。

Chapter

3

九一一事件後的反叛亂及反恐戰略

卡特・馬卡山（Carter Malkasian）著有《美國在阿富汗發動的戰爭史》（The American War in Afghanistan: A History）、《戰爭降臨加姆塞爾》（War Comes to Garmser）、《勝利的假象》（Illusions of Victory）。現在是美國海軍研究所的教授。

二〇〇一年九月十一日，蓋達組織對紐約及華盛頓特區的攻擊，揭開了戰略思想的新篇章。在此之前，恐怖主義一直被認為未成氣候，但這次攻擊卻將恐怖主義變成了世界各國領導者無法忽視的真正威脅。攻擊發生後的第二天，《紐約時報》寫道：

> 每個日常規律、習慣……都在昨天被打破了。如果連一架滿載乘客的航班都能變成一枚飛彈，那麼所有東西都是危險的。要是自殺式劫機者能夠同時劫持四架飛機，那麼我們就再也無法相信所有不良企圖都能被阻止，無論多麼不理智或令人厭惡……（這是）歷史分裂的時刻之一，我們將世界定義為「之前」及「之後」。[1]

在接下來一年內，蓋洛普（Gallup）的各種民調顯示，有高達五十％到八十五％的美國人擔心美國可能會遭受恐怖攻擊。[2]接下來十年，威脅仍持續存在。賓拉登逍遙法外，針對歐洲和美國的新攻擊及陰謀也是時有所聞。

從二〇〇一到二〇二一年，恐怖主義威脅及對任何攻擊的國內政治反彈都是美國社會的一個特色，美國及其盟國、夥伴都不得不在以往的邊緣地區發動戰爭。二〇〇一年十月，美國進入阿富汗；二〇〇三年三月，美國入侵伊拉克。這些干預行動使美國及其盟國、夥伴都要面臨武裝抵抗運動的挑戰，而這些運動多半是採用叛亂和恐怖主義的戰術和科技。[3]

如何打敗恐怖主義和叛軍，便成為一個政治家、將軍、學者及其他思考戰略者所面臨的急迫問題。兩個概念也因此漸趨成熟，即是「反叛亂」（counterinsurgency）和「反恐怖主義」（counter-terrorism）。反叛亂一詞沿襲了一九五〇年代、一九六〇年代非殖民化衝突和越戰的文獻紀錄。裴卓斯及一批改革派軍官，對該概念進行了調整，並將其引入美軍，這在《反叛亂戰地手冊》、二〇〇七年伊拉克增兵及二〇〇九年阿富汗增兵中都能見到其生動例子。反恐主義是個更加新穎的概念，並經麥克克里斯托重新改造，其利用特種作戰部隊、攻擊機和無人機來打擊叛軍和恐怖分子頭目。精密武器、無人駕駛系統和情報收集平台等不斷發展的科技，都為此概念提供了相當的便利性。

對於受到干預的國家，其政治環境、文化及認同對戰略來說至關重要。跟叛軍和恐怖分子作戰的軍隊大多由當地人組成，例如伊拉克人、庫德族人或阿富汗人。即使沒有共同的戰略，他們也有自己一套獨特的方法，影響美國和盟國的思維，至於戰略則是由這些當地執行者和西方思想家共同定義。

新的共識則是隨著時間過去而逐漸形成。事實證明，對於看似無止盡的戰爭而言，反叛亂的代價實在太高。相反的，反恐主義便成為打擊叛軍和恐怖分子的首選，其主要是由歐巴馬總統所決定，並尋求一種能長期持續的方式來捍衛美國的利益。二〇一四年後，在伊拉克、阿富汗、敘利亞和其他地區，少量美軍和盟軍部隊大致上都依靠合作夥伴，以瞄準叛軍頭目，為當地部隊提供建議並發動空襲。因此，二〇〇一至二〇二一年的戰爭，也代表了戰略思想的重大發展。

I

對二〇〇一年的戰略來說，叛亂並非新鮮事。在冷戰期間，法國、英國和美國都曾在阿爾及利亞、馬來西亞、肯亞、越南、北愛爾蘭、薩爾瓦多、哥倫比亞和其他許多國家面對共產主義和民族主義叛亂，當時已經形成了相關叛亂及如何處理叛亂的豐富文獻。

叛亂的難題在於辨識、定位和清除叛亂分子。因為叛亂分子以小型團體行動，身著便服，隱藏在人群中，政府軍隊往往找不到可與之作戰的敵人。由集結部隊和集中火力組成的常規戰術時常無法奏效，而為了打擊叛亂所提出的概念則稱為「反叛亂」。

冷戰時期反叛亂的相關文獻，則是沿襲了毛澤東關於游擊戰的著作，將人民作為行動的核心。卡爾・馮・克勞塞維茲（Carl von Clausewitz）主張以摧毀敵方軍隊的方式來強化自己的意志，而反叛亂則將保護人民與驅使人民與政府站在同一陣線的目標，置於摧毀敵方軍隊之前。這些文獻主要由參與全球各種衝突的軍官所撰寫。其中最有影響力的便是法國軍官戴維．加盧拉（David Galula）上校，他曾於一九五六至一九五八年服役於阿爾及利亞獨立戰爭。他撰寫了通俗易懂的《反叛亂戰爭》（Counterinsurgency Warfare）一書。加盧拉認為，反叛亂的主要目標是保護人民，而不是殺死叛亂分子。軍事行動應主要集中在「摧毀游擊隊主力或將其驅逐出某地區，以防止其返回，接著建立防禦部隊以保護民眾，並追蹤游擊隊餘孽」。[4]正如加盧拉所說，「政治力量才是無可爭議的老大，這既是個原則問題，也是個實際問題，而捍衛政治力量則是一個政治問題。」[5]保護人民及以政治為重，可說是反叛亂的兩大支柱。

法蘭克．奇森（Frank Kitson）和（創造了著名的「贏得民心及民意」（winning hearts and mind）一詞的）吉拉德．湯普勒（Gerald Templer）等英國軍官，都根據其在馬來西亞、肯亞與英國長期殖民歷史中的經驗，表達了類似的觀點。另一位主要思想家是羅伯特．湯普森（Robert Thompson），他寫了一系列概述英國戰術的書籍。其中最有名的是一九六六年出版的《擊敗共產主義叛亂》（Defeating Communist Insurgency）。湯普森描述了政治之所以重要的涵義。而政府必須有明確的政治目標，在法律範圍內運作，制定整體計畫，並優先擊敗政治顛覆行為。

湯普森也描述了所謂的「油點」（oil spot）技術。他就跟其他許多人一樣，建議政府軍應先確保其基地（通常指城市和主要城鎮）的安全，然後再向外擴張。這種戰術要求小分隊徒步進行大量巡邏，湯普森將此過程稱為「清剿」與「堅守」：

> 關於清剿行動……首先必須讓軍警聯合部隊達到飽和狀態……但是除非政府準備好立即採取堅守行動，否則清剿行動也只是浪費時間而已……堅守行動的目的是恢復政府在該地區的權威，建立穩固的安全架構。[6]

英國作法的另一個重點，便是使用最低限度的武力。重火力或機械化行動被認為容易傷害到平民或財產，從而使人民轉向叛亂分子。盡量減少使用武力反而是種美德。英國部隊將這些經驗教訓作為集體經驗的一部分保留了下來，並在北愛爾蘭的漫長歲月中加以改進，為自己的戰績感到自豪。

美國在越戰中的經歷，則是豐富了冷戰時期有關反叛亂的文獻。儘管一九六四至一九六八年期間的美軍指揮官威廉·魏摩蘭（William Westmoreland）拒絕接受反叛亂的概念，但特種部隊、中央情報局和海軍陸戰隊推出的三項創新卻讓人記憶猶新。首先，特種部隊小組和海軍陸戰隊以「聯合行動排」（Combined Action Platoons, CAP）嵌入當地部隊，使其能夠有效作戰，在賓．魏斯特（Bing West）的經典著作《村莊》（The Village）中有更詳細的敘述。[7]其次，「民事行動和革命發展支援計畫」（CORDS）在各省及各地區派駐民事顧問小組，以此來改善發展和治理，羅伯特．柯莫（Robert Komer）的《官僚機構的所作所為》（Bureaucracy Does Its Thing）一書對此進行了描述。[8]第三，「鳳凰計畫」收集有關叛軍領導階層和間諜的情報，然後鎖定目標，並在可能的情況下將其擊斃。

不過，整體而言，失敗使美軍忽視了反叛亂行動。越戰結束後，美軍沒有制定全面的理論，雜亂無章的手冊忽略了關鍵戰術。美國陸軍和海軍陸戰隊致力於完善調度與聯合武力，以利與蘇聯打一場常規軍事戰爭。

II

伊拉克戰爭和阿富汗戰爭重新點燃了大家對於反叛亂行動的興趣。二〇〇一年十月，小布希總統攻打阿富汗，因為其為蓋達組織所在地，而且塔利班政府沒有迅速交出奧薩瑪．賓拉登。美國在兩個月內擊敗了塔利班，賓拉登逃往巴基斯坦。叛亂在最初幾年一直處於休眠狀態。伊拉克則不然。小布希於二〇〇三年三月決定入侵伊拉克，因為其錯認伊拉克獨裁者海珊擁有大規模毀滅性武器，並與蓋達組織有聯繫。同樣的，最初的入侵非常成功，但遜尼派叛亂分子和恐怖份子的網絡，即在伊拉克的蓋達組織，在這一年結束前就發動了大規模襲擊。

小布希在兩場戰爭中的目標都是獲勝，即摧毀蓋達組織，建立「正常運作的民主國家」，並且「邊緣化激進分子」。[9]正如二〇〇二年九月布希主義所述，共同一致的理想就是使用軍事力量創造「自由開放的社會」。[10]

在最初幾年，並沒有採用共同一致的理論，各師、旅和營的指揮官反而是依實際情況自行調整戰略。在摩蘇爾，擁有普林斯頓大學國際關係博士學位的裴卓斯採用了油點技術，並與遜尼派領導人合作平息該市的叛亂。在安巴爾，詹姆斯・馬蒂斯（James Mattis）則是將海軍陸戰隊的重點放在小分隊巡邏上，組建自己的聯合行動排，並為其海軍陸戰隊第一師提出了著名的座右銘：「首先，不傷害。沒有更好的朋友，也沒有更壞的敵人。」麥馬斯特（H. R. McMaster）上校及其他下級指揮官也做出了類似的調整。

兩位軍事思想家約翰・納格爾（John Nagl）和大衛・基爾卡倫（David Kilcullen）的

著作，則是受到美國和盟國軍官及文職官員廣泛閱讀。納格爾曾在牛津大學羅伯特．奧尼爾（Robert O'Neill）教授的指導下，撰寫了有關反叛亂的博士論文，該論文於二〇〇二年以《學著用刀喝湯：馬來西亞與越南的反叛亂教訓》（Learning to Eat Soup with a Knife: Counterinsurgency Lessons from Malaya and Vietnam）為題出版。納格爾批評了美國陸軍在越南所採取以人數為中心方法（body-count-centric approach），並舉例說明英國在馬來西亞曾採取的以人為中心方法（people-centric method）的優勢：

> 透過集中力量將人民與叛軍分隔開來，消除他們有效挑戰政府所需的支持，從而擊敗叛軍，這與直接（常規）方法截然不同，而且從長遠來看通常更為有效。一旦切斷了地方武裝與常規武裝的補給、人員，以及最重要的情報來源，他們就會自行萎縮，或是很容易被迫投降，或是在當地民眾的幫助下被安全部隊給摧毀。贏得這方面的支持，可以說是反叛亂行動的關鍵。[11]

基爾卡倫是一位擁有人類學博士學位的澳洲軍官，曾先後擔任美國國務院和國防部顧問，並多次前往各戰區觀察各種行動。他以勞倫斯的《游擊戰二十七條》為參考，將其最重要的觀察結果濃縮為一套二十八條原則，並將其分發給美國軍方，名為《二十八條有關連級軍隊面對反叛亂的基本原則》（Twenty-Eight Articles: Fundamentals of Company-level Counterinsurgency）。而他對反叛亂的定義，則是「跟叛亂分子競爭贏得人民的心意、想法及順從的權利與能力」。基爾卡倫同意奇森和湯普森的觀點，他建議各連隊「要了解自己所在地方……每座村莊、每條道路、每塊田地、每個族群、部落首領及人際恩怨」，「要在那裡生活……與當地居民比鄰而居，而不是遠從安全的基地發動對該地區的突襲」，並「實行嚇阻性巡邏……部隊中有三分之二的人應隨時巡邏，無論白天或黑夜」。基爾卡倫另有項獨特的補充戰略，即是戰略溝通（strategic communications）。考量到網路及媒體，他告誡指揮官，叛亂分子一定會想在「全球輿論場」上擊敗他們，並且也要「假定媒體會宣傳他們的一言一行」。他呼籲指揮官以民族主義、文化和歷史為基礎，建立自己單一、一致的敘事方式，以削弱叛軍的影響力。[12]

美國軍方同樣建議並建立軍隊、警察和特種作戰部隊。裴卓斯、馬蒂斯和納格爾都意識到，跟外國軍隊相比，伊拉克士兵及警察更了解伊拉克人民和當地環境，因此，伊拉克人民會更願意向他們提供情報。以特種部隊和聯合行動排為榜樣，在伊拉克軍隊各營及後來的警察部隊中納入小隊顧問的作法，也因此變得司空見慣。

反叛亂思想的高潮，即是二〇〇六年十二月出版的著名反叛亂戰地手冊（又稱《3-24野戰教範手冊》〔Field Manual 3–24〕）。在裴卓斯和馬蒂斯的指導下，一個由軍官和文職學者（包括納格爾和基爾卡倫）組成的團隊，寫出了過去五十年的主要原則。手冊呼籲保護民眾，而不是殺害叛軍：「任何反叛亂行動的基礎，都是要為平民建立安全保障。」[13] 該手冊認為應以巡邏、站哨及提供當地軍隊和警察建議作為戰術內容，而不是主動尋找叛亂分子以進行作戰，或是去掃蕩叛亂分子的藏匿處。這本手冊以其九條簡潔的「悖論」（paradoxes）而聞名，讓人想起《孫子兵法》，例如：

> 有時，越是使用武力，效果越差；
> 反叛亂最好的武器，反而是不開槍；
> 有時，什麼都不做，是最好的反應。[14]

該手冊特別強調善治（good governance）：「任何反叛亂行動的首要目標，都是促進合法政府有效治理的發展。」[15] 至於，有效治理的定義則是相當廣泛，即是「在一個政府中，領導人得到大多數人的支持，少見腐敗現象，法治得以建立，經濟和社會發展不斷進步。」

根據冷戰時期的文獻，該手冊認為，只要採取正確的戰術，就能擊敗叛亂活動。該手冊並多次提到「擊敗」叛軍，而不是將成功與否歸諸於政治、文化、社會和經濟動態的影響，而這些動態發展大多無法受軍事力量所控制。

基於迄今為止在伊拉克的成功都與大規模部署美軍有關，裴卓斯和其他軍官也因此認為，要有效打擊叛亂活動，就必須部署大量美軍。其中有項共同準則，便是安全部隊與人口的比例為一：五十，但是這種部署的戰略成本往往被忽略。二〇〇七年一月，小布希總統決定在駐伊十四萬美軍之外再增派三萬美軍，也就是所謂的「增兵」。獲勝仍是小布希的目標：

> 伊拉克的勝利將帶來……一個正常運作的民主國家，它將管理自己的領土、維護法治、尊重基本的人類自由，並對人民負責……這將是一個打擊恐怖分子、而非窩藏恐怖分子的國家。

美軍將一直駐紮到這個目標實現為止。小布希認為，付出的代價是值得的。他記得曾對他的團隊說：「我們必須成功……要是（伊拉克人）做不到，我們會做到的……我們必須確保不會失敗。」[16]

小布希任命裴卓斯為駐伊美軍司令。而裴卓斯則是指示其麾下部隊執行反叛亂行動的基本要素：

改善伊拉克人民的安全情況是……你們戰略的首要目標。要完成這項任務，就必須進行複雜的軍事行動，並讓伊拉克人民相信，我們不僅要「清剿」居民區的敵人，我們還會留下來協助「堅守」居民區，以利發展伊拉克許多社區所需的「建設」階段。[17]

伊拉克的反叛亂行動並不僅僅是裴卓斯和西方思想家的產物，伊拉克人民及其文化在從下而上塑造戰略及其背後的思想方面，具有相當重要的作用。跟對伊局勢扭轉方面有著內在關聯的部落運動，最是能體現這一點。

這個想法開始於安巴省（Anbar）。有些部落族長對於伊拉克蓋達組織奪取其經濟和政治權力來源感到不滿。二〇〇六年九月，拉馬迪市（Ramadi）的遜尼派領導人阿普杜勒・薩塔爾・阿布・里沙維（Abdul Sattar Abu Risha）族長公開宣布，將成立一個反對伊拉克蓋達組織的部落運動組織，稱為安巴拯救委員會（Sahawa al-Anbar）。薩塔爾讀寫能力很差，很難說他是個偉大的軍事思想家；然而，他的想法是植根於伊拉克部族文化。薩塔爾及其同族部落族長只是遵循部族傳統，將部族成員武裝起來保衛部族，並追求「阿薩比亞」（asabiyya），即阿拉伯語中表示凝聚部族「團結意識」一詞。一位頗具地位的部落族長哈米斯・法哈達維（Khamis al-Fahadawi），則是闡述了這項理想：

我不是政客，我是一萬五千人的族長。我的人民對我說話、部族對我說話，我清楚聽見正在發生的一切，從貧窮的部族成員到教育程度最高的人，我都能聽見。我只是轉達部族想說的話。[18]

薩塔爾及其部落盟友起草了一份宣言。第一點就是讓部族成員加入軍隊和警察；第二點是向蓋達組織宣戰；第三點是恢復對部落族長的尊重。[19]駐拉馬迪市的美軍指揮官蕭恩・麥克法蘭德（Sean MacFarland）上校便充分利用了這個機會。

部族成員對於如何作戰有自己的想法。部族警察和民兵並不是常備部隊，他們往往在行動需要時才聚集在一起，就像民兵一樣。薩塔爾沒有贏得民心與民意，而是放話聲稱該運動將會在拉馬迪市追殺任何外來者；有關處決和祕密監獄的謠言，則是不脛而走。非民選的薩塔爾及其盟友非但沒有改善治理，反而制定一項十一點綱領，要求解散民選省議會、由部族監督伊拉克安全部隊並加強部族領袖的權威，從而破壞政府權威。

憑藉對自己部族的了解，部族與美國士兵及海軍陸戰隊在一年內，便鎮壓了安巴省的叛亂活動，這是戰爭中最引人注目的事件之一，麥克法蘭德將其稱為「轉折點」。

此種「覺醒」的概念開始傳播出去。全國各地的部落族長在了解到安巴省發生的情況後，也希望確保其利益不受伊拉克蓋達組織的侵害。裴卓斯因此緊抓住此種心態，並在其指揮下，美軍直接向遜尼派部族、抵抗小組和居民區發放軍餉，以利組成民兵。大約有十萬人起身反抗，他們被稱為「伊拉克之子」，以協助伊拉克扭轉其對抗蓋達組織的不利局面。

此種覺醒的規模催生了反叛亂行動全面獲勝的可能性。裴卓斯對國會說，安巴省「是地方領導者及公民決定反對蓋達組織，並摒棄其塔利班意識形態的典範。雖然安巴省是獨一無二的例子……它也確實展現了當地在公民的支持和參與下，安全局勢所可能產生的巨大變化」。[20]因此，不同的地方行動者和部族文化的理念不僅與招募民兵有關，也是美方戰略的基礎。

到了二〇〇八年，伊拉克增兵行動已嚴重破壞了叛亂活動，並使受襲擊和傷亡人數大幅下降。[21]布希及國會大部分成員都因此認為，伊拉克戰爭基本上已經獲勝。

III

在伊拉克取得明顯勝利的局勢，讓裴卓斯和其他許多人相信，同樣的方法也能使美國政府在舉步維艱的阿富汗贏得勝利。裴卓斯在二〇〇九年五月曾表示，「為了戰役所設計的這些標準通用模式，就足以在阿富汗取勝。」塔利班在二〇〇六年發動了大規模攻勢，並在二〇〇九年開始蠶食阿富汗城市及其首都喀布爾。裴卓斯評論說：「顯然，阿富汗的安全局勢在二〇〇八年和二〇〇九年明顯惡化。塔利班已表現出其頑強的生命力。」[22]

二〇〇九年一月，歐巴馬接替小布希成為總統。歐巴馬在擔任參議員時曾反對伊拉克增兵，因此儘管他很快就批准向阿富汗增兵二萬一千人，但是對於增派更多兵力也提出相關質疑。歐巴馬考慮的是大局，畢竟經濟衰退問題迫在眉睫，當時銀行紛紛倒閉，金融體系可說是岌岌可危。伊拉克增兵行動所費不貲，在整個伊拉克戰場上，平均每年耗資一千二百億美元，人力耗損方面更有四千四百三十一名人員喪生，三萬一千九百九十四人受傷，其中美方有一千二百人喪生，一萬五千人受傷。在大選前不久的一次阿富汗之行中，歐巴馬曾對裴卓斯說，「總統的職責是要從廣義、而非狹義的角度思考問題，要權衡軍事行動的成本和利益，以及其他一切能使國家強大的因素。」[23]在此前提下，外交政策的優先順序便要居於國內問題之後。

隨後，裴卓斯（升任中央司令部司令）和麥克克里斯托（駐阿富汗美軍和盟軍司令）與歐巴馬展開了廣泛的辯論。

裴卓斯和麥克克里斯托主張反叛亂行動及向阿富汗增兵。二〇〇九年八月三十日，麥克克里斯托向白宮和五角大廈提出了一份對阿富汗局勢的正式評估報告。他在報告中寫道：

> 這份評估報告的主要結論，便是迫切需要對我們的戰略做出重大改變……（該）新戰略必須……得到適當的資源，並透過軍民整合的反叛亂行動來執行，以贏得阿富汗人民的支持，並為其提供一個安全的環境。

評估報告直言不諱地表示，「國際安全援助部隊（ISAF）（美國及盟國在阿富汗的指揮部）沒有充分執行反叛亂理論的基本原則。」為了支持這項戰略，麥克克里斯托在提交評估報告幾天後，就曾要求增派四萬名增援人員。[24]

歐巴馬懷疑這種增兵，是否就是擊敗美國真正威脅（即蓋達組織）的最佳方式。根據他的判斷，徹底擊敗塔利班需要的時間太長、代價太高，不管從國內政治或戰略角度來看都是站不住腳的。若是增兵四萬人，阿富汗戰爭的成本將會在十年內達到八千八百九十億美元。至於，同時期為了使美國走出經濟衰退所提出的財政刺激計畫，其費用則約為八千億美元。歐巴馬對其幕僚說道：「這不是我想要的……我沒有要做十年、我沒有要做長期的建國計畫、我沒有要花數兆美元。[25]」歐巴馬更警告道：「戰爭會消耗掉其他事物的資源。」在這更廣泛的問題上，歐巴馬堅決反對任何開放式的軍事保證，認為這不符合美國的利益。

最終，歐巴馬將目標縮小，並向阿富汗增兵三萬三千人，使駐阿美軍總人數達到近十萬人。他將目標限制為打擊塔利班的氣勢，使阿富汗政府能夠自力更生，以利美國在二〇一一年七月開始撤出增援部隊。

正如美國對伊拉克的想法皆由伊拉克人決定一樣，其對阿富汗的想法也是由阿富汗人所決定。長期以來，維持最小軍力一直是進行反叛亂行動的原則，只是執行起來卻不是這麼一回事。阿富汗總統哈米德．卡爾扎伊（Hamid Karzai）認為，他有責任保護阿富汗平民免受美國、阿富汗軍隊，以及塔利班的攻擊。畢竟阿富汗長期以來一直都致力於抵抗被佔領一事，所以殺害阿富汗人就等於危害任何阿富汗統治者的合法性。屢屢發生的平民傷亡事件，以及未能兌現停止屠殺的承諾都激怒了卡爾扎伊。早在二〇〇六年，他就在電視上控訴空襲所造成的平民傷亡。次年，在據稱一週內有一百名平民喪生於空襲和砲擊中之後，他召開新聞發表會，以「輕率」一詞譴責美國及盟國的軍事行動，並說道：「阿富汗人的生命並不廉價，不該受到如此對待……盡情使用武力、過度使用武力和缺乏與阿富汗政府的協商都是造成這些傷亡的原因。」[26]卡爾扎伊向記者卡洛塔・高爾（Carlotta Gall）說：「我希望能結束平民傷亡。儘管有人會說這很困難，但我不接受這種說法……反恐戰爭不能在阿富汗的村莊發動。」[27]

卡爾札伊的論點說服了麥克克里斯托。二〇〇九年七月二日，這位將軍下達了一項戰術指令，限制對民宅進行空襲，除非是出於自衛或其他規定條件。[28]麥克克里斯托在其回憶錄中寫道：

> 我要求士兵和海軍陸戰隊員必須表現出我們很快稱之為「勇敢自制力」（courageous restraint）的素質，在可能造成平民傷亡時放棄開火，特別是砲擊和空襲……我也強調，若是我們部隊的生存受到直接威脅，就也應該要能使用火力，但要是唯一目的只有殺死叛軍的話，則應優先保護平民的生命和財產。[29]

這項指令在美軍內部引起了極大的迴響，在經過部分修改後，便一直沿用至今。

在阿富汗，卡爾札伊並不是影響阿富汗戰略的唯一來源。就像在伊拉克一樣，不同的阿富汗指揮官和部落族長提議組成部落或社群民兵，但這都是因為出於其自身的文化經驗，而不是對於伊拉克發生的事情感興趣。特種部隊、陸軍和海軍陸戰隊軍官，以及國務院在各省的政治顧問都接觸到了阿富汗人的想法，這些想法有時來自於試著幫助村民的部落首領，有時則來自於以粗暴聞名的指揮官。擔任過省長、情報局長和國防部長的阿薩杜拉・哈立德（Asadullah Khalid），便曾為多位美國將軍提供諮詢意見，並組織過部族起義行動。一名邊境警察指揮官，後來擔任坎達哈的警察局長阿卜杜勒・拉齊克（Abdul Razziq），他也產生了類似的影響，並曾向媒體宣布：「現在，我們正在為村民提供培訓，也已經提供槍枝與子彈，以供支援。」[30] 美國特種部隊少校吉姆・甘特（Jim Gant）深受某位庫納爾（Kunar）部族首領建議的啟發，他撰寫一本標題為《一次一個部落》（One Tribe at a Time）的書，內容便是將組成部族民兵作為平定國家的一種手段。這本書接著也在裴卓斯、麥克克里斯托及整個華盛頓當局傳播開來。

跟伊拉克一樣，部族民兵根植於阿富汗部落文化之中。部族權威與其政府當局及塔利班宗教權威之間皆存在著衝突，人類學家大衛・愛德華斯（David Edwards）將其描述為「一根深蒂固的道德矛盾，就像在事件表面下的地質斷層處構造板塊一樣彼此相互擠壓」。[31]當地部族成員作為民兵保衛自己的村莊，傳統上又稱作「阿貝卡」（arbekai），跟政府或塔利班不同，較符合部族身分認同。赫爾曼德省（Helmand）的部族首領古爾．穆罕默德（Gul Mohammed）說：「我為自己的村莊而戰。我既不支持政府，也不支持塔利班。」[32]不過，很少有阿富汗人，尤其是卡爾札伊，認為部族民兵可以贏得戰爭。阿富汗部族太不團結了，部族民兵只是確保各個村莊安全的務實作法。

二〇〇九年和二〇一〇年初，赫爾曼德省、坎達哈省及其他一些省份獨立組成了部族民兵。二〇一〇年初，美國駐阿富汗特種作戰部隊指揮官史考特．米勒（Scott Miller）在全國範圍內，精心實施了一項名為「阿富汗地方警察」的新計畫，讓特種部隊與村莊合作組建部族民兵。該計畫由米勒的前任艾德．里德（Ed Reeder）及蘭德公司的賽斯．瓊斯（Seth Jones）共同起草。

裴卓斯希望重現伊拉克的覺醒，因此於二〇一〇年八月獲得卡爾扎伊對該計畫的批准。美國資助三萬名當地警察，在有些省份取得了戰術上的成功，但在其他省份卻適得其反，總體而言，其從未點燃安巴省覺醒的主要火種。儘管如此，跟當地民兵合作已成為美國的既定想法。

正如歐巴馬所希望的，在阿富汗的增兵行動確實挫敗了塔利班的氣勢，但更重要的還是成本問題。二〇一一年春季，歐巴馬對增兵計畫進行審查，整個增兵計畫很明顯耗資不菲，而當時他更試著要在經濟衰退後減少財政赤字。歐巴馬政府第一任中情局局長、後來的國防部長里昂．潘內達（Leon Panetta）回憶道：

> 由於債務和赤字的問題，我們進入了一個預算日益緊張的時期……大家能看到預算縮減……的壓力越來越大。國會也對（戰爭）的代價感到擔憂。[33]

更重要的是，二〇〇九至二〇一一年間，美國有一千二百三十人喪生，一萬二千五百多人受傷，佔整場戰爭傷亡人數的絕大部分。歐巴馬認為，阿富汗戰爭、伊拉克戰爭及其他「反恐戰爭」的整體代價「令人震驚，花費近一兆美元，三千多名美軍死亡，多達十倍的美軍受傷」。[34]

在阿富汗有所進展的希望渺茫。阿富汗軍隊和警察還是相當依賴美國，而塔利班仍在發動攻擊，並且明顯能從挫敗中恢復過來。同時，二〇一一年五月一日賓拉登被擊斃，消除了對美國的主要威脅。根據蓋洛普公司在賓拉登死後幾天所進行的民意調查，五十九%的美國人認為美國在阿富汗的使命已經完成。[35]

權衡優先事項及評估相關進展，都使歐巴馬確信向阿富汗投入的資源，其運用並不理想。他的想法不再是將增兵計畫化整為零，而是將美國在阿富汗的全部駐軍盡量減少到最低程度。在一系列決定中，歐巴馬安排美軍在二〇一六年底前撤出阿富汗，以及在二〇一一年底前撤出伊拉克。

在阿富汗增兵之後，反叛亂行動名聲掃地。參謀長聯席會議主席馬丁．鄧普西（Martin Dempsey）告誡阿富汗新任指揮官約翰．艾倫（John Allen）不要用反叛亂的術語來思考問題。國防部長鮑伯．蓋茲（Bob Gates）曾說過一句名言：「在我看來，未來任何國防部長要是建議總統再次向亞洲、中東或非洲派遣龐大的美國陸軍，他的腦袋就該接受檢查。」[36]早在二〇一一年美國從伊拉克撤軍後，傳統觀點便認為美國應完全停止干預行動，歐巴馬及其將軍們只會在適當時機制定新的戰略。

IV

在實施反叛亂的同時，另一個概念也在發展之中，即廣為人知的「反恐怖主義」（簡稱反恐）行動，也被稱為「斬首行動」（decapitation）、「鎖定獵殺」（targeted killing）或「打擊高價值目標」（high-value targeting）。反叛亂行動的重點是保護人民，而反恐行動的重點則是抓捕或殺死恐怖分子和叛軍的頭目。儘管名為反恐，但反恐並不僅僅是為了打擊蓋達組織等難以捉摸的恐怖組織，也同樣適用於打擊塔利班等與恐怖分子相互勾結的叛亂組織，其想法在於「消滅領導者就能削弱恐怖組織或叛亂活動」。

美國特種作戰部隊是美軍的一個分支，包括美國海軍海豹部隊、美國陸軍特種部隊和遊騎兵隊。恐怖主義在一九六〇年代和一九七〇年代期間興起，特種作戰部隊便被賦予打擊恐怖主義的使命。英國特種空勤團和以色列特種作戰部隊都專門執行相同的任務，並同樣影響了美國相關部隊。[37]

反恐缺乏反叛亂的豐富歷史先例和概念發展。不僅沒有全面的理論，相關文獻資料也很少。早期根植於法國在阿爾及利亞扣留或擊斃叛亂領導者的模式，以及在越南（海豹突擊隊曾參與其中）的鳳凰計畫。[38]然後，隨著劫機和綁架在一九七〇年代成為一種恐怖戰術，專門進行人質營救的部隊小組也開始出現。特種作戰部隊接受的訓練包括快速部署、隱蔽到達、突破駐軍、破門攻堅、通信，以及精準射殺現場所有恐怖分子，統稱為「直接行動」（direct action）。[39]

威廉・麥克雷文（William McRaven）是美國海豹突擊隊的軍官，後來負責帶領反恐行動，他在一九九〇年代曾提出一些初步理論，發表在其著作《特種作戰案例研究》（Case Studies in Special Operations Warfare）一書中。他認為特種作戰與直接行動任務密切相關，由「受過專門訓練、裝備精良並得到支援的部隊，摧毀、消滅或營救特定目標，都是政治或軍事上的當務之急」。成功的關鍵在於任務初期奪取戰術主動權，並透過大膽的個人行動來維持這項主動權。[40]少數精銳行動人員執行直接行動任務以打擊關鍵目標的理念，便成為伊拉克和阿富汗反恐的起點。

一九九〇年代，民間思想家也開始撰寫如何反恐的文章。根據以色列打擊哈馬斯和真主黨的經驗，蘭德公司的布魯斯・霍夫曼（Bruce Hoffman）發現，打擊中階領導者、金融家、走私者與高階領導者，能有效地破壞控制、通訊、行動和長期發展。麥克雷文在海軍研究所（Naval Postgraduate School）的教授之一高登・麥考密克（Gordon McCormick）及約翰・阿奎拉（John Arquilla），都研究了廣大的網絡如何成為恐怖主義和叛亂組織的組織原則，以及美國必須建立自己的網絡來對抗它們。[41]他們的理論也影響了二〇〇〇年代的美國特種作戰行動。

在一九八〇年代和一九九〇年代期間，科技的進步強化了反恐行動的方式。過去在越南進行空襲的精準度太低，無法有效擊斃叛軍頭目，但是到了一九九〇年代，雷射導引精確炸彈和戰斧巡弋飛彈，已經能擊中小如窗戶的目標。到了該年代末期，全球定位衛星導引系統能依照任意設定的座標追蹤炸彈，精準程度小到一平方公尺。新式無人駕駛、監控和資訊科技也跟著問世。掠奪者（Predator）無人機可以飛行數百英里，然後在目標區域上空徘徊數小時，透過機載感測器和攝影機觀察敵人可能的活動，某些型號還能攜帶地獄火飛彈。在接下來的十年中，感測器和攝影機的解析度更是大幅提高。全動態視訊（FMV）能捕捉即時發生的事件，提供得以直接觀察的方式，而在以前，這類觀察活動必須由人類間諜冒著極大的風險進行。[42]通信技術也是有所改良，衛星可與戰場上任何地方進行清晰的通信，安全的網際網路可使整個部隊近乎即時共享資料。任何部隊都能隨手掌握大量情報，從而減少對總部的依賴，並獲得採取行動所需的資訊。因此，鑑別、尋找、俘虜或擊斃對手領導者的工作也變得更加簡單。

V

九一一事件發生時，小布希總統便希望能抓捕或擊斃賓拉登，以及蓋達組織的其他成員。美國最初入侵阿富汗的行動顯示，新科技與特種作戰部隊小組的結合可說是相當致命。二〇〇一年十二月塔利班被推翻後，國防部長倫斯斐通過了反恐任務的指令。倫斯斐於二〇〇二年五月向軍方發出指令：「今日的恐怖分子組織嚴密、資金充足，他們正試著取得大規模毀滅性武器，並可能對美國造成巨大傷害。因此，尋找他們已成為國防部的一項重要任務。」[43]負責倫斯斐特種作戰任務的助理部長說：「一旦（倫斯斐）有了鎖定的搜捕目標，他就會將其視為打擊恐怖主義的利器，並建立一支能夠進行搜捕的小組。」[44]

這次行動是全球性的。倫斯斐和國防部副部長伍佛維茲都認為，恐怖分子組織便是一個網絡，必須對多個據點進行攻擊才行。伍佛維茲在二〇〇二年初寫給倫斯斐的信中寫道：「若是將反恐戰爭看作是一種針對其組織網絡方面的攻擊，確實有些明顯的優勢……在這個資訊時代，組織網絡的概念已被廣泛理解，甚至更廣泛地被討論。」要想擊敗一個恐怖組織網絡，就代表要在多個據點上反覆攻擊。「該組織網絡並不會因為某個單點失靈就崩潰，不會因此就把組織網絡給斬首……組織網絡都是要透過逐步削弱才會被擊敗，而且要從多個不同據點進行攻擊。」[45]

特別行動小組在伊拉克和阿富汗建立了行動基地，有時單獨行動，有時與常規部隊同步行動。他們收集情報，用無人機監視有興趣的地區，以直升機飛往目標地點，突襲可疑的住宅和據點，並要求對可能的目標進行空襲。在戰爭最初幾年，特種作戰部隊嘗試了不同的技術，行動節奏相對緩慢。二〇〇三年，麥克克里斯托受任命為聯合特種作戰司令部（Joint Special Operations Command, JSOC）的領導人，他將一切整合在一起。

麥克克里斯托將總部設在暴力不斷升級的伊拉克。當時的反恐行動往往以其高層領導人為打擊重點，並在進行攻擊前仔細收集情報。儘管這種方法確實深思熟慮，卻忽略了科技的進步。麥克克里斯托批評其部隊是「火爐式」（stovepiped）的，可以說各城市小組都是各自戰鬥。通訊能力實在太差，以致於無法快速分享在某處收集到、對其他地方至關重要的資訊。因此，「發送方和接收方在這種情況下，前線小組及其上級總部既無法共同了解敵情，也沒有能力共同打擊敵人。」[46] 麥克克里斯托決定創造一種全新的方法。

首先，在二〇〇四年和二〇〇五年期間，麥克克里斯托將其指揮部從一系列獨立單位重組為一個組織網絡。他將監視、人力和訊號情報的收集、分析，以及不同的特種作戰部隊全都串連在一起，這使他能夠迅速找到並打擊目標。他將美國政府各部門（中央情報局、國防情報局、國家安全局、聯邦調查局和國家地理空間情報局）的代表召集在一起，成立了聯合部會任務小組（Joint Interagency Task Force, JIATF），以物盡其用運用所有訊息。各小組跟上級總部的溝通得到改善，同時也獲得更多的情報和支援。麥克克里斯托在回憶錄中寫道：

為了從一個傳統軍事單位改造成一個組織網絡，我們改變了編制方式及決策方式，在自豪和獨特的群體內發展出一種新的文化，並且不斷增加合作夥伴。二〇〇三年，我們的「產出」便是我們的「狙擊手」，以及在戰術上無與倫比的打擊實力。到最後……指揮部的強大之處，即是在於其網絡，有能力將不同的人才凝聚成一個有機組織，迅速收集資訊並採取相應行動。[47]

決策權一經下放，各組便可自行執行目標，不必受制於由上而下的決策程序。麥克克里斯托曾引用阿奎拉的話，他的格言就是：「要打敗一個組織網絡，就需要另組一個組織網絡。」[48]他喜歡稱自己的網絡為「團隊中的團隊」。

其次，麥克克里斯托制定了一套特定的目標鎖定流程，簡稱「情報和事件響應周期」（F3EAD），即尋找、鎖定、解決、利用、分析和傳播。該流程最初由麥考密克和特種作戰專業的學生所制定，內容包括：收集情報以「尋找」目標、使用無人機等監視工具「鎖定」目標、使用裝載雷達或飛彈之無人機或飛機進行打擊以「解決」目標、審訊被拘留者或收集現場遺留的電腦等資料以「利用」新證據、「分析」證據、「傳播」分析結果，然後重新開始該流程。

第三，麥克克里斯托加快了行動節奏。他的目標是破壞恐怖分子和叛軍的網絡，並透過盡可能多的打擊行動收集證據，直至領導高層，特別是當時伊拉克蓋達組織的領導人阿布・穆薩布・扎卡維（Abu Musab al-Zarqawi）。二〇〇五年，麥克克里斯托擴大了在伊拉克的目標範圍，從主要打擊領導高層改為打擊所有領導者。這樣做的邏輯在於，基層領導者可能只是暫時被清除，但在此期間，該組織的運作效率會因此降低：

> 我的結論是，沒有哪個人或哪個地方，是我們一打擊就能使蓋達組織崩潰的，更沒有所謂主要致命一擊的選項……我們必須在當地組織如雨後春筍般冒出來前就對其進行正面攻擊，同時也要將目標對準其領導高層。這樣一來就可以消耗掉該組織既有的專業知識和制度智慧……若是其他旁觀者看到該組織節節敗退、逃離地盤、人員流失，那麼該組織的名聲就會受損。[49]

二〇〇四年八月，麥克克里斯托的部隊便曾突襲過十八次；兩年後的二〇〇六年八月，他們進行了三百次攻擊。新的資訊、監視和無人駕駛技術都使得麥克克里斯托的方法得以實現。截取訊號和利用搜集來的電腦，都是在補充傳統人力情報收集的工作。[50]裝載攝影機的無人機在其他情報來源的提示下，鎖定並觀察叛亂分子的領導階層。[51]無人機所裝載的全動態視訊感測器，則不斷追蹤叛亂分子的行動，並預測其生活模式，進而以更加全面的方式來了解叛亂分子的網絡，並監控進行突襲行動所可能會傷害到的平民活動。[52]

麥克克里斯托的方法奏效了。突襲及空襲清除了領導高層、中階指揮官、基層指揮官及簡易爆炸裝置。二〇〇七年六月七日，他的部隊追蹤到扎卡維，並在一次空襲中將其擊斃。到了二〇〇九年，麥克克里斯托和他的下屬評估，伊拉克蓋達組織已不再以有凝聚力的方式運作。不過，他們也認為，該次成功是與增兵行動中的反叛亂方法相輔相成，而要繼續鎮壓伊拉克蓋達組織，還需要持續不斷的打擊。

小布希政府在伊拉克和阿富汗之外，也抓捕或擊殺了許多恐怖分子。不過，全球行動主要由中央情報局、而非麥克克里斯托的特種作戰部隊負責。隨著「掠奪者」和「死神」無人機產量的增加，小布希在二〇〇八年逐步增加無人機的使用，儘管跟麥克克里斯托在伊拉克的高頻率打擊行動相比，其鎖定目標流程還是經過深思熟慮的。

歐巴馬總統上台後認為，反恐可以在不發動伊拉克和阿富汗大規模地面戰爭的情況下控制恐怖威脅。因此，二〇〇九年五月的一項總統指令，便是將追捕賓拉登列為優先事項。歐巴馬在回憶錄中寫道：

我認為，消滅賓拉登對我重新定位美國反恐戰略的目標至關重要。我們沒有把重點放在真正策劃和進行九一一攻擊的一小群恐怖分子身上，而是把威脅定義為一場永無止境、無所不包的「反恐戰爭」，這讓我們陷入一個我認為是戰略性的陷阱，不只抬高了蓋達組織的聲望，也合理化入侵伊拉克的行動，同時更疏遠了穆斯林世界的許多國家，並扭曲美國近十年的外交政策。[53]

歐巴馬的反恐顧問約翰・布瑞南（John Brennan）便曾說過，美國現在用的不是「錘子」，而是「手術刀」。[54]

歐巴馬更升級了在巴基斯坦的無人機行動。對巴基斯坦境內恐怖分子領導階層的攻擊，則是從二〇〇八年的三十六次增加到二〇〇九年的五十四次，二〇一〇年又增加到一百二十二次。[55]他們破壞了蓋達組織在北瓦茲里斯坦（Waziristan）及南瓦茲里斯坦的庇護所。據估計，巴基斯坦境內約有七十五%的蓋達組織領導者被殲滅。[56]賓拉登便曾從其藏身處寫信給某位下屬：

過去兩年，間諜戰及間諜飛機問題讓敵人如虎添翼，導致許多聖戰士幹部、領導者和其他人被殺。這真是件令我們擔憂又疲於奔命的事。[57]

美國在葉門和索馬利亞也展開打擊蓋達組織分支的行動。中央情報局多年來一直在追蹤賓拉登本人。而他從二〇〇二年之後，便消失於人們的視線中，直到中情局在二〇一〇年於巴基斯坦首都伊斯蘭馬巴德（Islamabad）以北三十五英里的伯塔巴德（Abbottabad），發現他藏身於一處複合式建物之中。在海軍上將麥克雷文的監督下，歐巴馬批准海豹突擊隊用直升機對該建物進行一次大膽的突襲，並於二〇一一年五月一日擊斃賓拉登，而蓋達組織也在賓拉登死後一蹶不振。雖然該組織攻擊美國的計畫仍持續不斷，但該組織的基層組織躲藏在阿富汗－巴基斯坦邊境地區和全球其他地區，忙於製造區域衝突，而非國際恐怖活動。

這次對賓拉登的突襲行動可說是反恐行動的一大成功。歐巴馬政府在二〇一一年的國家安全戰略中，將特種作戰和無人機提升為反恐手段。中央情報局局長潘內達後來表示，「我對我們的能力感到非常滿意……無論是從情報角度，還是從打擊我們必須打擊目標的能力來看，採取逐步斬首頭目的行動確實有其成效。」[58]成本效益高的反恐行動，已成為打擊叛亂和恐怖主義的首要概念。

VI

二〇一一年底，歐巴馬即將結束美國在伊拉克和阿富汗的戰爭。恐怖分子對美國的威脅看似在減弱，但實際上在伊拉克的蓋達組織也在美國反恐行動撤出的情況下逐漸復甦。在新領導者阿布・貝克爾・巴格達迪（Abu Bakr al-Baghdadi）的領導下，該組織更名為「伊拉克和敘利亞的伊斯蘭國」（Islamic State of Iraq and al-Sham〔Syria〕, ISIS）。二〇一四年六月，「伊斯蘭國」橫掃摩蘇爾（Mosul），巴格達迪宣布建立哈里發國。該組織在之後佔領敘利亞東北部三分之一的地區，並向阿富汗、利比亞、馬利（Mali）和奈及利亞蔓延，更以一連串的恐怖攻擊震撼了歐洲。伊斯蘭國，簡稱「ISIL」或「ISIS」，其崛起也使得干預破碎國家的行動，重新成為美國外交政策的中心。在賓拉登事件後，美國國內對恐怖主義的擔憂再次升溫。擔心自己可能成為恐怖攻擊受害者的美國人，其比例從二〇一一年的三十六%反彈至二〇一五年的五十一%。[59]歐巴馬被迫要重新進軍伊拉克，最後更是暫停從阿富汗撤軍。

歐巴馬及其將軍們制定了一項「反伊斯蘭國」新戰略，其展現了過去戰爭十三年來的教訓。歐巴馬拒絕被拖入另一場伊拉克地面戰爭，並排除在戰鬥中動員軍隊的可能性。馬丁・

鄧普西、勞埃德・奧斯汀（Lloyd Austin）、約瑟夫・沃特爾（Joseph Votel）和約瑟夫・鄧福德（Joseph Dunford）等軍事領導高層全都表示同意。根據他們的實地經驗，派遣數以萬計的美國地面部隊可說是得不償失。更明智的作法是採取更輕便、更持續性的行動。

二〇一四年九月十日，歐巴馬向美國大眾宣布反伊斯蘭國戰略。他設定了適度的目標，並明確運用反恐手段：「我們將透過持續性的全面反恐戰略，削弱並最終摧毀伊斯蘭國。」該戰略的首要組成部分是「系統性的空襲行動……以打擊伊斯蘭國的目標」，其中包括戰鬥人員和領導階層。[60]第二個組成部分，則是與伊拉克政府及其他打擊伊斯蘭國的地方武裝部隊合作。美軍將充當顧問和教官，為培訓、情報和裝備提供支援。第三部分便包括全球行動，以打擊伊斯蘭國活動，切斷其資金來源，反對其意識形態，並阻止外國傭兵進出中東。用歐巴馬的話來說，該戰略的時間表是「穩定且持續的」。[61]國務卿凱利估計擊敗伊斯蘭國需要三年時間。

該戰略的組成部分從未改變，但手段卻改變了。為了能在伊斯蘭國橫跨敘利亞西北部到摩蘇爾，再到巴格達的廣大戰線上提供訓練、建議及協調空襲，歐巴馬逐步將美軍人數從不到一千人增加到七千多人。他允許奧斯汀和沃特爾將美軍部署在新基地及更接近前線的地點。

空襲也不得不升級。在二〇一四年期間，每月空襲次數相對較少，僅三百次，遠遠不及先前在伊拉克和阿富汗的空襲次數。沃特爾先指揮特種作戰司令部，後來又指揮中央司令部，並監督大部分戰役。鄧福德在二〇一五年九月後擔任參謀長聯席會議主席。他們意識到，及時提供空中支援是幾乎所有合作部隊成敗的關鍵。白宮最初的限制措施旨在限制平民傷亡和任務蔓延（mission creep），避免美國特種作戰部隊和顧問無法保有使其合作夥伴成功所需的靈活反應。沃特爾為美軍指揮官爭取到了更大的空襲權限。負責空襲行動的查爾斯・布朗（Charles Brown）和美軍地面指揮官，則是共同制定了相關流程和程序，以利特種作戰部隊及顧問能夠迅速接收來自無人機或地面合作部隊的訊息，然後迅速清剿敵軍並要求實施空襲。

科技的進步更是有利於執行新戰略。伊拉克人和敘利亞庫德族人都能簡單使用的智慧型手機、平板電腦和筆記型電腦，都使資訊流動比二〇〇三至二〇一一年期間更為暢通。前線後方的顧問可以即時看到發生的情況。尤其重要的還是易於傳送的全球定位系統座標，可避免透過電話與口譯員交談這類容易出錯的過程。[62]

在戰役結束時，伊拉克和敘利亞庫德族武裝部隊每月在摩蘇爾和拉卡（Raqqa）進行的空襲超過一千次。彈性呼叫空襲是歐巴馬新戰略的關鍵。[63]

要是說該戰略純粹是為了反恐，那是不準確的說法。在訓練、指導和裝備伊拉克和敘利亞部隊的過程中，美方吸取了反叛亂的經驗教訓。沃特爾將此方法稱之為「經由、加上並透過」（by, with, through），這也是早期反叛亂戰役中的一個熟悉術語，他將其定義為「該行動是……『經由』美方夥伴國家、州政府或非國家組織所領導的，『加上』美方的支援……，並『透過』美方當局及合作夥伴共同協議者」。其優點在於，這是一種「在美軍較少直接作戰的情況下，展開軍事活動和行動的方式」。[64]

跟部族和民兵合作的習慣也是很有效。在伊拉克，美國與庫德族「敢死隊」（peshmerga）密切合作，接納數萬名什葉派民兵，並部分重組遜尼派部落民兵。最重要的地方武裝部隊，便是敘利亞庫德族人及其紀律嚴明的民兵組織：人民保護部隊（Yekineyen Parastina Gel, YPG）。人民保護部隊由富有魅力的馬茲魯姆・阿布迪（Mazloum Abdi）領導，與土耳其庫德族人的長期抵抗組織庫德工人黨（PKK）關係密切。敘利亞庫德族人在二〇一四年底對土耳其邊境的科巴尼鎮發起最後的保衛戰時，引起美國特種作戰部隊的注意，他們也派出了大量女性戰士。沃特爾經常出訪敘利亞，他認為庫德族領導人阿布迪是「一位清楚考慮戰役戰略方面的戰士」，以及「能夠幫助美方擊敗伊斯蘭國的正確夥伴」。[65]二〇一五年底，歐巴馬同意支持二萬庫德族人加上三千至五千名阿拉伯遜尼派攻打拉卡（即伊斯蘭國在敘利亞的權力中心）。沃特爾還為這支更名為敘利亞國防軍（SDF）的聯合部隊安排了相關諮詢和空中支援。

當地合作夥伴在作戰方式上也有自己的想法。阿布迪有追求庫德族人在敘利亞北部建立自治家園的歷史願景，因此推遲了直接攻擊拉卡的行動，以確保靠近土耳其邊境的其他城鎮的安全。他說，「這就是我們對敘利亞政治未來的願景：權力下放的聯邦制、宗教自由和尊重彼此差異。」[66]在伊拉克總理海德爾・阿巴迪（Haider al-Abadi）一直等到什葉派政治力量更加重視的城鎮得到安頓後，才向摩蘇爾推進。在敘利亞和伊拉克，美國都沒有盡量減少使用武力，管理權基本上不在美國手中，伊拉克政府仍然高度宗派化。此外，儘管美國採取了減少平民傷亡的措施，但敘利亞庫德族人和伊拉克人都還是需要空襲才能前進。拉卡、摩蘇爾、拉馬迪及其他在二〇〇三至二〇一一年間戰爭中倖存下來的城市，到二〇一七年中幾乎沒有一個街區能風雨依然。同樣令人不安的是，伊拉克當地部隊、尤其是什葉派民兵，幾乎都是以法外殘殺（extrajudicial killings）和其他暴行而聞名。沃特爾後來說道：「在（美方）依靠合作夥伴採取行動時，他們還是會以自己的方式行事。不過，我們不會喜歡他們所做的一切。他們不會完全按照我們的方式行事，但這就是權衡的結果。」[67]

在美國數千次空襲的支援下，伊拉克軍隊在二〇一六年十一月至二〇一七年七月間攻佔了摩蘇爾。敘利亞庫德族人在二〇一七年六月至十月間攻佔拉卡，結束其與伊斯蘭國在伊拉克和敘利亞兩國的主要戰役。伊斯蘭國殘存勢力在敘利亞沙漠東部地區和伊拉克的小分隊中倖存下來；巴格達迪直到二〇一九年十月才被擊斃。幾千名美軍仍駐紮在這兩個國家，沃特爾、鄧福德等人向華盛頓當局建議，美軍需要留在敘利亞和伊拉克，以防止伊斯蘭國捲土重來。與阿富汗的情況一樣，伊拉克軍隊、特種作戰部隊和敘利亞庫德族人幾乎沒有表現出足以獨自處理威脅的能力。正如麥克克里斯托所強調的，反恐不是通往全面成功的道路，而是瓦解和壓制威脅的方法。

VII

二〇〇一年九月十一日的恐怖攻擊事件，象徵著戰略思想研究的突破點。這起攻擊事件造成的國內政治影響，迫使美國領導人正視如何在遙遠的國家打擊叛軍和恐怖分子，而這是他們自越戰以來一直在迴避的問題。有個利基領域便因此躍升為戰略思想的主流，在之後十年內，戰略開始有所變化。冷戰時期的新概念，也許是發展不足的概念，都得到了修正。在伊拉克和阿富汗所嘗試的反叛亂行動，最終都輸給了反恐行動。部署大量地面部隊的作法被特種作戰部隊、鎖定打擊領導階層、無人機和高頻率空襲等等所取代。

為什麼戰略會改變？相關解釋要從科技開始說起。麥克克里斯托等人利用科技進步引進新戰術和新科技，並提高反恐效率。然後，在戰爭過程中，美國及其盟國則是經歷了學習過程。多年的作戰經驗顯示，反叛亂可說是一種解決叛亂戰術困境的昂貴方法。而隨著這一點漸趨明朗，國內經濟和恐怖主義政治的變化也推動了戰略的轉變。在戰爭初期，人們對恐怖攻擊的恐懼程度很高，因此反叛亂的代價可能是可以接受的。不過，在經濟衰退和對攻擊的恐懼逐漸減弱的情況下，這種作法就不再那麼容易被接受了。最後，還是個人發揮了關鍵作用，其關鍵人物正是歐巴馬。他重新調整戰略目標與國內政治及經濟需求，並修正實現這些目標的方法。

在此過程中，戰略變得更加軍事化。毛澤東的叛亂概念以人民為中心，湯普森、加盧拉、納格爾、基爾卡倫、斐倫斯和麥克克里斯托等人，則是緊隨其後，圍繞著保護人民、政治至上和善政等理念以展開行動。二〇一一年後，該戰略已偏離了這些特色，反而是鎖定打擊目標和擊殺敵人。歐巴馬的戰略較少以動員民眾和改善治理為基礎，而更多以消滅叛軍領導階層、為當地國軍隊及其他地方武裝提供火力，以利在戰爭中贏得勝利為基礎。

認為叛亂不可能被打敗，而必須加以管理的評估，也許是二〇〇一至二〇二一年間的戰略思想最顯著的改變。多年的戰爭打消了二〇〇〇年代美國就能贏的幻想。歐巴馬、沃特爾、鄧福德等人評估認為，政治、社會和文化的挑戰太嚴峻，美國無法成功，當地國政府也無法獨立生存。只有美軍持續存在，恐怖主義的威脅才能被遏止。一旦撤軍，當地政府就會衰弱，威脅就會捲土重來。鄧福德說：「這就像是定期人壽保險。」[68]反恐行動的優點在於其持續性。部隊可以駐紮數年，直到因為國家安全利益決定停止駐軍，而且最終也確實如此決定為止。

隨著國內政治的變化，即使是相對較低的反恐成本也可能過高。歐巴馬卸任後，伊斯蘭國先是失去了拉卡，接著是認為恐怖主義是威脅的美國人比例，也從二〇一五年的五十一％下降到二〇二一年的三十六％。氣候變遷、冠狀病毒大流行和中國崛起等新出現的問題，反而在民調中成為更令人擔憂的問題。[69]隨著美方駐在伊拉克、敘利亞和阿富汗的軍事存在引起越來越大的質疑聲浪，川普總統也差點決定在二〇一八年從敘利亞撤軍；至於拜登總統則是在二〇二一年八月正式從阿富汗撤軍，接受其失敗的事實，因為恐怖主義威脅不再值得付出戰略代價。

在二〇〇一年之後面對叛亂的反應，並不僅僅是從美國、英國、法國和以色列的角度思考的故事，其同樣也是伊拉克、阿富汗和敘利亞如何由下而上塑造該種思維的故事。他們沒有與斐卓斯斯或麥克克里斯托相當的人，他們的影響力來自各種不同的參與者和思想家，例如卡爾扎伊、薩塔爾、拉齊克、馬茲魯姆，以及無數的部族首領、軍官和政治家，有時則是偶然的好運及智慧。他們改變了美國及其盟友思考和執行戰略的方式，甚至是對平民傷亡的重視、大規模的部落動員，以及對戰略有效性的信心都與他們不無關係。而他們對於戰術、治理改革和時間安排的偏好，多是順從於自己的文化、認同和政治。可以說，這是由當地人民調整了西方戰略思想的路徑。

Chapter

4

從先知穆罕默德至當代時期的吉哈德戰略

艾哈邁德・哈希姆（Ahmed Hashim）是迪肯大學的戰略研究系副教授，同時也在澳洲國防學院的人文與社會科學學院任教。專攻軍事歷史和戰略研究，尤其是暴動、鎮壓叛亂、南半球的正規戰爭以及亞洲國防體系的議題。

在當代政治話語裡，「吉哈德」(jihad) 可說是最不吉利、最不為人所理解的一個詞彙。[1]在西方的大眾想像中，該詞總是與「聖戰」或恐怖主義聯繫在一起。[2]對於某些反伊斯蘭教的論戰者來說，早在伊斯蘭教與基督教互動的早期，代表暴力的吉哈德就等於是伊斯蘭教的本質。

「吉哈德」究竟是什麼意思？其實吉哈德是一個廣泛的術語，來自阿拉伯語字根「JHD」，其意思跟「鬥爭」、「奮鬥」、「盡力」或「努力」相關。在本章中，吉哈德一般意指穆斯林為使個人、政治、社會和經濟生活，符合真主對人類的啟示而進行的幾乎所有活動。吉哈德一詞經常與 fi sabil Allah (即「在真主的道路上」) 一詞連用。阿拉伯語的全稱是「al-jihad fi sabil Allah」，意思是「為真主而鬥爭或奮鬥」，而且這可以有很多種方式，只不過其中只有一種與戰爭有關。[3]

伊斯蘭教中有關戰爭的思想到底有哪些來源？吉哈德一詞又是如何與戰爭扯上關係，而成為「聖戰」一詞使用？這些來源包括《古蘭經》(Quran)，即真主在先知穆罕默德預言期間及之後直接對他開示的話語；《聖行》(Sunnah)，即先知的行為和舉止；以及《聖訓》(ahadith) 或《聖行》的書面記載，這些記載都匯集成交給穆罕默德的箴言。穆罕默德之後，其直接繼承人的公開聲明被視為穆斯林戰爭思想的來源之一。從伍麥亞 (Umayyad) 王朝（六六一至七五〇年）開始，一直到阿拔斯（Abbasids）王朝（七五〇至一二五八年），伊斯蘭法學家提出了經典的吉哈德理論。這些學者的理論建構在其對過去的言論和事件的理解，以及他們所處時代地緣政治現實的基礎上。

然而，《古蘭經》並不是關於戰爭戰略或哲學的神聖啟示。《古蘭經》涉及許多主題，關於戰爭的無數原則則是散見於不同的篇章。根據《古蘭經》的看法，戰爭是人類社會不可分割的一部分，是一種必要之惡的制度。「戰鬥是為你們而設的，而你們卻厭惡它。」（《古蘭經》2:216）《古蘭經》中與軍事活動相關的具體術語是吉哈德（jihad）、齊塔爾（qital）和哈伯（harb）。「齊塔爾」一詞特別指「搏鬥」或「武裝戰鬥」，是特定情況下聖戰的一個要素；「哈伯」則是泛指阿拉伯語的「戰爭」。從伊斯蘭教發展早期開始，吉哈德就特別與「在真主的道路上」的戰鬥或戰爭聯繫在一起。跟作為聖戰的吉哈德有關聯的是殉教（shahada）的概念，與基督教不同，在伊斯蘭教中，殉教不可避免地被理解為在戰鬥中犧牲，若不是為了完成擴大「穆斯林社群」（ummah）範圍的使命，就是為了要捍衛信仰。

聖戰與戰爭的關聯是一個複雜的問題。首先，要重申的是，聖戰在阿拉伯語中並不是戰爭的意思，其與戰爭的聯繫，還是在為了信仰而戰的戰爭中竭盡全力。第二，聖戰並不是一個目標，人們不會為了聖戰而發動戰爭。第三，聖戰是一套信仰、教義，其規定了為何而戰、與誰作戰、如何作戰。第四，從歷史上來看，聖戰與推動兩個關鍵目標結合在一起：擴大伊斯蘭教的領域，直到整個世界都接受伊斯蘭教的信仰；或是保護伊斯蘭教免於受到來自內部和外部的攻擊。第五，雖然軍事聖戰在歷史上的大部分時期，都是由穆斯林國家及帝國所進行的，即使這只是為了掩蓋統治者的擴張，而非為了弘揚信仰的理由，但是從近代到現代，軍事聖戰一直都是由伊斯蘭非國家行為者所推動的，無論是叛軍、反抗分子，或是對抗國內暴君或外國佔領者的民兵皆是。因此，正如本章針對從穆罕默德到當代吉哈德實務的歷史研究所顯示，軍事聖戰或「刀劍聖戰」（jihad of the sword）都是一種目的性的活動。

I

阿拉伯半島的大部分地區，都是「惡劣自然環境的受害者」，[4] 環境也因此對其政治和社會演變產生了影響。阿拉伯北部和中部的人口由遊牧部落，即貝都因人（Badu）及少數現存城鎮的定居居民（hadari）所組成。阿拉伯半島這些地區並不存在中央政治權力機構，「政治無政府狀態」凌駕一切，迫使居民必須在各自部落範圍內尋求自身安全。幾百年後，「部族團結」（asabiyyah）的概念則定義為具排他性的氏族凝聚力及沙文主義精神，這也是對阿拉伯部落社會的最佳描述。

貝都因人天性多疑，所以戰爭或戰爭威脅可說是常態。在伊斯蘭教出現之前的阿拉伯人有兩種截然不同的戰爭形式。第一種是為征服領土等實質問題所進行的「真正」戰爭，這種戰爭很少見，阿拉伯部落一般沒有人力或資源來發動戰爭；第二種類型，即「劫掠」（ghazw）則較為普遍。伊本．哈爾敦（Ibn Khaldun）將貝都因式的戰爭稱作「進攻和撤退戰術」。[5]突襲的主要目的是，對有限的物質資源進行殘酷、但基本上不流血的再分配，以補充僅能維持生存水準的生活方式。基於軍事能力和科技水準低下、人力匱乏，以及文化禁忌，劫掠本身會有著殺戮的限制，因為他們害怕血債血償。

少數城市建立了穩定的政治和社會經濟結構，並依賴貿易創造財富。在麥加（Mecca），古萊須（Qureish）聯盟主導阿拉伯的商業交通，並與外部世界建立貿易聯繫。伊斯蘭教之前的阿拉伯人大多是異教徒，麥加則是阿拉伯人崇拜各種異教神祇的中心。阿拉伯部族會來到麥加，在（位於城市中心的一座古老立方體建築）卡巴（Kaabah）聖殿周圍舉行朝聖儀式。商業和宗教盤根錯節地連結在一起，使古萊須人變得富可敵國。一道巨大鴻溝出現在貧富之間，更因為菁英決意堅守物質財富的緣故，任何與弱勢者團結一心的舊有部落情感，也都隨之消逝殆盡了。

在這樣的環境下，穆罕默德（Muhammad ibn Abdullah ibn Abd al-Muttalib ibn Hashim）誕生了，穆斯林後來將這段時期稱為「蒙昧時期」（jahiliyyah），即對宗教和唯一真主的目的「無知」的時代。他的部落哈希姆（Hashim）家族是古萊須聯盟的一支，但卻陷入了困境。穆罕默德早年的生活並不順利，他自幼便是個孤兒，由近親照顧，直到長大成人，成為精通商業的商人。當他娶了一位富有的寡婦後，命運才有了轉機。

II

在擺脫了貧窮的威脅後，穆罕默德經常利用這個機會到麥加高處的希拉山（Mount Hira）上冥想。穆罕默德在那裡經歷了幻覺，並得到了大天使加百列的指示，背誦傳給他的真主之言。在接下來幾年內，穆罕默德經歷了數次啟示，這些啟示宣布他是一個新宗教的「使者」，這些啟示後來便匯集成了《古蘭經》。《古蘭經》是一神教，即伊斯蘭，意思是只臣服於唯一的真主阿拉（Allah），穆斯林便是臣服於唯一真主的男人或女人。穆罕默德開始在麥加宣傳他的一神論，這項有關「臣服於唯一的真主，建立一個平等對待兄弟姊妹的信徒團體，以及建立社會正義制度」的訊息，在這個城市並不受歡迎，因為這個城市的富裕階層並不想要離開他們所信仰的財神，也不希望重新分配他們的財富。當穆罕默德在所有社會階層中獲得追隨者時，菁英們決定鎮壓這場新生運動。[6]

這段啟示時期是極端脆弱的時期，其特徵便是穆罕默德及其追隨者受到迫害。許多先知的同伴敦促穆罕默德進行報復，穆罕默德拒絕了，他說自己只是奉命傳教。《古蘭經》認同自衛的權利，但卻堅持認為，在傳教早期階段，最好的作法還是穆斯林以耐心忍受他人的不法行為，並原諒那些對他們造成傷害的人。這麼做的理由是，耐心或「堅忍」（sabr）是一種奮鬥形式，是信徒的聖戰。不過，真主並沒有說，採取非暴力鬥爭就代表消極被動。《古蘭經》認為，面對嚴重的壓迫和不公平，採取消極被動的態度是不道德的。

穆罕默德是個現實主義者，畢竟面對古萊須統治者壓倒性的優勢，武裝鬥爭並不是一個可行的選擇。穆罕默德在那個弱勢的時期，採取了謹慎的態度，但鑑於他所傳達的訊息與古萊須制度之間的巨大鴻溝，學者們一致認為，穆罕默德意識到在這場真主與多神教的對抗中，只有一方能夠取得最終的勝利。暴力是不可避免的，只是麥加的局勢還不到公開對抗的時候。

不過，留在麥加還是危險的。穆斯林撤到了對立的城市雅特里布（Yathrib），並改名為「先知之城」（Medinat al-Nabi）。穆罕默德以其談判家的名聲，加速了穆斯林移民遷徙進入麥地那（Medina），當時麥地那各個部族正處於對峙狀態。六二二年這場遷徙（hijrah），算是歷史上伊斯蘭教的創始事件。有鑑於來自麥加的威脅，穆罕默德及其追隨者之所以逃往麥地那，並不僅僅是為了確保自己的人身安全；這是一次戰略性緊縮（strategic retrenchment），目的是要讓他們有一個庇護所來建立自己的勢力、組織及收集資源，並為不可避免的決戰尋求盟友。此舉的結果是在信仰的基礎上建立了一個更具凝聚力的團體，即「烏瑪」（意為伊斯蘭社群），建立了一個國家，並組建一支具有意識形態動機和戰鬥意志的武裝隊伍。

穆斯林社群與伊斯蘭教之前的阿拉伯人不同。穆斯林是為意識形態（即信仰）而戰，他們在紀律嚴明的隊伍中戰鬥，他們是一個因信仰而團結起來、具有凝聚力的社群。但是，他們是根據什麼來為自己的戰鬥進行辯護的呢？從麥地那時期開始，《古蘭經》就曾提及訴諸武裝戰鬥的具體理由（casus belli）。在麥地那經文（《古蘭經》22:39-40）中，對人民發動不公正的侵略、將他們驅逐出家園，以及確認對唯一真主的信仰，都是允許防禦性戰爭（defensive war）的明確理由。「被攻擊的人可以拿起武器，因為他們受到了不公正的對待。」（《古蘭經》22 :39）

穆罕默德也在麥地那搖身變成了軍事指揮官。他組建了足夠兵力的軍隊，並對敵人採取軍事行動。吉哈德作為戰爭的聖戰，便成為新生穆斯林國家所使用的重要戰略。一開始，吉哈德是根據《古蘭經》的規定所進行的防禦性戰爭。然而，隨著穆罕默德領導下的穆斯林國家日益壯大，吉哈德轉變成了一場進攻性戰爭（offensive war），目的是要打敗麥加人，消滅多神教，擴大信仰的影響力。穆斯林引入了伊斯蘭教以前的阿拉伯社會幾乎聞所未聞的東西，即「真正的戰爭」。哈爾敦將其描述為阿拉伯人從「進攻和撤退戰術」到「先遣密集隊形」的演變。與進攻和撤退戰術相比，以先遣密集隊形進攻的戰鬥更加穩定和激烈。近距離作戰也導致更大的傷亡。此外，在密集隊形中，士兵的隊伍排列有序、均勻，「就像箭一樣，或是像一排排做禱告的信徒一樣」。[7] 馬利卡・穆夫提（Malik Mufti）強調了宗教目的與軍事部署之間的聯繫，他引用哈爾敦的話說，「密集隊形是最適合願意犧牲生命者的戰鬥技術」。[8]

在穆罕默德對麥加發起的聖戰中，經濟戰也扮演了相當重要的角色。麥地那新生的穆斯林國家利用軍事攻擊來改善其經濟狀況，從麥加遷徙而來的穆斯林則在經濟上依賴麥地那的穆斯林，這些軍事遠征是使他們獲得一定經濟獨立的重要手段。經濟獨立將使穆斯林不再受麥地那人的擺布，並使他們建立凝聚力深厚的社群。[9] 劫掠而來的麥加物品會在戰士及其家人之間進行戰利品分配，以彌補正式報酬的不足；經濟戰還能削弱敵人的經濟優勢，進而降低其作戰能力。

穆罕默德戰勝了麥加的敵人，於西元六三〇年一月初進軍麥加城，也就是在麥地那希吉來遷徙之後八年（即伊斯蘭教曆八年）。先知在去世前向阿拉伯半島不同地區派遣了軍事遠征軍，以號召人們信奉伊斯蘭教。他開始為阿拉伯半島以外的軍事遠征做準備，據稱是為了讓非穆斯林者選擇皈依伊斯蘭教、堅守原有信仰並為其非穆斯林者繳交人丁稅（jizya tax），或是在戰場上（即戰鬥）決定此事。

III

穆罕默德於西元六三二年去世後，穆斯林國家由四位直接繼承人，即哈里發（khulafah）制度，分別是阿布巴克爾（Abu Bakr）、歐馬爾（Umar）、歐斯曼（Usman）和阿里（Ali）（六三二至六六一年）領導。[10]這四位也稱作「正統哈里發」（Rightly Guided Caliphs）。在擊敗叛教的阿拉伯部落後，第一位繼承人分別向西北和東北方強大的拜占庭帝國和薩珊帝國（Sasanian Empires）的廣闊領土發起突襲。阿布巴克爾建議穆斯林士兵不要殺害婦女、祭司、兒童或老人，也不要殘害他人或做出背叛行為，更建議他們不要砍伐果樹，不要燒毀房子和玉米田，不要殺死牲畜。儘管阿布巴克爾下令進行正義戰鬥，但當時並沒有詳盡的聖戰理論或戰略，這些建議多半來自先知與多神教教徒戰爭中的實務經驗。

突襲為一系列令人印象深刻的軍事戰役和征服，即「向外拓疆」（futuhat）行動奠定了基礎。在歐馬爾、歐斯曼和阿里等哈里發的統治下，阿拉伯人征服了埃及、肥沃月灣（Fertile Crescent）、伊拉克和伊朗大部分地區。[11]在大馬士革的伍麥亞王朝統治下，穆斯林軍隊在更遠的地方發動進攻，征服了大片領土。歷史學家們一直在爭論，阿拉伯穆斯林之所以衝出故土，以歷史上最迅速步伐進行征戰的動機。而擴大伊斯蘭教勢力的吉哈德，便可說是一種最強大的武器，它為阿拉伯軍隊提供了非凡的團結精神力量，就如同那些在戰鬥中犧牲的人可以得到上天獎賞的承諾一樣。為了伊斯蘭教而進行吉哈德，在很大程度上是戰勝強大的拜占庭帝國和薩珊帝國的原因。

在阿拉伯人的征戰中，也不能忽視對經濟利益的追求，儘管這種追求是以宗教語言為外衣，使掠奪行為合法化。由於其祖國經濟貧困的緣故，向半島以外擴張的想法激起了阿拉伯人獲取「戰利品」（Ghanimah）的慾望。《古蘭經》本身就向穆斯林許諾，若他們為了捍衛伊斯蘭教及領土擴張而參戰，他們將會獲得許多戰利品。戰利品為阿拉伯戰士參加吉哈德和冒著生命危險提供了物質動力；他們也知道，若不幸在戰場上犧牲，他們的家人會得到照顧。

當穆斯林過度擴張或被迫採取守勢時，伍麥亞王朝的擴張就結束了。當時，穆斯林選擇鞏固自己的成果，而不是佔有更多領土，至於他們的宿敵基督教徒，尤其是拜占庭人，一般都不願發動反攻來收復失地。拜占庭人和穆斯林每年都會在邊境地區進行戰役，但這些戰役逐漸變成了儀式化的戰爭，其目的分別是維護國王和哈里發的形象；雙方都沒有被征服新領土、增加新信徒、皈依或殺死不信教者的宗教動機所強烈刺激。[12]

聖戰教條是在伍麥亞王朝後期才形成的，到了阿拔斯王朝時期則更為嚴格。在伍麥亞王朝時期，其當時權力中心所在地敘利亞的法學家們，都提倡進攻性的吉哈德是種義務，並且發動吉哈德也是哈里發的主要任務之一。這一派的觀點源自於以下事實，即其伍麥亞王朝擁護者正在與拜占庭人進行無休止的邊境戰爭，即使在穆斯林社群的擴張停滯不前的情況下，也有必要在神學和法律基礎上為這些邊境敵對行動辯護。並非所有人都同意這一論點，與當權者觀點不一致的法學家認為吉哈德主要還是防禦性的。換言之，穆斯林國家只需要保衛自己的成果，以抵禦攻擊即可。

西元七五〇年，與先知穆罕默德有血緣關係的阿拔斯家族發動大規模叛亂，導致伍麥亞王朝滅亡。在阿拔斯王朝鼎盛時期，以巴格達為首都的穆斯林社群建構了先進的政治與文化。正是從那時起，法學家們開始編纂穆斯林經典法律。他們想建立起一個堅實的框架，讓穆斯林社群得以繁榮發展，也正是在伊斯蘭法律體系化的大背景下，伊斯蘭教的國際關係理論及經典的聖戰理論便得以有所闡述。[13]法學家們在履行使命的過程中，掌握了散見於《古蘭經》不同經文中的大量規則與規範，但這些規則與規範並沒有按時間順序排列，而是散見於先知《聖行》的言行傳統中，這些傳統匯集至先知的《聖訓》、正統哈里發的公開宣言，以及從穆罕默德時代至其所處時代的伊斯蘭統治者及士兵所歷經戰爭的先例中。吉哈德的經典理論便因此建立起許多規範。

軍事行動方面的吉哈德被定義成所有健康穆斯林的義務，就像他們必須祈禱、朝聖和施捨一樣。[14]著名法學家穆罕默德．賓哈桑．沙巴尼（Muhammad bin al-Hasan al-Shaybani，七四九至八〇五年）重申，吉哈德的目標是擴張伊斯蘭教的領域。不過，擴大伊斯蘭教勢力範圍的進攻性吉哈德，是所有穆斯林的集體義務，而非個人義務。集體義務（fard kifayah）是指擴大穆斯林社群的義務，其不只是對個人、而是對整個社群都具有約束力。只要該社群中有夠多人履行了為傳播擴大信仰而戰鬥的義務，其他人就得以免於參戰的義務。[15]

吉哈德的整體領導權屬於哈里發或其指定的軍事指揮官。哈里發的職責是召集進攻性吉哈德、權衡吉哈德的成本及該聖戰對穆斯林社群的益處，以及發動吉哈德的號召並以總指揮身份領導吉哈德。然而，當穆斯林的領土遭到攻擊或受到直接入侵時，吉哈德就成了個人義務（fard ayn）；但在穆斯林處於攻勢或與異教徒僵持不下的時期，防禦性吉哈德並沒有引起太多爭論。

嚴格來說，根據經典理論，伊斯蘭教不承認任何其他政體，所以在全體人類皈依或臣服於伊斯蘭教之前，都會存在著一種必然的敵對狀態。因此，就形式方面而言，吉哈德在實現該目標之前是不會善罷甘休的；就理論而言，穆斯林與非穆斯林之間不可能簽訂合法的和平條約。雖然吉哈德的目的是向全世界擴大伊斯蘭教的主權和統治範圍，但這也不表示要持續處於無止盡戰鬥和殺戮的狀態。當時的世界現實正式決定了其與非穆斯林世界的關係，並且將允許開戰、甚至慎戰的條件編纂成法。法學家穆罕默德・本・伊德里斯・沙菲伊（Muhammad bin Idris al-Shafii，七六七至八二〇年）將世界分為「伊斯蘭世界」（dar al-islam）和「戰爭境域」（dar al-harb），後者指的是非穆斯林領土，即是那些由異教徒統治的領土。[16]沙菲伊允許第三種可能性，即「條約之家」（dar al-ahd）或「和解之家」（dar al-sul），這些概念允許穆斯林和非穆斯林建立廣泛的和平關係。沙菲伊發明了這些概念，因為它們既不存在於《古蘭經》中，也不存在於聖訓文獻中。在穆罕默德時代，穆斯林國家的地理界線和範圍都是有限的。但沙菲伊時代的地緣政治現實，即阿拔斯帝國僅是國際關係體系的一部分，在這個體系中存在著其他非穆斯林國家，無論是透過外交、貿易或戰爭手段，穆斯林都必須與這些國家打交道，這就要求穆斯林承認其他國家的存在，並制定與之互動的規範。戰爭能透過和平條約中止或結束，不過是暫時性的，為了穆斯林社群的利益需求，而外交和經濟關係也因此正式確定。

經典穆斯林法學家也詳細討論了西方在討論「正義戰爭」時所說的參戰權（jus ad bellum）和戰時法（jus in bello）原則。前者首先涉及發動戰爭的理由或原因：在促進和擴大信仰方面，正義的原因及具有正確的意圖，並且必須由適當的權力機構（即哈里發）宣布。戰時法則涉及穆斯林軍隊應如何進行戰爭：在使用武力之前，穆斯林軍隊是否應向敵對勢力發出臣服於伊斯蘭教的勸喻？交戰規則是什麼？什麼是適當的目標和戰術？如果穆斯林部隊發現自己必須使用會導致無辜平民死亡的武器和戰術，該怎麼辦？如何最終處置敵方戰俘？他們是被殺死、被贖回，還是被送往伊斯蘭教的奴隸居所？法學家們的意見並不一致，對這些問題的回答取決於具體情況和形勢；但最終許多法學家都下結論表示，任何行為都不得妨礙戰鬥或戰爭的順利進行，也不得危及穆斯林軍隊的安全。

阿拔斯王朝也因內部弱點，以及來自哈里發內部及外部的政治與軍事壓力，而不得不屈服。穆斯林社群兩次大舉入侵，對吉哈德的概念和實務方面都產生了長久影響。

基督徒在十一世紀末發動攻擊。拜占庭皇帝亞歷克賽一世・科穆寧（Alexios I

Komnenos，一〇八一至一一一八年）向基督教西部教皇烏爾班二世（Urban II）請求協助，以阻止穆斯林侵佔拜占庭的領土，從而為基督教與伊斯蘭教的對抗埋下了伏筆。一〇九五年十一月二十七日，烏爾班二世更進一步發表了中世紀最具影響力的演講之一，他號召所有基督徒參戰，發動十字軍東征，收復穆斯林的聖地，並承諾赦免所有為基督而犧牲者的罪。耶路撒冷被強大的法蘭克騎士（Frankish knights）奪下。最終，西方騎士團建立了四個小國，稱作拉丁王國（Latin Kingdom），並在穆斯林社群實際上的心臟地帶，建立基督教的武裝定居點。

基督教的攻擊使穆斯林第一次處於守勢，伊斯蘭教法學家努力調整前幾十年形成的經典理論。隨著十字軍東征，法學家們調整了討論方向，從進攻性吉哈德轉向防禦性吉哈德，這是一個重大的認知轉變。有些穆斯林法學家從戰略角度對基督教的進攻進行了詳細分析，並探討其目標、戰略和優缺點。

在法學家蘇拉米（Abu al-Hasan Ali ibn Tahir al-Sulami，一〇三九／一〇四〇至一一〇六年）和其他類似學者角度看來，基督教對聖地的攻擊是一場基督教聖戰。它之所以會發生並且成功，都是因為穆斯林忽視了他們應推動及保護信仰的吉哈德職責，最後他們發現自己受到了直接威脅。蘇拉米認為，推動或保護信仰的吉哈德精神，與政體內部是否具有（或缺乏）吉哈德精神（即宗教凝聚力）之間存在直接的關聯。[17]

進攻聖地是基督教對穆斯林土地進行三方攻勢的主要結果。穆斯林法學家並不懷疑這樣做的目的是為了促進基督教信仰，但他們質疑這樣做是否具有戰略意義。在第一次十字軍東征之前，基督教的攻勢一直在「蠶食」在伊比利亞（Iberia）和西西里（Sicily）的穆斯林領土。如果教宗烏爾班二世沒有理解與意識到，早先基督徒在其他兩條進攻軸線上對抗穆斯林的努力，他就不可能發出號召從穆斯林手中奪回聖地的十字軍東征。

這些穆斯林觀察家，包括蘇拉米在內，最初都認為現任當權的哈里發會調集必要的部隊出兵迎敵，但事實並非如此。當時在巴格達的遜尼派哈里發穆斯塔齊爾．比．阿朗（al-Mustazhir bi-Allah）（一〇九四至一一一八年）被認為會領導人民抵抗。然而，穆斯塔齊爾在政治、軍事和財政上都無能為力。他沒有什麼合法性或權威來命令任何人；他的大部分士兵都潛逃了，並在日益分散的穆斯林領土中，在各種自由軍事家和不同族長手下服役。這位哈里發幾乎沒有經濟資源來發動對十字軍的戰爭。穆斯塔齊爾對所有發動干預的請求都置之不理。

由於國家無力擊敗十字軍，大家便開始認為，這場異教徒的攻勢需要所有穆斯林的個人努力，才得以保衛穆斯林世界。穆斯林法學家觀察著基督世界與穆斯林世界之間正在上演的戲碼，接著十分驚愕地發現，即使在穆斯林之中也沒有所謂的吉哈德精神。[18]在剖析了穆斯林缺乏吉哈德精神，即宗教和意識形態的動機之後，這些同時代的學者也意識到，在做出任何有意義的軍事反應之前，必須花大量功夫來重建人們的吉哈德精神。

蘇拉米也指出，十字軍並非無法戰勝。雖然他們一開始會受宗教情懷及精神所鼓舞，但隨著他們確實征服了聖地，這些情懷及精神也已經跟著消散殆盡。而隨著十字軍過度擴張，後勤補給問題就有可能成為其致命傷。反倒是穆斯林的機動性更強，也比入侵者更了解這片土地，所以遲早會將這些優勢轉化成對抗外來者的優勢，但前提是必須從精神上喚醒穆斯林，以利動員他們發動一場防禦性吉哈德。

由於內部的分歧與軟弱，穆斯林花了半個世紀才組織起對抗十字軍的統一戰線。最終，在志願者和非正規軍多年堅持不懈的防禦性吉哈德之後，伊瑪德·丁·真吉（Imad al-Din Zengi）及其兒子努爾·丁（Nur-al-Din）和薩拉·丁（Salah-al-Din）三位指揮官發動了進攻性吉哈德。這三個人利用「烏拉瑪」（ulama）（宗教領袖）在穆斯林民眾中傳播具有凝聚力的吉哈德精神。他們推動了實現穆斯林社群內部的政治團結，接著再建立有效率的軍隊，成功地削弱十字軍的力量，最終實現了最大目標，在一一八七年從十字軍手中收復耶路撒冷。

十四世紀之交，整個政治氣候發生了巨大變化。蒙古入侵者洗劫了巴格達，殺害最後一位阿拔斯王朝的哈里發，導致哈里發王朝在一二五八年暫時滅亡。蒙古人最終在該地區定居下來，並皈依了伊斯蘭教。蒙古人的皈依結果反而「問題重重」：他們真的算是穆斯林嗎？因為蒙古人對伊斯蘭教的實踐並不嚴格，更是隨意引用伊斯蘭教之前的多神教法律。在許多法學家和學者看來，正是這種「內部腐敗」及對信仰的不堅定，都瓦解了穆斯林社群的吉哈德精神，導致穆斯林社群的內部混亂，使其容易受到外部攻擊。

多產的敘利亞學者艾哈邁德・伊本・泰米耶（Ahmed Ibn Taymiyyah，一二六八至一三二八年）也發表了自己的看法。他宣稱，雖然蒙古人可能信奉伊斯蘭教，但他們並沒有遵守伊斯蘭教的所有規定。他們奉行非伊斯蘭教的習俗，強加非伊斯蘭教的法律，這也使他們成為蒙昧時期的一部分，即故意且有意識地對其所信奉的宗教一無所知。因此，蒙古皈依者都是伊斯蘭應發動吉哈德的異教徒。一個棘手但重要的問題出現了：如果腐敗的是統治者本身，誰才是「懲罰」統治者的合法權威？[19]伊本・泰米耶便提供了反抗「不公正」統治者的理由。伊本・泰米耶並沒有把怒火只保留給不聽話的或所謂的穆斯林統治者，他也把怒火發洩在穆斯林團體或教派上，在他看來，這些團體或教派已經脫離了伊斯蘭教，例如什葉派、德魯茲派（Druze）和努沙伊里派（Nusairi）。[20]

穆斯林世界從蒙古人的攻擊中恢復過來，隨後又經歷了一個復興的時代，但再也不是一個統一的世界。到了十六世紀，穆斯林世界分為三個帝國：西方和毗鄰歐洲的鄂圖曼帝國（Ottoman Empire）（一三〇〇至一九二三年）、伊朗的薩非帝國（Safavid Empire）和印度北部的蒙兀兒帝國（Mughal Empire）。土耳其人對西部的基督教敵人進行吉哈德，而鄂圖曼帝國的蘇丹則是採取政教合一，並宣布回歸哈里發制度。鄂圖曼也利用吉哈德的意識形態，以合理化他們與伊朗什葉派薩非王朝（一五〇一至一七二二年）的戰爭。多位蘇丹說服鄂圖曼帝國的首席宗教學者發布教令，宣布什葉派薩非王朝的國王為非穆斯林。宣布什葉派為叛教者巧妙地迴避了其宣布對穆斯林發動吉哈德的問題。因此，針對薩非王朝的吉哈德不僅是合法的，也是一種宗教義務。

IV

從十八世紀開始，穆斯林社群再次陷入危機，不只內部動盪不安，外部也是壓力重重。穆斯林社群內部的政治、宗教和社會經濟問題，都促使復興運動和改革運動的出現，以試著修正這些問題。然而，外部威脅才是穆斯林社群衰落的重要原因。

在十字軍東征期間，穆斯林認為自己更優越於入侵的基督徒，但事實卻沒有那麼清楚。

雙方在物質方面可算是旗鼓相當，但在紀律、組織或軍事技術方面倒是都不比對方先進。在意識形態上，十字軍東征時期，兩個相互競爭的宗教互相抨擊對方，幾個世紀以來一直如此。基督徒認為伊斯蘭教是冒牌宗教，而穆斯林則認為基督教是不完整、扭曲的宗教。

不過從十八世紀開始，情況就開始有所不同了，歐洲人不再是昔日的十字軍。儘管現代歐洲人仍然認為他們的宗教優於伊斯蘭教，但宗教已不是啟蒙運動後的歐洲入侵穆斯林世界的背後力量。更重要的是，相較於崛起的西方文明，穆斯林世界發現自己幾乎在所有領域都處於物質方面的劣勢。穆斯林世界在軍事領域的表現開始一敗塗地，不得不採取防禦姿態。由於在知識、文化、經濟、政治和科技方面都有長足進步，西方將自己視為優越的文明。如果情況確實如此，那麼西方就有理由執行文明使命（mission civilisatrice），也就是將文明的好處帶給野蠻人。

受到殖民佔領威脅的穆斯林認為，他們的抵抗其實是對欲奪取其土地、破壞其生活方式，以及威脅其宗教的侵略行為，所發起的防禦性吉哈德。[21] 鄂圖曼帝國和伊朗卡扎爾帝國（Qajars）等穆斯林帝國都失去了土地，其主權受到西方列強的嚴重削弱。居於守勢的兩個帝國都發出了對「異教徒」進行吉哈德的號召，以此作為動員民眾、增強帝國凝聚力和激勵士兵戰鬥的工具。

穆斯林世界中一些非國家行為者也發起了抵抗行動，他們企圖在取得假定的勝利後建立公正的伊斯蘭政體。蘇丹的馬赫迪（Muhammad Ahmed al-Mahdi，一八四四至一八八五年）、阿爾及利亞的賈扎伊里（Emir Abd al-Qadir al-Jazairi，一八〇八至一八八三年）和高加索地區的伊瑪姆．沙米爾（Imam Shamil，一七九七至一八七一年）等伊斯蘭教團都極力抵抗來自外國的佔領。吉哈德是為了擊退異教徒對穆斯林及其領土的攻擊，在既定秩序被外國人顛覆，或是因外國佔領而崩潰的時代中，持續捍衛伊斯蘭教。

V

第一次世界大戰爆發後，鄂圖曼帝國加入德國一方。隨後，鄂圖曼帝國宣布對西方列強發動吉哈德，目的是要在英法俄帝國的穆斯林民眾中煽動異見和叛亂。但最後事實證明，鄂圖曼帝國的吉哈德號召還是胎死腹中。英國以智取勝，協助鄂圖曼帝國最大人口族群之一的阿拉伯子民奮起反抗，使其以自決權為由尋求獨立。一九二三年，世俗國家的土耳其軍官廢除了鄂圖曼的哈里發制度，致使穆斯林世界為之震怒，但最急迫的問題是鄂圖曼帝國的前阿拉伯子民，發現自己因此處於西方列強的控制之下。相較十九世紀，阿拉伯人的政治覺醒程度更高，他們意識到自己已經改朝易主。隨之而來的便是政治輿論的爆炸性成長，他們透過傳單、民眾示威、革命和叛亂來表達自己的觀點。其中一些叛亂行動被認定為防禦性吉哈德，目的是要趕走佔領穆斯林土地的外國人。然而，世俗國家的知識分子和政治上的現代菁英卻把該行動說成是民族解放戰爭。宗教語言從伊斯蘭世界中的世俗左翼和右翼政黨的字典中消失了。在中東，只有一個運動仍以伊斯蘭教為意識形態的動員，吉哈德也是有意義的解放管道，即是埃及人哈桑・班納（Hasan al-Banna）於一九二八年創立的穆斯林兄弟會（Muslim Brotherhood）。兄弟會試圖將聖戰當作從西方解放出來的工具，其成功源自於世俗國家對手的失敗。

二戰後，多個穆斯林社會獲得獨立。掌權的菁英們為自己塑造出現代、進步、世俗和民族主義的形象。現代化的社會、充滿活力的經濟和強大的軍隊，都是這些後殖民菁英所期望的結果。這些「現代」菁英承諾了很多，但除了殘暴、貧窮、戰敗、用人唯親和偷竊之外，其他幾乎都沒有兌現。對穆斯林國家的許多民眾來說，世俗但專制的體制並沒有帶來曾承諾過的機會。一種深刻的頹喪感及被剝奪感開始滋生。[22]

埃及伊斯蘭思想家、穆斯林兄弟會高級知識分子薩伊德・庫特布（Sayyid Qutb），便曾表達其對西方世俗意識形態及其相關「唯物主義」生活方式的厭惡。庫特布認為，穆斯林社會已不再是伊斯蘭教社會，而是「蒙昧時期的社會」（jahili societies），也就是沒有以認同真主國度（hakimiyyat Allah）的方式生活的社會，而該方式就必須以伊斯蘭教法（Sharia）作為主宰。伊斯蘭的秩序與從西方（世俗）所引進的人為解決方案（hulul mustawridah）形成鮮明對比，後者甚至敗壞了穆斯林社會。世俗自由主義或馬克思主義等人為政治秩序主張主權屬於人類，而庫特布認為這是對真主的褻瀆。不遵守伊斯蘭規則的政治統治者就是非信徒（kuffar），即使他們聲稱自己是穆斯林也一樣。蔑視伊斯蘭教、不信伊斯蘭教及不服從伊斯蘭教等，就是吉哈德必須要剷除的「三大可悲要素」。[23]

雖然庫特布提出的是對現行政權的意識形態挑戰，而非革命式的吉哈德戰略，但是在埃及政府看來，他就是煽動叛亂的化身，因此便在一九六六年將其處死。一年後，阿拉伯在一九六七年對以色列的六日戰爭（又稱贖罪日戰爭）中戰敗，更是凸顯出庫特布的批評。這場戰爭的失敗是一場災難，其不僅僅是「單純」戰場上的失敗，也是對阿拉伯政體、社會和心理方面悲慘處境的尖銳評論。其實所謂的「現代派領導者」，不過是「腐敗的惡質獨裁者」。他們國家的經濟是一團亂，也沒有創造出一個新的「社會主義者」，當然更沒有建立起強大的現代化軍隊。[24]庫特布算是確立了意識形態的脈絡，即穆斯林社群的問題及原因，剩下的就是留待其他行動者為此做些什麼了。

VI

從一九七〇年代開始，伊斯蘭激進分子所制定和實施的軍事性吉哈德尚有幾種不同的形式。這些戰略有許多不同之處，反映了意識形態傾向、不同程度的民眾支持度、敵人的性質、地理環境和地緣政治背景。[25]

首先，這些穆斯林認為他們正在對各自的敵人進行防禦性吉哈德，這代表吉哈德是所有穆斯林的個人義務。儘管許多當代伊斯蘭激進分子駁斥了進攻性吉哈德和防禦性吉哈德之間的傳統區別，但他們確實承認當代吉哈德是一種防禦性吉哈德，是為了對抗他們所認為、那些對穆斯林社群貨真價實的侵略。從激進伊斯蘭主義者的角度來看，這已經不是穆斯林統治者第一次未能完成保護穆斯林社群的任務了。此外，今天的穆斯林民眾本身已經偏離了伊斯蘭教。因此，積極和正義的穆斯林先鋒就有責任有所回應，以執行伊斯蘭教或抵禦來自外部的攻擊。

其次，激進的伊斯蘭主義者都知道，他們不能依靠穆斯林國家進行軍事吉哈德。穆斯林國家沒有權力、受制於外人，軍隊也沒有戰鬥力。相反的，吉哈德應成為革命先鋒的解放工具，他們意識到自己在所有力量指標上幾乎全都弱於敵人，尤其是在軍事力量上。在這種情況下，必須制定其他措施來對抗敵人的軍事優勢，這些措施可能包括不對稱攻擊、巧妙利用地形、強化意識形態改造，以及經受戰爭嚴酷考驗的訓練。

第三，他們都在努力解決的一個關鍵問題是：誰是敵人？這取決於政治背景，但是原先為埃及工程師的伊斯蘭激進份子法拉傑（Muhammad Abd al-Salam Faraj），則是提出了最早定義當代防禦性吉哈德的目的。法拉傑在其簡短的論文〈被忽視的責任〉（al-Farida al-Ghaibah）中表示，當今的穆斯林世界並不是伊斯蘭教的居所。相反，穆斯林國家的統治者「都是在帝國主義的餐桌上長大的」，都是「帝國主義的代理人」。法拉傑宣稱穆斯林統治者是「近敵」（al-aduw al-qarib），並認為當務之急就是清除他們。穆斯林必須對自己的統治者發動防禦性吉哈德；而既然是防禦性吉哈德，那就是每個穆斯林的個人義務。雖然根據經典聖戰理論，「入侵」伊斯蘭領土才是引發防禦性吉哈德的原因，但與「近敵」作戰是要對抗潛在的入侵者，應優先於與「遠敵」（al-aduw al- baid）作戰，而遠敵特別是指以色列及支持穆斯林獨裁者的西方國家。[26]

在某些穆斯林國家，國內的暴力激進組織聽從了法拉傑的號召。伊斯蘭主義者在一九九〇年代奮起反抗阿爾及利亞和埃及政權，並在二十一世紀初試著在沙烏地阿拉伯採取同樣的行動。這些行動全都慘遭失敗下場，因為他們行動倉促，疏遠民眾或未能動員民眾站在自己這邊。儘管參與吉哈德的伊斯蘭教徒一直認為，他們反對不虔誠的國內政權，其鬥爭戰略的關鍵因素是爭取人民支持。然而，這些二十世紀末的組織行動方法與戰略，即大肆屠殺及以打擊民生為目標，在事實上都遭遇人民的反對。最後，伊斯蘭反叛組織所面對的政權往往擁有強大的國內安全能力，其生存決心和使用殘暴手段的意願都超過了該組織本身。

一九八〇和一九九〇年代，發生了另一場軍事吉哈德，主要是抵抗外國侵略者的民族抵抗運動。這種軍事吉哈德通常又稱為「抵抗行動」（muqawamah），而「抵抗行動」一詞亦代表著，以防禦性吉哈德進行披著伊斯蘭意識形態外衣的民族解放戰爭。[27] 一九七五年在肥沃月灣地區開始了黎巴嫩長期內戰，其內戰後果不只導致黎巴嫩整個國家走向崩潰，更喚醒了一個被邊緣化的族群，即黎巴嫩什葉派中的十二伊瑪目派（Twelver Shia）。什葉派激進伊斯蘭組織真主黨（Hezbollah）先是受到巴勒斯坦組織的折磨，後來又受到以色列、美國和法國干預部隊的打擊，於是他們在防禦性聖戰中引入一種創新又血腥的作戰方法，即自殺式爆炸攻擊。一系列在伊斯蘭教界被普遍稱為殉道行動（amaliyyat istishadiyyah）的自殺式炸彈襲擊，隨即使得美國和法國特遣隊血流成河，不得不因此撤離；同樣的手段之後也被用來對付以色列，使其在二〇〇〇年撤出了黎巴嫩。

自殺式爆炸在西方引起了恐慌，在中東則引起了各種反應。在西方的一般主流觀點認為，自殺式爆炸攻擊是吉哈德一個固有面向。雖然穆斯林法學家早在幾個世紀前就對殉道行動發表過意見，但他們討論的卻是戰士在戰鬥中故意衝入敵軍隊伍，並可能在此過程中死於敵人之手，而不是故意親手殺死無辜平民。若是考量到早期伊斯蘭軍事史中並不存在炸藥，所以要討論早期的自殺式爆炸議題，其本身便存在結構性的障礙。但是到了當代，只要這種現象一製造出血腥畫面，情況就不一樣了。西方國家將其視為純粹的恐怖攻擊行為。無論是遜尼派還是什葉派的穆斯林，都在爭論是否允許自殺爆炸；如果允許的話，又允許針對誰？

二十世紀最重要的吉哈德是一九八〇年代的阿富汗戰爭。一九七九年十二月，蘇聯佔領阿富汗，以支持其日益衰弱的親蘇馬克思主義政府。這也將反對馬克思主義政權的基層暴力行動，轉變成阿富汗人民反對入侵者及其傀儡政府的全面叛亂。而造成這項後果有兩個原因：成千上萬的穆斯林「外國戰士」湧入阿富汗，與阿富汗的聖戰士（mujahidin）並肩作戰，並成為全球伊斯蘭運動的起源。這種「外國穆斯林戰士」現象的幕後推手，是出生於巴勒斯坦的阿卜杜拉．阿扎姆（Abdallah Azzam）（一九四一至一九八九年）。阿札姆在兩部著作《保衛穆斯林的土地》（The Defence of the Muslim Lands）（一九八一年）和《加入隊伍》（Join the Caravan）（一九八七年）中，闡述了吉哈德的理論和戰略。其與正統伊斯蘭教關於不同類別吉哈德的觀點不同，阿札姆認為吉哈德完全是刀劍吉哈德，即完全是軍事性的吉哈德。此外，吉哈德不是一項「集體義務」，而是一項「個人義務」。由於吉哈德是針對入侵者的防禦性戰爭，因此每個穆斯林都有責任進行吉哈德，而不僅僅是阿富汗人；吉哈德更是不需要父母、債權人或政治當局的許可。[28]

其次，阿札姆與沙烏地阿拉伯建築工程師出身的伊斯蘭教徒賓拉登一起，在白沙瓦成立了服務局（Maktab-al- Khadamat），為「外國戰士」的到來大開便利之門，並安排他們的思想改造和戰鬥訓練。隨著阿札姆於一九八九年神祕死亡，賓拉登迅速成為伊斯蘭教領袖及「穩固基地」（al-Qaida al-Sulba）運動的創始人。運動的追隨者從一九九〇年代中期開始嶄露頭角，他們追隨伊斯蘭教中的一個特定思想派別，即薩拉菲聖戰主義（Salafi-Jihadism，又稱伊斯蘭原教旨主義）。

一九九〇年代，伊斯蘭世界及更廣泛的國際舞台都發生了重大動盪。蘇聯撤軍後，阿富汗陷入內戰；被稱為塔利班的激進本土伊斯蘭運動，則是佔領了阿富汗大部分地區，並實施嚴厲的伊斯蘭統治制度。南斯拉夫的解體導致了一場內戰，成千上萬的穆斯林在戰爭中喪生。許多穆斯林對蘇聯的垮台抱持樂觀態度，但其繼任的俄國政府卻粉碎了穆斯林追求自決的希望。一九九〇年，伊拉克獨裁者海珊入侵科威特，隨後發生兩件最重大的事件，便是沙烏地阿拉伯政府訴請美國保衛沙烏地阿拉伯，即伊斯蘭教最神聖的兩座城市所在地，以抵禦伊拉克的入侵。異教徒軍隊進駐在阿拉伯半島，更是引起主流和激進伊斯蘭教界的震驚。

而薩拉菲聖戰主義正是在該時期興起的。當代的薩拉菲主義是伊斯蘭教中一個不屈不撓、清教徒式的分支。薩拉菲（salaf）一詞源自阿拉伯語，字面意思是「過去」。該詞最初指的是代表前三代穆斯林的虔誠先輩（al-salaf al-salih），他們不僅見證伊斯蘭教的興起，也將先知模式作為正確的生活方式加以採用。薩拉菲主義是伊斯蘭教最早、最準確的版本，也是所有穆斯林必須回歸的版本。[29]

薩拉菲運動有很多種類型，但薩拉菲聖戰主義特別注重幾個核心理念。[30]對其信徒而言，將世界劃分為民族國家並由美國主導的現代國際秩序是完全非法的。這使他們有別於其他伊斯蘭團體，後者與十九世紀以來的穆斯林國家一樣，接受（或至少適應）了國際體系，或只是抨擊其「不公正」，但還是在其中運作著。薩拉菲聖戰者對於國際體系是發自內心的排斥，而對美國的敵意尤其強化了這種排斥，之後美國也隨著時間經過而被視為主要敵人。

吉哈德是伊斯蘭激進主義薩拉菲聖戰者分支的關鍵組成部分。雖然傳統吉哈德理論不認為刀劍吉哈德是伊斯蘭教的五大支柱之一，但對薩拉菲聖戰主義者來說，刀劍吉哈德是第六大支柱。他們毫不妥協地堅持以軍事手段進行吉哈德，認為這是穆斯林擺脫獨裁者和佔領者的唯一途徑。薩拉菲聖戰者對「敵人」有明確的概念。他們利用「瓦拉」（wala）和「巴拉」（bara）的概念，來定義和劃分友誼和敵意的範圍。「瓦拉」指的是「真正的」穆斯林必須對那些熱愛真主、憎恨真主敵人的人忠誠或友好。「巴拉」指的是聖戰士必須遠離的人，因為他們背離了真主。最後，薩拉菲聖戰者認為，他們最終將透過吉哈德建立一個以真主的法律作為合法性前提的全球哈里發制度，但正如後來發生事件所顯示的那樣，關於哈里發制度的可行性和必要性仍存在著相當大的分歧。

在一九九一年海珊被擊敗後，美國持續其在沙烏地阿拉伯的軍事部署，以及一九九〇年代以來美國在穆斯林世界的所謂掠奪，為蓋達組織的發展奠定了基礎。賓拉登也開始轉型，幾乎將注意力完全集中在「遠方的敵人」，即西方國家上，儘管他一開始也很矛盾，而這點反映在他給辱罵沙烏地阿拉伯領導人的信中，該信中譴責他們軟弱無能，未能建立一個公正、強大的穆斯林政體。在賓拉登眼中，穆斯林國家統治者的「近敵」，若是沒有「遠敵」的支持就無法生存。如果攻擊「遠敵」，迫使其收回對不公正、不虔誠的穆斯林統治者的支持，這不就能讓穆斯林社群內部步上建立公正制度的道路了嗎？

蓋達組織制定了吉哈德戰略，以因應伊斯蘭社群所面臨的挑戰。從一九九六年開始，賓拉登對美國發動了意識形態和軍事攻擊，公然向美國及其人民宣戰。他指責美國對穆斯林發動攻擊戰爭，並支持穆斯林國家的專制政府。賓拉登認為，是美國先發動了戰爭，穆斯林別無選擇，只能以防禦性吉哈德進行報復。根據「替代責任」（vicarious liability）的概念，美國人民便是罪魁禍首，因為他們選出了向穆斯林發動戰爭的政府，所以成為合法的攻擊目標。其他薩拉菲聖戰士也認同這個概念，但穆斯林世界及其法學家並不認同，他們認為這個概念違反以無辜者為目標的限制。[31]

蓋達組織對美國在中東及其他地區的目標發動了一系列攻擊，並稱之為「突襲」。在不斷累積之下，最終於二〇〇一年九月十一日，爆發了紐約雙子星大樓和五角大樓的大規模突襲事件。這個事件也成為戰略轉捩點，美國決心剷除蓋達組織及其在阿富汗的支持者，塔利班的伊斯蘭大公國首領穆拉・奧瑪（Mullah Omar）。美國進入阿富汗，掀起了美國歷史上持續最久的戰爭，這場戰爭於二〇二一年夏天以塔利班重新掌權而失敗告終。

對蓋達組織來說，美國的入侵同樣具有重要的戰略意義。蘇聯入侵阿富汗一事，創造了穆斯林外國戰士在「特定地點」發動吉哈德的跨國現象。賓拉登將美國作為目標，進一步把吉哈德推動成一種跨國現象。由於美國在穆斯林土地上「無處不在」，因此可以 是在多個地點都受到其攻擊。正義的聖戰士可以在該地區多個戰場上對「遠方的敵人」發動持久戰，而不是聚集在某個特定的戰場上。

這項戰略的目標是讓美國撤出穆斯林的土地，而所謂的突襲美國行動該如何符合這項戰略，其作法尚且不清楚，尤其是該行動又導致美國加強了其在穆斯林的軍事部署長達二十年之久。至於，蓋達組織的領導階層是否就襲擊美國的利弊進行過廣泛討論，這一點並不容易確認。九一一事件使該組織失去了阿富汗這個庇護所，蓋達組織隨後又分散到更多周邊地區。蓋達組織戰略家穆斯塔法．塞特馬里姆．納薩爾（Mustafa Setmariam Nasar）在其頗具影響力的《全球伊斯蘭抵抗行動號召》（Daawat al-muqawamah al-islamiyyah al-alamiyyah）中，闡述了由自治團體或個人進行「恐怖吉哈德」的臨時戰略方針，也是一種伊斯蘭教「無領導抵抗行動」的類型。

二〇〇三年，美國入侵伊拉克，摧毀了海珊的政權，並試圖建立一個繁榮的民主國家，納薩姆倒認為這是送給吉哈德運動的「禮物」，伊拉克可以成為建立庇護所及對美國人發動攻擊的堅實平台。理論上可能是這樣，但現實中，蓋達組織並未如願。最初，抵制美國駐軍的行動是由不同的遜尼派阿拉伯團體發起的。在大多數情況下，這些組織將自己稱為「抵抗組織」（muqawamah），其中既有前政權成員，也有主流伊斯蘭主義者，還有民族主義者和當地的薩拉菲分子。

抵抗組織無法提高其有限的民眾號召力，其重要性逐漸下降，這是因為阿布．穆薩布．扎卡維（Abu Musab al-Zarqawi，一九六六至二〇〇六年）所領導、來自黎凡特（Levant）

的外國薩拉菲聖戰士，從二〇〇四年開始便在伊拉克大肆破壞的緣故。札卡維對敵人有明確的概念，也有一套清晰的目標。扎卡維意識到聖戰士在軍事上的弱點和發動複雜叛亂的限制，因此他利用伊拉克各族群間的嫌隙作為武器。他發起了一場針對遜尼派、庫德族和什葉派來說，可謂是肆無忌憚的野蠻行動。扎卡維的恐怖軍事吉哈德將產業規模等級的自殺式炸彈襲擊，轉變成針對平民、什葉派民兵和遜尼派叛亂分子的血腥戰略武器。他挑起內戰，使伊拉克國家和社會幾乎崩潰，從而顛覆了美國的計畫。扎卡維的戰績為他贏得了與蓋達組織的曖昧關係，因為後者最初對他的「成就」印象深刻。然而，由於扎卡維不分青紅皂白地使用暴力，最終令蓋達組織感到厭惡而離開，扎卡維及其追隨者也因此被稱為「逐出教會者」（takfiris），因為他們為了證明自己的殺戮是正當的，總是先將穆斯林敵人逐出教會。扎卡維於二〇〇六年被殺，當時留下他被稱為伊拉克伊斯蘭國（ＩＳＩ）的組織，到了二〇一〇年大部分也已被消滅。扎卡維之後的領導人阿布·奧馬爾·巴格達迪（Abu Umar al-Baghdadi）在伊拉克伊斯蘭國慘敗後說，「我們已經沒有立足之地了，哪怕只有一刻鐘的時間。」[32]

不過，就像鳳凰浴火重生一樣，伊拉克伊斯蘭國於二〇一二年捲土重來。其根據兩部不同著作中的實際原則，開始了進攻性吉哈德。第一部是寫於處境艱難的二〇一〇年，有關其自身組織的《改善伊拉克伊斯蘭國政治地位的戰略計畫》（A Strategic Plan to Improve the Political Position of the Islamic State of Iraq）。其既定目標是建立一個伊斯蘭國家，以破壞在伊拉克建立西方政治模式的計畫，而實現該目標的關鍵，就在於採取明確的戰略規劃及適當的行動方法。隨著現代「十字軍」從伊拉克撤出，其重點將放在「俘虜」民眾、使民眾「臣服」、消滅（暗殺）政治領導人，以及摧毀十字軍建立的國內軍事、安全和警察部隊等目標上。

第二部著作是蓋達組織阿布．貝克爾．納吉（Abu Bakr Naji）的《野蠻式管理》（The Management of Savagery）。值得注意的是，該書以近乎世俗的方式歌頌了難以形容的野蠻暴力，並將其作為合理的政策工具。伊拉克伊斯蘭國在敘利亞和伊拉克斬首敵人、焚燒俘虜、大規模強姦和奴役婦女，以及大規模屠殺頑強抵抗的部落成員，都是為了恐嚇和摧毀敵人的意志，而這些都是從納吉的著作中摘錄出來的手段。納吉強調廣泛利用媒體來展現吉哈德的必要性，並且合理化吉哈德行動。他敦促在脆弱國家對敵人的要害發動一系列攻擊。這將迫使現有政權集中兵力，使周邊地區失去保護。然後，「穆斯林」部隊就可以進入這些地區（屆時這些地區將陷入「混亂」），並著手打造出一個伊斯蘭國家的雛形。[33]

伊拉克伊斯蘭國在二〇一二年及之後恢復實力之際，大致上遵循了納吉的計畫，先在政府控制力較脆弱的伊拉克北部建立庇護所並重建部隊，然後讓伊拉克軍隊在北部基地節節敗退。伊拉克伊斯蘭國不僅恐嚇民眾，還奪取了大量軍事裝備，從而打造出一個準常規部隊結構，擁有裝甲部隊、砲兵、機械化車輛，並搭配著威力驚人的車載式簡易爆炸裝置（VBIED），以及技術相對精良的步兵。這種部隊結構使伊拉克伊斯蘭國能攻佔領土，以實現其建立伊斯蘭國的政治目的，滿足人民的需求並執行真主的法律。

該運動的新領導人巴格達迪拒絕承認前殖民國家在穆斯林領土上強加的「人為」邊界，並參與敘利亞內戰。雖然他在二〇一三年四月將自己的運動更名為伊拉克和敘利亞伊斯蘭國（ISIS），但巴格達迪的主要意識形態和實際戰場仍然是在伊拉克。二〇一四年六月二十九日，伊拉克和敘利亞伊斯蘭國的一名資深成員宣布，哈里發在缺席將近一個世紀後再次回歸。這位新的哈里發、又稱「伊布拉欣哈里發」（Caliph Ibrahim），正是巴格達迪。他號召穆斯林進行遷徙或移民，以協助建立新的政體，使其能夠持續存在並不斷壯大。然而，伊拉克和敘利亞伊斯蘭國的崛起及兇殘手段引發了另一次國際干預，該哈里發在二〇一七年的倒台比其前身政體更加的突然和屈辱。

早在二〇一六年，伊拉克和敘利亞伊斯蘭國官員就已經為可能失去領土和大量人員做好了準備。失敗是上帝對其「羊群」審判的一部分，上帝有時會眷顧他們，有時卻不會。然而，伊拉克和敘利亞伊斯蘭國並沒有簡單地依靠神靈來解釋挫折，而是採取措施，即使在戰敗後也要保持軍事效率。哈里發統治結束了，但伊斯蘭國又從一支準常規部隊「回到了暴力光譜」上，成為一支恐怖主義和叛亂部隊，在敘利亞和伊拉克的零散地區繼續戰鬥，這是其在世界其他地區所遵循的「專營」模式。

VII

在西方世界，「吉哈德」一直是一個有爭議的詞，因為總是被人誤解。同時，由於其與非國家行為者團體的軍事行動有所聯想，在穆斯林世界本身也引起了許多爭論。吉哈德並不代表戰爭，也不代表「神聖的戰爭」，當然也不代表恐怖主義，儘管其一直都與恐怖主義聯繫在一起，尤其是自九一一事件以來更是如此。

吉哈德有許多意義和聯想，其中只有一項與戰爭相關。而儘管定義還是有爭議，吉哈德確實在許多方面都代表伊斯蘭的戰爭，甚至可以被視為是過去正式穆斯林國家所奉行伊斯蘭式戰爭的縮影。歷史上，伊斯蘭教徒便曾受到地緣政治環境因素，在防禦性和進攻性兩種吉哈德類型中搖擺不定。從十八世紀起，在穆斯林國家正式納入西發利亞條約（Treaty of Westphalia）下的民族國家體系之後，更是對穆斯林國家在定義發動吉哈德方面造成了困擾，但在受到攻擊時，穆斯林國家還是會以工具主義的觀點去發動吉哈德。對當代穆斯林國家而言，吉哈德從未被當作二十世紀的一種作戰方式。

就十九世紀至今的激進伊斯蘭非國家運動和叛亂而言，情況則截然不同。當代聖戰士採用了傳統的防禦性吉哈德概念，並對其進行修改，以適應他們為救贖穆斯林社群而進行的戰鬥，他們認為穆斯林社群正受到來自內部和外部的無情打擊。對他們來說，吉哈德的概念不只能合法化其向國內外對手所發動的戰爭，還能告訴他們戰鬥的對象、原因及方法。

Chapter

5

習近平及中國的復興戰略

易明（Elizabeth Economy）在史丹佛大學的胡佛研究所擔任資深研究員。目前，她在休假期間擔任美國商務部的中國資深顧問。最新著作是《中國的世界觀》（The World According to China）。

二〇一二年十一月，新當選的中國共產黨總書記習近平，在記者面前提出了「實現中華民族偉大復興」的構想，並承諾「團結和帶領」中國人民實現國家復興。[1] 中國過去作為世界思想、文化和創新中心，以及經濟和軍事強國的輝煌歷史，不只深刻地烙印在了中國人民的意識中，更是時刻提醒著大家，中國失去了多少、又必須挽回多少。習近平並不是第一位明確表示，希望恢復其國家在世界舞台上重要地位的中國領導人。甚至在一九一一年之前，當時作為中國最後的帝制清朝正面臨崩潰時，官員和學者們就意識到他們的政府正在走向失敗，並呼籲恢復國家早期的輝煌。從那時起，每一位中國領導人都會響應這項號召。

然而，習近平在復興願景的規模和範圍上，以及在實現該願景的決心上，都與他的前任領導們截然不同。在其國內，他希望中國能成為經濟、軍事和創新的強國，並成為政治和道德的典範。在全球舞台上，習近平的復興願景更代表世界秩序的轉變，即中國收回爭議領土，成為亞太地區的主導強國，並能定義國際組織及建制中的規範和價值觀。習近平尤其擅長創造一種連續的歷史敘事，也就是將中國的過去帝制與現在的社會主義融合在一起，從而在中國人民中喚起一種國家和民族主義意識，這是當代「社會主義中國」本身所無法做到的。

習近平為中國復興設定的最後期限是二〇四九年，即中華人民共和國成立一百週年。他意識到自己所面臨的挑戰。正如他在二〇一七年十月中國共產黨的十九大報告中所說：「中華民族偉大復興不是輕輕鬆鬆、敲鑼打鼓就能實現的……全黨必須準備付出更為艱鉅、更為辛苦的努力。」[2]不過，習近平也為其雄心壯志的最終成功，營造出一種不可避免的氛圍，進一步提出了「東升西降」等口號。

他的信心背後有大量證據的支持。諸如「一帶一路倡議」、中國人民解放軍改革和強行整併香港等大規模舉措，都吸引了國際注意力，並有助於擴大中國的全球影響力和地位。但習近平的復興願景不僅僅是展現經濟和軍事實力，更是尋求復興中國作為全球創新、文化和道德政治領導中心的地位。在追求這個願景的過程中，習近平亦將其國內政策和外交政策視為無縫接軌的整體。習近平的戰略所面臨的主要困境就在於，他越來越堅持以國家力量來控制訴諸個人創造力的要素，而這正在削弱他重拾真正復興大業的能力。

I

在中國五千年的歷史中，並不乏偉大的科技創新、華麗的文化藝術，以及在海上貿易及探索方面領先的時期。不過，由於不了解其他敵對文明，中國的統治菁英將其國家視為偉大的中土帝國。透過文化和宗教的吸引力、軍事和行政控制的力量，以及貿易和外交關係的「操控」能力，中國在全球範圍內發揮著重要影響。[3]

然而，到了晚清時期，中國領導階層的軟弱無能，以及未能跟上西方和日本在科學和軍事方面的進步，都再次喚醒了廣大中國學者和官員的危機意識。清朝大臣李鴻章曾試圖說服清朝領導人實行軍事現代化政策，只是最終還是失敗，他在一八七二年表示，中國正在經歷「三千年未有之大變局」。[4]無論是支持清朝改革的人士或反對清朝帝制的人士，都敦促國家領導者推動自強運動。他們呼喊著要「恢復中國原有的實力，超越外國」，再次成為「世界領先的強國」和「地球上最偉大的國家」。[5]他們努力重現「(其) 祖先在過去五千年中所達成的輝煌成就，征服、管理、擴大國家領土並提高國家聲望」。[6]然而，他們自己也承認，世界各國的勢力已經入侵，使達成這項目標變得極為艱難。

中國的復興敘事既包含了對中國歷史上偉大成就的極度自豪，也包含中國被外來強國剝削所帶來的屈辱。中國官員和民眾經常提到「百年恥辱」，即是從十九世紀中葉第一次鴉片戰爭開始，一直持續到第二次世界大戰結束及二十世紀中葉日本佔領中國，中國被迫向西方列強和日本做出領土讓步的時期。歷屆中國領導人都利用這種屈辱凝聚民族主義情緒，提醒中國人民外國勢力的危險。一九四九年九月，在奪取政權並建立中華人民共和國後不久，毛澤東表示：「中國人民一直都是一個偉大、勇敢、勤勞的民族，只是在近代有些落後了……（我們）以後將不再是受人污辱的民族。」[7]

一九八九至二〇〇二年間的中國領導人江澤民也表達了類似的觀點，他把中國的屈辱歸咎於清朝統治者和西方國家：「一八四〇年以後，西方帝國主義列強的入侵，使中國淪為半殖民、半封建社會，中國人民更是受到帝國主義和封建主義的雙重壓迫。」[8]在一八四〇至一九四九年的第一個八十年期間，江澤民說道：「封建制度的統治者在屈辱條件下交出了國家主權，整個社會因戰爭而陷入一片混亂，國家積貧不振，人民飢寒交迫。」江澤民接著表示，中國共產黨最終會拯救中國：「在第二個八十年期間，中國人民會在中國共產黨的領導下，團結一致、前仆後繼，克服重重困難，在革命鬥爭上贏取一次又一次的勝利。」[9]

這種屈辱敘事正好為中國領導人提供了強大的合法性來源，使其能夠將中國人民團結在一起，建立集體意識。正如西東大學（Seton Hall）教授汪錚所描述：

被選擇的創傷和被選擇的榮耀，都會透過父母／老師／孩子之間的跨代傳遞（trans-generation transmissions），以及參與旨在回顧過去的成功或創傷的儀式傳遞給後代。這會導致一個群體將對創傷事件的記憶融入其認同中，因此其後代會分擔前代未曾親身經歷的痛苦……過去的失落、失敗和嚴重羞辱所造成的精神創傷，都會成為一個群體認同的一部分，並將其緊密聯繫在一起。[10]

汪錚也認為，這種「失去」的概念在中華民族認同的建構中，發揮了關鍵作用，甚至促使中國人「隨時準備犧牲個人利益，以完成偉大的集體使命」。[11]二〇二一年七月一日，習近平在慶祝中國共產黨成立一百週年大會上，尤其強調了這點：

中華民族是一個偉大的民族。中國有五千多年的歷史，為人類文明進步做出了不可磨滅的貢獻。然而，一八四〇年鴉片戰爭後，中國逐漸淪為半殖民、半封建社會，遭受前所未有的摧殘。國家飽受屈辱，人民飽受痛苦，中華文明陷入黑暗。從那時起，實現民族復興就成為中國人民和中華民族最偉大的夢想。[12]

雖然屈辱的敘事已經十分明確，但是到底什麼才是復興的中國卻不是那麼清楚。中國的歷史時常會反映其在國內治理及參與外部世界二者之間的劇烈動盪。有時候，中國領導人會鼓勵進行科學探索、創造知識和對外開放。不過，在其他時期，他們卻又焚書坑儒、摧毀國家的海軍艦隊，並大力禁止商人直接與外部世界進行貿易。

雖然當代中國領導人描繪了一個和平、善良、井然有序的社會，但美國聖母大學政治學教授許田波（Victoria Tin-bor Hui）曾撰文反駁道，當前的復興敘事往往忽視中國真實的帝國歷史。她認為，該敘事與官方敘事中的描述不同，中國並不曾同時擁有強大的經濟、軍事和政治實力，中國也不具備當代中國史學界所認為的全球中心地位或地理連續性。事實上，「中國對現今中國領土範圍的有效統治僅有八十一年（一七五九至一八四〇年）」。[13]她列舉了從漢代到清代促成領土擴張的數十次軍事侵略行動，進一步破壞了當代官方所提及有關中國一直處於和平及統一狀態的說法。許田波也表示，在許多大一統時期，尤其是秦朝，所謂英明仁慈的領導人基本上都不存在，因為農民受到粗暴對待、學者受到迫害、人民被徵召入伍，以便君王向南北擴張王朝的領土疆界。[14]

由於缺乏一個完整明確的復興概念，近代中國領導人在如何解釋和追求中華復興方面，亦存在著很大差異。例如，推翻清朝的革命領袖孫中山，便將民族復興的概念建立於其「三民主義」上，即民族獨立、民生主義和民權主義。在實踐過程中，這些原則亦轉化成反對外來帝國主義、中國在其他國家之間的平等地位、民主（包括普選）、財富再分配，以及透過主要產業國有化加強國家對經濟的參與等等。其繼任者蔣介石則是保留了孫中山所提願景中的許多要素，例如加強國家在經濟中所扮演的角色，但也試著恢復「階級分明的儒家核心內涵」，並利用反對西方帝國主義所產生的「日益高漲的民族認同感和民族主義」。[15]

一九四九年，毛澤東和中國共產黨上台執政，為官方的復興敘事引入了新的動力，也就是追求社會主義（以及後來的共產主義）作為理想的管理形式。中國在全球舞台上的中心地位，也被重新定義成作為國際共產主義革命的中心。一九四九年中國與台灣的正式分開，使毛澤東開始強調以統一台灣作為國家復興大業之一的重要性，並提出「一國兩制」的模式，即台灣將保留對其內政甚至軍事任命的重大控制權，但將其外交政策讓渡給中國。

一九七九年，毛澤東的繼任者鄧小平從毛澤東提出的「國內永遠革命，國外支持革命」的願景中退出，轉而接受了另一種復興的敘事，即維持中國共產黨的主要地位，但側重於透過農業、工業、國防和科技四個現代化，以重建中國經濟和軍事實力基礎的現實。一九七九年中美關係正常化後，鄧小平歡迎外國資本和思想參與「振興中華」的願景，但他明確表示，外國資本只會佔中國經濟的一小部分，「絕不會影響社會主義公有制的生產管道」。[16]儘管如此，復興的過程包括市場的快速成長和不平等的加劇，中國也加入了許多國際組織及建制，使西方國家普遍認為中國正走在政治和經濟自由化的道路上。

江澤民深化鄧小平對復興的承諾，並提出二〇四九年實現國家復興願景的軟目標。一九九一年，他聲稱：「中國人民從二十世紀中葉到二十一世紀中葉這一百年的一切努力，都是為了使我們的祖國強大起來，人民富裕起來，民族偉大復興起來。」[17]他強調了私部門和高成長率的重要性，並透過積極鼓勵中國企業「走出去」尋找自然資源，以及在二〇〇一年加入世界貿易組織，開始提升中國在全球經濟中的地位。

不過，江澤民的願景並未被繼任者胡錦濤完全接受。只是胡錦濤倒是跟江澤民一樣，強調中國人民需要採取行動，以回應西方列強過去的羞辱：

> 中國自現代以來就飽受列強欺凌……其重要原因之一，便是中國在那個時期處於長期積弱不堪的情況。從此，中華民族的偉大復興，就成為每代中國人民矢志不渝的奮鬥目標。[18]

然而，胡錦濤對復興中國的願景，則是反映了孫中山和毛澤東的平等主義情懷。胡錦濤將復興視同為「和諧社會」。他試著要修正鄧小平和江澤民時代基本上不受約束的經濟成長所導致的許多社會和經濟不平等現象，以及環境污染和退化等其他外部問題，只是最後並未能成功。

雖然中國領導人都強調經濟發展在其復興敘事中的核心地位，但他們也採取了值得注意的措施來加強其在全球舞台上的政治和軍事影響力。從一九九〇年代中期到二〇〇〇年代中期，中國政府建立了一系列區域組織，包括促進中國、俄國、哈薩克、吉爾吉斯和塔吉克之間政治與安全合作的「上海五國」（後擴大並更名為上海合作組織），以及推動與東南亞國家外交和經濟關係的「東協加一」，以及中非論壇。這些建制都能使中國在有關發展和安全議題所制定規範和價值觀方面扮演領導的角色。

在同一時期，中國的軍事能力也得到了顯著提升。早在一九七七年，中國領導人就將軍事現代化列為振興中國經濟和世界地位所必備的四個現代化之一。一九九三年，在蘇聯解體及美國打贏第一次波斯灣戰爭之後，江澤民為中國解放軍制定了新的軍事戰略，目的在取得更先進的武器系統和作戰能力，提高中國解放軍的教育程度與素質，並將注意力放在未來的「高科技」衝突上。江澤民的演說也象徵著中國的軍事預算開始了十多年來每年兩位數的成長，而這樣的重視也得到了一定的成果。二〇〇〇年代中期，中國政府展示了一系列實力大幅提升的軍事能力，包括在太空中摧毀一顆中國衛星，以及在東海美國海軍航空母艦戰鬥群附近將潛艇浮出水面等等，都震驚了全世界。

所有中國領導人都強化了屈辱敘事的力量，以加強中國人民的集體意識和民族主義。他們對復興的理解和實現復興的道路各不相同。雖然習近平也是維持這項傳統的一員，但他卻是第一位全面闡述復興要素的中國領導人，也是第一位把自己的領導力和政治遺產，與中國成功恢復大國地位及全球舞台中心地位，緊密結合在一起的中國領導人。

II

習近平於二〇一二年接任中共總書記，並於二〇一三年擔任中國國家主席，這象徵著中國實現中華民族偉大復興的雄心壯志出現了轉機。習近平認為，雖然前任領導們未能實現中華民族的復興，但他已準備好承擔起這項責任：

> 自從（近代以來），無數能人志士為了實現中華民族的偉大復興而奮起反抗、浴血奮戰，但都以失敗告終……我們的責任……就是為實現中華民族偉大復興而奮鬥，讓中華民族更加堅強有力地屹立於世界民族之列，為人類做出更大貢獻。[19]

就在他檢閱其「復興之路」的展示行動上，習近平更是明確表示江澤民所提出的復興時間表：

我們經過鴉片戰爭以來一百七十多年的奮鬥，開創了實現中華民族偉大復興的光明前景。現在，我們比歷史上任何時期都更接近這個目標，比歷史上任何時期都更有信心、也更有能力實現這個目標……到二〇四九年中華人民共和國成立一百週年時，把我國建設成強盛、民主、文明、和諧的社會主義現代化國家的目標一定能夠實現，中華民族偉大復興的夢想一定能夠實現。[20]

在上任後的前六個月內，習近平發表了一系列談話，強化了中國復興作為全體中國公民的夢想和責任的重要性。此外，他也闡述了一系列明確的目標，例如社會共同富裕、中共強大清廉、環境整潔、民族和諧、社會福利制度健全、軍隊強大、港澳台更團結、經濟持續發展、創新引領全球。雖然習近平對中國國內復興的最終目標是「具中國特色的社會主義」，但他出色地構建了一個敘事，將所有中國歷史，即「五千年的中華文明、一百七十年的近代史和六十年的中國共產黨領導」，與他對復興進程的貢獻，即「建設具中國特色的社會主義」二者交織在一起。[21]

「復興之路」的展示行動，完美體現了習近平對中國歷史的重新爬梳，使之成為一個完美的敘事。正如俄亥俄州立大學教授鄧騰克（Kirk Denton）所描述，該行動將中國國民黨（革命前的執政黨）領導下的現代化和資本主義發展進程，描繪成中國現代化整體進程中的積極發展時期，將毛澤東從「激進左派」轉變為「現代化建設者」，並將導致世界歷史上最大飢荒之一的大躍進政策，形容成令人印象深刻的基礎設施發展時期。就連長期以來飽受謾罵的中國王朝歷史，也被描述成遭受西方和日本帝國主義奪走的偉大和光榮。[22]這種對歷史敘事的重新改造，使習近平得以宣揚中國共產黨的無懈可擊，並直接借鑑帝制中國的思想、創新和文化，從而吸引廣泛的中國民眾。

雖然「中華民族偉大復興」是指中國重新崛起成世界大國，但也同樣涉及國內改革和重生的需求。因此，習近平恢復中國大國地位的戰略，並不限於更開放的外交政策，而是直指自強不息的歷史理念。對習近平而言，這已轉化為三項相互關聯的努力，即是透過消除貪腐和西方意識形態的影響，來清肅中國共產黨及社會；從鄧小平的改革開放及經濟快速發展之中，重新平衡中國經濟；以及打造一支能打勝仗的軍隊。

III

習近平的復興願景是以強大的中國共產黨居於政治體制中的主導地位為主，正如他在其演講中所提及中國共產黨成立一百週年的相關論述：

> 中華民族一百八十多年的近現代史、建黨一百年的歷史，以及中華人民共和國七十多年的歷史全都充分證明，沒有中國共產黨就沒有新中國、就沒有民族復興。黨是歷史和人民的選擇，黨的領導就是中國式社會主義的本質特色，也是中國式社會主義制度的最大優勢，是黨和國家的根本所在、命脈所在，是全體中國人民的利益及福祉所在。[23]

然而，習近平所繼任的中國共產黨不但弊病叢生，也缺乏意識形態中心，只不過是個人政治和經濟發展的墊腳石。習近平引用西元前二世紀儒家思想家荀子的話表示，若是官員在行動和決策中培養正氣和道德，「自然就會形成國家與社會循規蹈矩的風氣」。[24] 墨爾本大學教授黛莉亞．林哈斯（Delia Linhas）認為，習近平的看法借鑑了儒家和法家兩種不同的思想傳統。「儒家和法家的治理原則都是要否認個人追求自身利益的慾望，認為這只會造成自私與貪腐。他們也不相信個人是自主的道德行動者（moral agents）。」她表示，法家強調「統治者的絕對權力與權威，以及統一執行旨在遏制貪腐的懲罰性法規」。[25]因此，習近平透過恢復毛澤東思想中的自我批評作法（也源自儒家思想），以及發起一場大規模的反貪腐運動，調查了將近三百萬名共產黨員，並在中共內部推行政治清廉政策。

習近平也呼籲廣大中國民眾培養新美德與道德意識。他推動中國的教育系統，「不僅要重視培養學生的知識和技能，還要引導學生建立正確的世界觀、人生觀、價值觀，注重加強學生的道德修養。」[26]現在，從小學到大學的學生都必須要研讀「習近平思想」。根據中國教育部的說法，其目標是「培養德智體群美全面發展的社會主義建設者和接班人」。[27]

中國國務院也在二〇一九年發布了明確的指導方針，以塑造「新時代新人類」來繼承「紅色基因」；要在網路上保持積極向上的內容，文明禮貌、寬厚誠信、愛護環境、實踐文明用餐；並以無私奉獻聞名的（共產黨早期的偶像）雷鋒為榜樣。[28]江澤民任內於二〇〇一年發布的早期指導原則也倡導，要「借鑑世界各國道德建設的成功經驗和先進文明成果」。[29]但是在二〇一九年的版本中，要求淨化社會文化環境，並批評「崇洋媚外」和「損害國家尊嚴」的人，要求中國共產黨「建立懲治不道德行為的常態化機制，形成扶正祛邪、懲惡揚善的社會氛圍」。[30]

隨著時間過去，習近平對中國善良社會的想法變得越來越嚴格。在他執政期間，中國試行了社會信用系統，旨在評估中國公民的政治和經濟信用，並給予相對應的獎懲。習近平禁止「娘娘腔的男人」出現在電視上，限制十八歲以下兒童每週只能在週末玩三個小時的網路遊戲（透過人臉識別來執行），並呼籲消除「名人文化」，以「中國傳統文化、革命文化與社會主義先進文化」取而代之。[31]中國國家廣播電視總局則是發布配套指導意見，避免「政治、道德、美學有問題」的人從事文化娛樂行業。[32]同時，騰訊的微博平台微信更是清除了數千個粉絲俱樂部和娛樂新聞網站，並刪除數十個屬於多元性別認同（LGBTQ）大學生團體的帳號。[33]

然而，最令人震驚的，還是在新疆維吾爾自治區，將一百多萬名維吾爾族和其他穆斯林強行關押到再教育營之中。這些再教育營是習近平以反分離主義和反恐活動作為幌子，進行剷除傳統宗教和文化習俗的最極端表現，例如禁止戴面紗、留長鬍子，以及對未成年人進行宗教教育等等。

習近平政府創造了道德中國社會的運動，也反映出他明確拒絕西方文化的態度。這點並不是新鮮事。在帝制時代，中國便經常在大力歡迎與嚴格限制西方思想文化之間徘徊。習近平曾試著要取消中國大學和中小學的西方教科書、取消黃金時段的西方電視節目、限制允許中國人觀看的外國電影數量，並通過一項法律，將在華外國非政府組織的數量從七千多個減少到大約四百二十個。[34]在中國的外國記者人數也急劇下降，光是二〇二〇年就有二十人被驅逐。中國全國人大外事委員會副主任傅瑩，便曾在二〇一四年三月表示，外國記者在中國的目的是要「顛覆中國的政府體制」。[35]

有些中國人公開支持中國復興的這些要素，民族主義部落客李光滿便曾說道：

> 中國正在發生重大變化……從經濟領域、金融領域、文化領域到政治領域都在發生一場深刻的變革，或者也可以說是一場深刻的革命。這是一次從資本集團向人民群眾的回歸，這是一次以資本為中心轉向以人民為中心的變革……向著中國共產黨的初心回歸……向著社會主義本質回歸。這是革命精神的回歸，是英雄主義的回歸，是勇氣和正義的回歸。當前對娛樂圈、文藝圈、影視圈的整治力度還遠遠不夠，要使用一切手段打擊當前社會上存在的各種追星、飯圈現象，徹底杜絕社會性格中的娘炮和小鮮肉現象，真正讓娛樂圈、文藝圈、影視圈風正、氣正。[36]

然而，其他中國觀察家卻不是那麼支持。例如，北京大學政治學教授張健認為，中國政府正在製造一個「妖魔化的西方」，以「鞏固其合法性」。[37]正如中國問題學者謝淑麗（Susan Shirk）所評論：「習近平在中國制度和西方政治價值觀之間建立了鮮明而敵對的對比……以動員對黨的承諾。」[38]

IV

習近平國內復興的第二支柱是國家、企業和社會之間，以及中國和國際社會之間經濟關係的改變。在十五世紀和十六世紀期間，中國是世界上最大的經濟體。從造紙術、印刷術到火藥及指南針，中國都是著名的創新發明來源；最早的火箭和鬃毛牙刷，也都源自中國。恢復中國在全球舞台上的經濟中心地位和影響力，都是習近平復興努力的核心要素。習近平已經實現了「消除絕對貧窮」和「二〇一〇至二〇二一年人均國內生產毛額增加二倍」的雙重目標。他還提出，到了二〇三五年，中國將全面成為小康社會，並實現「關鍵領域核心技術取得重大突破」，「使中國在創新方面走在世界前列」等目標。到了二〇四九年，習近平的中國將成為「全面發展、富強的國家」。[39]

隨著時間過去，習近平的中國經濟復興策略也不斷演變，例如「雙循環」戰略及「中國製造二〇二五」計畫，以雄厚資金主導尖端產業等舉措都反映了他的信念，即擁有十三億人口、世界第二大經濟體和眾多科技人才的中國，能在很大程度上自主創新、製造和消費。就跟過去的帝制執政者一樣，習近平希望能控制外國進入中國經濟的機會，只允許必要的外國資本和技術流入中國，並防止外國公司主導中國市場。

習近平最初似乎支持中國的企業家階層，尤其是世界級的科技公司，如阿里巴巴和騰訊，因為它們幫助推動了中國的服務經濟，並提升中國的全球地位。然而，隨著二〇二二年第二十次全國代表大會將近，代表習近平面臨其是否能連任第三任期中共總書記的關卡，習近平也因此採取了更為嚴厲的態度。這些公司規模太大、執行長太顯赫、對文化的影響太大、對個人資本的控制太不受法規規範。中國經濟也變得太過於不平等，吉尼係數（Gini coefficient）與美國相當。二〇二〇年五月，李克強總理曾表示，六億中國人的月收入約為一百四十美元，甚至「還不夠在中國城市租一間房」，這震驚了中國和全世界。[40]此外，中國所面臨的人口問題也在加劇當中。儘管中國放寬了對一胎化政策的限制，允許生育三個孩子，但出生率卻持續下降。教育、育兒和住房成本，經常成為中國年輕家庭不願生育一個以上孩子的原因。

習近平所提出「共同富裕」的答案，則象徵著允許部分個人和地區先富起來的鄧小平模式的結束。共同富裕是毛澤東主義的概念，最早出現在一九五三年的黨報《人民日報》上，跟社會主義理念一致，而資本主義則被描述成少數人致富，而大多數人仍然貧窮困苦。[41]習近平在二〇一二年首次提到共同富裕，但直到二〇二一年這項說法才開始流行起來。

習近平呼籲國內億萬富翁分享其財富（他還重罰了其中幾位億萬富翁的壟斷行為，取消其公司的首次公開募股計畫，並呼籲中國共產黨插股科技公司，以加強其政治控制力度）。科技創業家及其公司紛紛迅速提供數十億美元的慈善捐款，以促進財富再分配；官員們則是承諾將使教育、醫療和住房更加經濟實惠。有些中國學者認為，共同富裕是習近平為了照顧那些在過去幾十年經濟快速成長中被拋在後面的人，並避免西方國家所經歷的兩極化政治問題。[42]但其他學者，例如城市大學研究員夏明，則認為習近平的倡議是一個諷刺的政治伎倆：「習近平及其黨國所懸掛起來的彩蛋皮納塔（piñata），只是為人民創造了一個打擊目標，以發洩他們對有錢人及貪污腐敗者的憤怒和不滿。」[43]習近平自己則認為，共同富裕對中國共產黨的未來至關重要，「實現共同富裕不僅是經濟問題，更是關係著黨執政根基的重大政治問題」。[44]

V

習近平復興戰略的第三個要素，便是將中國人民解放軍打造成一支「備戰、能戰、必勝」的現代化軍隊。[45]中國軍隊的弱點，也就是在十九世紀末未能與西方及日本軍隊一起達成現代化變革，更是導致中國百年屈辱和清朝滅亡的核心因素。二〇二一年七月一日，習近平在紀念中國共產黨成立一百週年的演講中表示，「中國人民絕對不允許任何外國勢力欺負、壓迫、奴役我們，任何人企圖欺負、壓迫、奴役我們，都要在十四億中國人民的鋼鐵長城面前碰得頭破血流。」[46]習近平要求解放軍「把全部心思和精力放在備戰打仗上」，「保持高度戒備狀態」，並達到「絕對忠誠、絕對純正、絕對可靠」的地步。[47]

在國內，習近平在中國軍隊的「重生」階段中，扮演了相當積極的角色。作為持續進行反貪腐運動的一部分，數十名資深軍官被解職。習近平利用其中央軍委主席的身份，加速了軍隊組織和能力的現代化進程。他參考美軍架構組建了新的聯合作戰司令部，建立世界上規模最大的海軍軍隊，並發展能與美國匹敵的常規飛彈能力等等。

習近平的雄心壯志，以及中國在研發和部署先進武器系統方面的進展，都令許多外部觀察家感到驚訝。在習近平執政的第一個十年中，中國的大部分軍事建設似乎都是為了實現中國的區域目標，例如，增加針對台灣的導彈數量和先進程度，加強海軍及海岸警衛隊在南海維護主權的能力。然而，在習近平的第二個五年任期（二〇一七至二〇二二年）內，出現了新證據顯示中國有更大的全球野心。二〇一九年，北京公開展示了一種能夠擊中世界任何目標的洲際彈道飛彈；二〇二一年，北京試射一種超音速飛彈，而根據專家宣稱，這種飛彈可在三十分鐘內擊中美國。新一代反艦飛彈、先進的雷達能力及迅速擴充的核武庫，全都顯示出中國決心擁有一支足以在全球範圍作戰的軍隊。雖然中國並未表示，其有興趣將美國作為目標，但對新型遠程能力的重視很可能是為了嚇阻美國，防止其捲入以台灣為主的衝突或其他區域性衝突。

在更大的地緣政治背景下，解放軍對於習近平在全球舞台上恢復中國中心地位的戰略來說，也是至關重要的因素。最值得注意的是，北京於二〇一七年在西非吉布地（Djibouti）建立了第一個軍事基地。儘管該基地最初是設定成一個旨在協助打擊海盜的軍事後勤基地，但現在已發展成足以支援一艘航空母艦及數艘核動力潛艇的基地規模。

這代表中國軍事戰略與以往截然不同的轉變。中國向來都拒絕在海外駐軍或建造軍事基地，但在習近平領導下，中國學者和解放軍官員都接受了海外基地的概念。例如，學者薛桂芳和鄭捷都認為，「作為一個不斷成長的經濟大國，中國自然有必要發展數量有限的海外軍事基地，以保護其國際貿易和海外投資。」他們也認為，中國需要更多的基地來執行「區域外」和「國際公共財」的任務。[48]例如，在新型冠狀病毒肺炎（COVID-19）大流行的早期階段（二〇二〇年三月至六月），中國人民解放軍向四十六個國家提供了醫療援助。[49]薛桂芳和鄭捷認為，「對於一個真正的大國來說，最理想的情況便是其軍隊應扛起其責任不斷增加及利益不斷擴大的每一步。」[50]截至本文撰寫之前，從東南亞到中東及非洲，有更多的中國軍事基地都正在列入考量之列。

VI

在中國的復興戰略中，解放軍的首要軍事任務不是保衛海外資產，而是確保中國政府在與其他國家爭奪領土的主權，例如台灣、南海和釣魚台（又稱尖閣諸島）等。台灣尤其重要。儘管中國從未正式統治台灣，但中國領導人堅持認為，沒有台灣就沒有完整的中國，復興有賴於統一。孫中山是第一個表示統一重要性的人：「如果能夠實現統一，全國人民就會過著幸福的生活；如果不能實現統一，人民就會受苦受難。」[51]鄧小平在呼籲統一時，則是傳達出一種急迫感，他在一九八三年聲稱，其政府將「完成我們前輩留給我們、尚未完成的統一任務」，並表示「像我們這樣年事已高的人，都希望能盡快看到統一的一天」。[52]江澤民則說道，「兩岸同胞都是中國人，都是骨血相連的一家人，無論屬於哪個黨派、哪個組織，都應該共同追求和平統一、民族振興的偉大目標。」胡錦濤在紀念辛亥革命推翻清朝一百周年的談話中表示，中國和台灣應該「撫平過去的創傷，共同致力於實現中華民族的偉大復興」。[53]

習近平曾多次表示，統一台灣對中華民族的復興至關重要。他試著鼓勵台灣僅存的幾個外交盟友承認中國，阻止台灣申請加入世界衛生大會等國際組織，對台灣採取威脅性軍事姿態，干涉台灣選舉，並在蔡英文當選總統後拒絕保持兩岸政治對話等，以各種手段來孤立台灣。此外，二〇二〇年秋季，中國還發布了一部模擬入侵台灣的影片。[54]二〇二一年十月，習近平在人民大會堂發表演說，他認為「台獨分裂主義是實現祖國統一的最大障礙，是民族復興的最大隱患」。[55]二〇二二年八月，針對美國眾議院議長南西・裴洛西（Nancy Pelosi）造訪台灣，習近平便授權中國軍隊在西太平洋演習，展示其數十年來最重要的軍事實力。

習近平也將南海主權問題列為核心優先事項。中國對這片三百五十萬平方公里海域、其中約百分之八十至九十的面積主張其主權，導致馬來西亞、菲律賓、越南、汶萊和台灣都對此提出異議，二〇一六年海牙常設仲裁法院正式宣布中國所主張的主權並沒有法律依據。儘管如此，習近平仍在持續其北京的主權主張，命名了八十個新地標，其中有五十五個位於水下（越南則聲稱其中大部分位於其專屬經濟海域內），並在幾個聲索國的專屬經濟海域內部署監視及研究船隻，同時更部署漁船及中國海岸警衛隊以強化中國的主權主張。雖然中國政府的行動加強了其在該地區的實際存在，但也疏遠了其他聲索國，並透過鼓勵澳洲、印度、日本等其他國家，以及部分歐洲國家參與維護航行自由的行動，從而使中國的布局變得更加複雜。

VII

二〇一七年十月，習近平在十九大上再次當選中共總書記，開始其第二個五年任期，他在演說中提到「中國站起來了、富起來了、強起來了」。隨後，在同一次演說中，他又說中國「正走向舞台中央」。[56]

舞台中央既是字面上的概念，也是形象上的概念。習近平外交政策中最重要的倡議便是一帶一路，其將中國定位為全球貿易和投資方面的象徵性中心，也是實際上的中心。在設計一帶一路倡議時，中國的規劃者劃定了三條陸上走廊和三條海上走廊，這些走廊全都從中國為起點發散到亞洲、歐洲、中東和非洲。自從該倡議啟動以來，一帶一路已使中國成為許多發展中經濟體及中等收入經濟體的最大投資國和世界上最大的貸款國。一開始，一帶一路倡議的部分目的，是要輸出中國在建築和能源等基礎設施相關領域的過剩產能，並透過港口、鐵路和高速公路將中國的弱勢地區與外部市場連接起來。

然而，這項倡議很快就演變成中國對其他國家經濟和政治體制更廣泛的參與。數位絲路讓中國的科技公司，即是那些負責光纖電纜、衛星和電子支付系統的公司，開始定義世界的數位基礎設施。習近平也建立了健康絲綢之路和極地絲綢之路，健康絲綢之路成為中國出口傳統中藥和醫療器具的管道，極地絲綢之路則是中國尋求在北極國家進行投資並與之建立合作夥伴關係，以確保中國未來能獲得北方資源的途徑。儘管中國將一帶一路描繪成一項對其他國家開放的計畫，但中國的銀行和企業卻主導了這些計畫所涉及的融資、資本和勞動力，中國官員也利用一帶一路，來爭取大家接受中國在網路治理和人權方面的規範和價值觀。中國對一帶一路倡議感興趣的官員進行網路管理方面的培訓，包括如何審查網路、如何利用科技追踪反對派政治家，以及如何起草網路安全法規。

習近平為了確保中國站上全球舞台的中心地位，其相關努力更延伸到了國際組織的規則和規範制定上。中國官員認為，建立一個得以反映中國的價值觀、政策偏好和科技標準的國際體系是相當重要的。習近平呼籲中國應「引領全球治理體系的改革」，而中國資深外交官員則認為，美國所支持的是「所謂基於規則的國際秩序」，而中國和國際社會所支持的是「以聯合國為中心的國際體系及以國際法為基礎的國際秩序」[57]（習近平也與俄國總統普丁緊密合作，以利推動此種敘事。在二〇二二年北京冬奧會期間，兩國領導人便曾發表一份聯合聲明，以闡述他們在人權和發展等問題上對國際體系的共同看法）。在習近平的領導之下，明顯可見在多個層面都下足了功夫，以中國國內的價值觀和規範為基礎，透過一帶一路倡議推動這些價值觀和規範，並在聯合國等國際組織中加以強化，藉此鞏固中國的中心地位。

VIII

中國復興的本質不在於國家的經濟和軍事實力，而在於其透過知識和文化中心地位吸引其他國家的能力。正如胡錦濤在二〇〇七年所說：

> 文化越來越成為民族凝聚力和創造力的重要泉源，越來越成為綜合國力競爭的重要因素……中華民族偉大復興必然將伴隨著中華文化共同繁榮興盛。[58]

習近平的最高理論顧問、也是胡錦濤的顧問王滬寧，他很早就提出了軟實力的重要性。一九九三年，王滬寧發表了一篇相關論文，認為「若是一個國家擁有令人欽佩的文化和思想體系，其他國家就會趨之若鶩……」。[59]習近平本人也鼓勵該黨的官員「提高中國的軟實力，說好中國的故事，以利向世界傳遞中國的訊息」。[60]上海交通大學教授吳悠（Wu You，音譯）同樣認為，當代中國幾乎沒有任何民族或政治價值觀可提供給由西方哲學所主導的世界，中國的文化軟實力是由傳統儒家文化定義的，其中包括道德主義和人文主義、美德、禮義等概念。[61]吳悠認為，中國政府利用儒家文化來提醒區域國家他們共同的文化根源，進而提升中國的影響力。然而，她也結論道，中國軟實力的驅動力最終受限於其由上而下的方式：「由於以國家為中心的運行模式和對新聞報導的嚴格控制，中國媒體很難適時贏得外國受眾的青睞。」[62]

中國試著在海外建立孔子學院以推廣中國語言和文化，這也代表要將中國過去輝煌歷史的內涵移植到當代政治體制中，可說是一大挑戰。雖然孔子學院最初受到許多國家的歡迎，但中國政府堅持要控制孔子學院的招募、課程和教學內容，以及簽署祕密合約，這些都挑戰了要求公開透明和善治的民主原則。最後到了二〇二〇年，中國僅建立了略高於其目標一千所社區學院的一半。

二〇二一年六月，習近平號召中國官員塑造一個更加「可信、可親、可敬」的中國形象，顯示他抱持著中國可以控制自我形象的信念，但實際上中國的行動傳播於全世界，任其他國家獨立評價，這兩者之間確實存在著差距。[63]而難以克服的形象，還有中國的「戰狼」外交官在新型冠狀病毒肺炎大流行期間對其他國家進行大外宣、中國軍艦對鄰國構成威脅、中國在香港進行鎮壓，以及在新疆將一百多萬維吾爾族穆斯林關押在再教育營等等。[64]二〇二二年春季，中國領導高層實施「新型冠狀病毒肺炎動態清零」戰略，不只封鎖全國數億人口，還對全球供應鏈造成了嚴重破壞，中國的全球地位更是進一步下滑。

IX

二〇二一年九月，中國國務院公布名為《中國的全面小康》白皮書，記錄了中國在國際實力及影響力各個層面所取得的成就。從經濟地位、軍事實力、中國共產黨在國內的主導地位，以及北京的全球影響力等諸多方面來看，中國漫長的復興之路已經取得了重大成就。

然而，習近平的復興之路失敗的風險也很大。依照習近平對成功的定義，中國的復興要想取得全面成功，就不能只被承認為一個強大而有影響力的國家，而是必須被接受、被尊重，甚至被欽佩。正如中國國防分析家丹尼爾・托賓（Daniel Tobin）所表示，中國尋求國際認可的不僅是其作為大國所取得的成就，還有其社會制度及發展途徑。[65]習近平亦聲稱，中國擁有其他國家可以仿效的發展模式。[66]儘管習近平對「中國模式」充滿信心，但各國紛紛仿效的跡象並不明顯。人口結構的問題、對創意和創業階層的打壓、工人生產力的下降，以及債務比例的飆升最終可能會嚴重拖垮未來的經濟成長。中國在新型冠狀病毒肺炎動態清零戰略上所耗費的經濟成本，以及中國民眾被強行關押在隔離中心的畫面，也讓人對中國專制作法的可行性產生懷疑。如果不解決這些質疑聲浪，中國模式將很難在全球範圍推廣。

此外，儘管習近平的重大外交政策舉措，例如一帶一路及在南海所取得的軍事成果，都已成為中國日益增加的全球經濟政治影響力架構的一部分，但它們也招致許多來自國際社會的強烈批評。例如，早期國際對一帶一路的讚譽，隨著許多東道國對中國在金融、勞工和環境方面行為的廣泛關切、甚至抗議而煙消雲散。一帶一路也引發了美國、歐盟、日本和澳洲對全球基礎設施計畫更加注意及支持，使中國政府的布局變得更加複雜。此外，除了中國在全球的受歡迎程度下降之外，各國也開始採取重要的經濟和安全措施來限制習近平全面實現其雄心壯志的能力。到了二〇二一年，歐洲、美國以及四邊安全對話國家（Quad contries，美國、澳洲、印度和日本）都在重新思考全球供應鏈，以確保在面對中國不穩定的時候仍有備載能力（redundancy），同時他們更加強多邊機構的協調能力。美國、澳洲和英國甚至建立了新的防禦條約，以應對中國在亞太區域的攻勢。同樣重要的是，中國在二〇二二年二月決定不譴責俄國入侵烏克蘭，鞏固了歐洲、北美和亞洲許多政治中心對中國本質上是一個修正主義大國的看法，並為中國入侵台灣的可能性敲響了警鐘。芬蘭和瑞典等以往不參與軍事結盟的國家，也開始討論加入北約的問題。因此，在某些方面，習近平的外交政策選擇導致其他國家採取因應政策，最終削弱了習近平實現其長期目標的能力，例如建立新的安全秩序，並解散以美國為首的聯盟體系。

對習近平來說，同樣具有挑戰性的是，他必須努力實現帝制中國在影響世界其他國家所展現的那種思想和文化領導力。雖然習近平繼續借鑑過去的傳統來加強中國在思想和文化上的中心地位，但他所領導的當今中國，卻沒有什麼可供追隨的影響力。要使藝術、文化、思想、甚至商業方面具有繁華風貌來吸引其他國家的公民，中國共產黨就必須在教育、媒體、創新和文化領域中採取寬鬆態度，而非加強限制。中國的軟實力排名一直很低，習近平本人也缺乏公信力，反映出習近平的復興策略存在著潛在的毀滅性弱點。最終，習近平和中國領導層的其他成員可能需要決定，到底是要改革治理方式以實現復興夢想，還是改革復興的定義並得以簡單地宣布大功告成。

Chapter

6

蘇萊曼尼、格拉西莫夫及非常規戰爭戰略

賽斯・瓊斯（Seth Jones）是戰略與國際研究中心的資深副總裁和哈羅德・布朗教授（Harold Brown Chair），著作包括《三大危害》（Three Dangerous Men）。

卡西姆・蘇萊曼尼（Qassem Soleimani）少將的墓地，位於其家鄉伊朗東南部克爾曼省（Kerman）的烈士聖地。其墓碑樸實無華，只有一塊潔白的大理石板，上面鐫刻著亮紅色鬱金香和墓誌銘，讚頌蘇萊曼尼是「參與西亞反恐戰役的英勇指揮官，因為在巴格達國際機場被美軍中央司令部（CENTCOM）的恐怖份子盯上，不幸與一群戰友一起壯烈犧牲」。蘇萊曼尼的墓碑簡潔樸素，象徵伊斯蘭殉道者的謙遜和純潔，而墓碑的設計主要是向伊朗該世代中最著名的軍事領導人致敬。蘇萊曼尼從小就夢想著要成為為國效力的俠義騎士，或稱「俠客」（javanmard）。二〇二〇年一月二日，一架美軍 MQ-9A 無人機向蘇萊曼尼的裝甲多用途休旅車發射數枚地獄火飛彈，當時該車正行駛於巴格達國際機場的一條通道上，蘇萊曼尼和他的幾名隨行人員被炸死，蘇萊曼尼也因此成為一名殉道者。

然而，蘇萊曼尼並不是常規戰場上與伊朗敵人作戰的典型士兵。他是典型的非常規戰士。伊斯蘭革命衛隊聖城部隊（IRGC-QF）是伊朗軍方負責域外祕密行動的準軍事部門，蘇萊曼尼在擔任部隊首領期間氣勢凌人、充滿活力。他精通顛覆之道，並且有炫耀的傾向。他曾在二〇一八年的 Instagram 上向美國總統川普誇口道，「川普先生，你這個賭徒！別想威脅我們的生命！你很清楚我們在該地區的實力和能力。你知道我們在不對稱戰爭方面有多麼強大。」在他的一生中，蘇萊曼尼透過援助黎巴嫩真主黨、伊拉克的「人民動員部隊」

（Hashd-al-Shaabi）、葉門的「真主追隨者」（Ansar Allah）（又稱青年運動〔Houthis〕），以及巴勒斯坦、敘利亞、阿富汗、巴基斯坦及其他國家等各種民兵武裝組織，擴大了伊朗的影響力。

跟蘇萊曼尼一樣，俄國總參謀長瓦萊利・格拉西莫夫也肯定非常規戰爭在競爭中的重要性，包括與美國這樣擁有強大常規軍事及核能力的對手作戰。冷戰結束後，格拉西莫夫很意外見到美國軍事情報機構在巴爾幹半島、阿富汗、伊拉克和利比亞展開行動，他也指責美國軍事情報機構試著在各種顏色革命中削弱或推翻他國政權。部分基於美國的行動，格拉西莫夫認為：「不對稱行動已被廣泛使用，使敵人在武裝衝突中的優勢化為烏有。」[1]格拉西莫夫強調要使用非常規方式擴大俄國的力量，以削弱其主要對手美國的優勢。二〇一四年，俄國不費一兵一卒便奪取了烏克蘭克里米亞半島，其在烏克蘭東部精心策劃了一場叛亂，其中涉及使用代理軍隊及廣泛的進攻性網路行動；利用黎巴嫩真主黨和其他部隊奪回敘利亞領土，打擊反叛組織；在全球約三十幾個國家部署祕密私營軍事公司；並對美國及其合作夥伴發動了猛烈的造謠和網路攻勢。

蘇萊曼尼和格拉西莫夫是非常規戰爭的典型戰略家和實踐者。他們的國家建立了常規軍隊，有能力與對手進行局部戰役（set-piece battle），二〇二二年二月俄國入侵烏克蘭便證明了這一點。不過，伊朗和俄國也將大量資源及心力投注在發動非常規戰爭上，以因應美國的常規軍事及核武力量，對美國這樣的大國發動常規戰爭和核戰的巨大代價，包括經濟損失、大規模傷亡、環境及基礎設施的破壞，以及美國在非常規戰爭面前的脆弱性。這些因素促使蘇萊曼尼和格拉西莫夫等領導人使用非常規手段來實現戰略目的，尤其是將其作為改變區域力量平衡、削弱美國和破壞美國主導的國際秩序的一種手段。

蘇萊曼尼和格拉西莫夫採用的非常規戰爭手段並非創新之舉，反而在戰爭史上有著悠久的傳統。在未來，更是種不可或缺的戰略。

I

中國軍事戰略家孫子在其經典著作《孫子兵法》中寫道，「不戰而屈人之兵」是戰術技巧的最高境界。[2] 孫子強調「道德影響」、間諜、欺騙及祕密行動的重要性。孫子告誡我們：「敵強我弱，避其鋒芒。」[3] 羅馬將軍費邊・麥希穆斯（Quintus Fabius Maximus Verrucosus）曾制定一項戰略，其重點是對規模更大、裝備更精良的迦太基軍隊進行突襲和騷擾。冷戰期間，美國國務院外交官兼俄國問題專家喬治・凱南（George Kennan）認為，戰爭的基本工具「範圍從包括政治聯盟、經濟措施……和『白色』宣傳等公開行動，到祕密支持『友好』外國勢力、『黑色』心理戰，甚至鼓勵敵對國家的地下抵抗行動等隱蔽行動」。常規戰爭通常有一個有限的開始和結束時間，而非常規戰爭則是國際政治中持續存在的現實，也是凱南稱之為「戰爭內外鬥爭的永恆節奏」。4

非常規戰爭指的是常規戰爭和核戰以外的活動，旨在擴大一國的影響力和合法性，並削弱其對手的優勢。非常規戰爭包括許多國家工具，政府可以利用這些工具來改變權力平衡，使之對自己有利，例如資訊行動（包括心理戰、假情報和宣傳）、網路行動、支持國家和非國家行為者、祕密行動和經濟強制手段等。其中有些工具，例如資訊行動、祕密行動和網路行動，都可以用於常規戰役。它們只是達成目的的手段。在非常規戰爭中，一個國家設計並使用這些工具來削弱對手的優勢，作為權力平衡競爭的一部分，而不涉及參與局部戰役。其他政府官員和學者使用了不同的術語，即政治戰爭、混合戰爭、灰色地帶活動、非對稱衝突和間接方式等，來概括這些活動的部分或全部內容。

非常規戰爭有別於常規戰爭、核戰和一般外交政策。常規戰爭，有時又稱為「正規」或「傳統」戰爭，其涉及使用一國的大規模空軍、陸軍、海軍和其他軍事能力，在決戰中擊敗對手的武裝力量，奪取領土、人口和軍事力量，或摧毀敵人發動戰爭的能力。核戰則涉及對敵方使用或威脅使用戰術性核武。與常規戰爭和核戰不同，非常規戰爭是間接戰爭，因為其涉及使用祕密部隊、夥伴部隊、祕密行動和經濟手段。最後，非常規戰爭有別於一般外交政策，後者包括外交、人道主義、情報和其他活動，這些活動與對手的競爭關係不大或毫無關係。一般外交政策大致上都不屬於權力平衡政治手段之一，即以削弱敵人優勢為目的。

可能有些人會反對用「戰爭」一詞來形容非常規行動，但這種說法反映了西方對戰爭的理解。身兼中華人民共和國建國元老、中國共產黨主席及游擊隊指揮官的毛澤東便曾寫道，非常規戰略是戰爭的重要組成部分。毛澤東在《論持久戰》中寫道：「游擊隊與強敵交戰，敵進我退，敵駐我擾，敵疲我打，敵退我追。」[5]非常規戰略及戰術是戰爭的必要條件，各國通常會使用自己的術語來描述非常規戰爭。

蘇萊曼尼領導的伊朗所使用的是「軟性戰爭」（jang-e narm），包括打擊對手的宣傳和假情報等活動，有些伊朗人也使用「非經典戰爭」（jang-e gheir-e kelasik）等術語。俄國長期以來一直奉行「積極措施」（aktivnyye meropriyatiya），其中包括從祕密行動到暗殺和造謠等一系列手段。前國家安全委員會第一總局對外反間諜負責人奧列格・克魯欽（Oleg Kalugin）將積極措施描述成「蘇聯情報的核心與靈魂」，用於「削弱美國」實力及「在西方社會各種聯盟中打入楔子」。[6]俄國領導人也為此使用過「混合戰爭」（gibridnaya voina）、

「資訊對抗」（informatsionnoye protivoborstvo）和「拒止和欺騙」（maskirovka）等概念。美國軍事歷史學家查爾斯・巴特斯（Charles Bartles）寫道：「重要的是，西方認為這些非軍事措施是避免戰爭的方法，而俄國則認為這些措施就是戰爭。」[7]此外，中國還使用了三種戰法，其中包括媒體戰、心理戰和法律戰，以作為權力平衡競爭的一部分，而中國的三種戰法都未涉及暴力。

II

在非常規戰爭戰略家中，很少有人能像蘇萊曼尼一樣具有影響力。蘇萊曼尼一九五七年三月十一日出生於伊朗東南部克爾曼省的一個小鎮拉博爾（Rabor），在一個相對貧困的五口之家中排行老二。一九七九年，當蘇萊曼尼二十出頭時，伊朗經歷了一場驚心動魄的革命，穆罕默德・李查・巴勒維（Mohammad Reza Pahlavi）被推翻，大阿亞圖拉・魯霍拉・何梅尼（Grand Ayatollah Ruhollah Khomeini）取而代之。何梅尼領導的伊朗以「教長制」（velayat-e faqih）為核心，即伊斯蘭教教士統治制度。什葉派神職人員教士，以伊斯蘭共和國的形式管理國家，並在最高神職人員的領導下推行保守的社會價值觀，而最高神職人員則是國家的監護人（velayat）。

蘇萊曼尼受到革命所鼓舞，但他沒有軍事經驗，於是加入了新成立的伊斯蘭革命衛隊（IRGC）。幾十年後，他解釋說：「我們都很年輕，都想以某種方式為革命服務。」[8]革命爆發後不久，何梅尼於一九七九年成立了伊斯蘭革命衛隊（sepah-e pasdaran-e enqelab-e eslami）。他對伊朗常規軍（Artesh）中某些軍官的忠誠度產生了懷疑。此外，支持教權的激進份子亦曾協助推翻巴勒維政權，何梅尼則希望將他們組織在一個統一的保護傘之下。伊斯蘭革命衛隊對何梅尼的忠誠賦予其極大的合法性，該軍隊亦成為伊朗非常規戰爭的關鍵，也是蘇萊曼尼權力的中心。

一九八〇年九月，薩達姆・海珊的部隊入侵伊朗胡齊斯坦省（Khuzestan），伊朗和伊拉克之間開始了長達十年的戰爭，伊朗人經常稱這場戰爭為「強制戰爭」（jang-e tahmili）。[9]蘇萊曼尼最終指揮伊斯蘭革命衛隊第四十一師，該師綽號「塔魯拉」（Tharallah），意即「上帝的復仇」。在一九八一年底的「通往耶路撒冷的道路行動」（Operation Tariq al-Qods）中，蘇萊曼尼參與了伊朗城市博斯坦（Bostan）附近的激烈戰役。伊朗以大規模步兵進行攻擊，即「人海戰術」，其中包括大量伊朗士兵以神風特攻隊方式對伊拉克掘進防線進行正面攻擊。雖然伊朗損失的士兵人數是伊拉克的兩倍多，但伊朗軍隊最終奪回了博斯坦。蘇萊曼尼在這場殘酷的戰役中失去了許多朋友，人海戰術式的襲擊可說是令人痛心的警示，提醒伊朗參與常規戰爭的風險。

兩伊戰爭對於蘇萊曼尼和伊朗參與非常規戰爭，在幾個方面都產生了重大影響。首先，伊朗在地理上被敵人包圍。包括蘇萊曼尼在內的許多伊朗人都認為，兩伊戰爭主要是一場西方戰爭，尤其是美國所發起的戰爭。正如伊斯蘭革命衛隊的官方衝突史所表示，「戰爭是由美國資助和策劃的」，因為「(伊朗革命）對世界帝國主義的掠奪性利益構成嚴重的威脅」。[10] 許多伊朗人認為伊拉克是美國的傀儡，代表美國來鎮壓一九七九年的伊朗革命。

其次，伊朗的相對優勢不可能會在常規戰爭中展現，伊朗領導人必須另闢蹊徑。面對伊拉克裝備精良、準備充分的部隊，伊朗的常規軍事部隊顯得表現不佳，而且伊朗所採取人海戰術式步兵突擊的成本實在太高。相反的，蘇萊曼尼採用非常規戰爭戰略，有些伊朗人稱之為非經典戰爭（jang-e gheir-e kelasik）。[11] 伊朗更通過了《伊朗：伊朗伊斯蘭共和國武裝力量完整條例》，其中特別強調必須混合常規部隊和非常規部隊來保護伊朗。

第三，伊朗伊斯蘭革命衛隊在兩伊衝突期間，援助了伊拉克的反政府什葉派組織，這也是伊朗伊斯蘭革命衛隊首次嘗試非常規戰爭，並看到了非常規戰爭的潛力。其中最重要的便是伊朗對阿亞圖拉・穆罕默德・巴吉爾・哈基姆（Ayatollah Mohammad Baqir Hakim）的伊拉克伊斯蘭革命最高委員會武裝分支巴德爾軍旅（Badr Corps）的支持。戰爭期間，巴德爾軍旅由伊斯蘭革命衛隊全面指揮，部署在伊拉克東北部的哈吉奧姆蘭地區。在黎巴嫩，伊斯蘭革命衛隊與「阿邁勒運動」（Amal Movement）建立了密切關係，隨後又與黎巴嫩真主黨建立起密切關係，長期以來向真主黨提供大量資金、武器、培訓和戰略指導。伊朗向黎巴嫩貝卡谷地（Bekaa Valley）派遣了一千多名伊斯蘭革命衛隊顧問，建立並管理訓練營，為真主黨戰士與以色列開戰做準備。

為了擴大和提高伊朗在黎巴嫩和伊拉克等國的非常規戰爭能力，何梅尼在一九八八年左右授權成立伊斯蘭革命衛隊聖城部隊，由艾哈邁德・瓦希迪（Ahmad Vahidi）領導。「聖城」是波斯語中耶路撒冷的意思，聖城部隊成為伊朗對外行動的準軍事精銳部隊。其任務包括收集情報、訓練和裝備夥伴部隊，以及在伊朗境外策劃暗殺、爆炸和其他行動。聖城部隊成立十年後，伊斯蘭革命衛隊首領薩伊德・葉海亞・拉希姆・薩菲伊（Sayyid Yahya "Rahim" Safavi）任命蘇萊曼尼為聖城部隊首領。在這個職位上，蘇萊曼尼最終成為伊朗最有影響力的軍事指揮官。

蘇萊曼尼在非常規戰爭中的首次重大考驗，是在一九九〇年代的阿富汗。由於塔利班攻佔阿富汗北部城市，使得伊朗領導人感到相當緊張。塔利班是極端的遜尼派武裝組織，其意識形態深植於伊斯蘭法學的哈乃斐學派，因此對伊朗的什葉派政府構成威脅。一九九八年八月八日，塔利班部隊在阿富汗北部城市馬扎里沙里夫（Mazar-e-Sharif）處決了九名伊朗外交官和一名伊斯蘭通訊社（Republic News Agency）記者。對此，伊朗政府中有些人主張以常規戰爭的方式入侵阿富汗。一九九八年十月，將近二十萬伊朗常規軍在阿富汗邊境集結，塔利班也調集數千名戰士，以挫敗可能面臨的伊朗攻勢。但蘇萊曼尼堅決反對伊朗進攻，認為蘇聯在阿富汗戰爭中損失了約一萬五千名士兵，而阿富汗戰爭才剛過十年。伊朗更應該採取非常規戰略，利用其聖城部隊支持阿富汗抵抗組織，特別是北方聯盟指揮官艾哈邁德・沙阿・馬蘇德（Ahmad Shah Massoud）所領導的抵抗組織。最後，伊朗採用了蘇萊曼尼的方法。

蘇萊曼尼和他的聖城部隊以塔吉克為行動基地，協助馬蘇德及其伊斯蘭大會黨（Jamiat-e Islami）民兵部隊。一張在此期間前後拍攝的照片，便可見蘇萊曼尼站在馬蘇德的左側，雙手合十。[12]儘管有來自伊朗的援助，包括蘇萊曼尼及其聖城部隊，但他們卻未能阻止塔利班的入駐接管。到了二〇〇一年夏季，除了喀布爾東北部潘什吉爾山谷（Panshjir Valley）的一小塊土地之外，塔利班幾乎控制了整個阿富汗。隨後，便是二〇〇一年九月十一日的來臨。

九一一攻擊事件發生後，美國展開兩次對伊朗有利的重大行動。第一次是二〇〇一年美國所主導的推翻塔利班政權的行動，第二次是二〇〇三年美國入侵伊拉克的行動。尤其是美國推翻海珊，也為伊朗提供一個利用非常規手段改變其在伊拉克達成權力平衡的機會。對蘇萊曼尼來說，非常規戰爭對實現伊朗的國家安全目標至關重要，包括保護伊朗本土免受外部威脅，以及擴大伊朗在境外的權力和影響力。自冷戰結束以來，美國先後攻擊了伊朗兩側鄰國的政府，即阿富汗和伊拉克，引起大家對於美國希望最終推翻伊朗政府的擔憂。畢竟，美國總統小布希在二〇〇二年的國情咨文中將伊朗、北韓和伊拉克並稱為「邪惡軸心」國家。

出於幾個原因，非常規戰爭是必不可少的手段。首先，美國及伊朗的其他對手，包括以色列，全都在常規軍事力量方面擁有超前優勢。相對之下，伊朗老化的常規陸海空軍能力，全是遠遠落後於美國及鄰近區域的其他國家。舉例來說，伊朗大部分老舊的空軍裝備，幾乎都是其一九七九年革命前由美國所提供的飛機。其次，美國早已證明其在非常規戰爭面前的脆弱性。一九八三年四月，跟伊朗有關的組織便在黎巴嫩殺害了六十三人，其中包括十七名美國人；一九八三年十月，其在黎巴嫩殺害了二百四十一名美國士兵；一九九六年六月，其在沙烏地阿拉伯殺害了十九名美國空軍人員。第三，非常規戰爭是一種高效率的作戰方式，無需花費大量資金，而伊朗在面臨美國和其他西方國家毀滅性的經濟制裁時卻缺乏資金。

蘇萊曼尼及聖城部隊設計了一種非常規戰略，透過支持伊拉克什葉派民兵、招募同情伊朗的伊拉克政府官員、利用簡易爆炸裝置及火箭、迫擊砲等目標定位武器來攻擊脆弱的美軍等手段，擴大伊朗在伊拉克的影響力，以削弱美國的力量。在伊拉克境內，伊朗透過伊拉克夥伴部隊間接打擊美國，而非直接透過自身的常規部隊。到了二〇〇五年，在巴德爾軍旅及至少另外兩支在蘇萊曼尼的聖城部隊的協助下所建立的民兵組織，即阿布．馬赫迪．穆罕迪斯（Abu Mahdi al-Muhandis）領導的「真主黨旅」（Kataib Hezbollah），以及卡伊斯．卡查利（Qais al-Khazali）領導的「正義聯盟」（Asaib Ahl al-Haq），各自發動致命的簡易爆炸裝置襲擊後，美軍傷亡人數更是不斷增加。

伊朗最致命的簡易爆炸裝置是爆炸成形彈（EFP）。這是一種經過特殊設計的定型彈藥，能以近乎超音速將金屬彈頭射穿裝甲車等目標，並且產生致命的熱金屬噴射效果。二〇〇五年七月至二〇一一年十二月間，爆炸成形彈便炸死一百九十六名美軍，炸傷八百一十六名，其中以二〇〇八年的每月死傷總人數為最高[13]。他們也向伊拉克民兵提供無人駕駛載具、短程彈道飛彈、火砲、反戰車導彈、戰車、裝甲運兵車和防空系統。有了這些援助，蘇萊曼尼及其聖城部隊便能透過支持當地民兵和以擊殺美軍士兵為目標的非常規戰役，加強其在伊拉克的影響力。

蘇萊曼尼及其聖城部隊在援助敘利亞總統阿薩德時，更是擴大了自身的參與度和影響力，因為敘利亞總統的政權自二〇一一年以來便一直面臨叛亂問題。幾年內，多個敘利亞城市落入與蓋達組織有關聯的努斯拉陣線（Jabhat al-Nusrah）及伊斯蘭國等叛亂組織之手，而其中最具戰略意義的城市是在二〇一二年底淪陷的阿勒坡（Aleppo）。在二〇一三年及二〇一四年期間，敘利亞政權軍隊包圍了阿勒坡，試圖以斷糧方式圍攻該市東部地區的叛亂份子，但敘利亞人沒有足夠的火力。此外，阿薩德的忠實擁護者更面臨著其他威脅，例如伊斯蘭國軍隊控制了進入該市的某些通道。

為了要扭轉在阿勒坡的局勢，蘇萊曼尼聯繫黎巴嫩真主黨領導人哈桑．納斯拉勒（Hassan Nasrallah），問他是否願意向敘利亞增派真主黨戰士，以援助阿薩德政權。這是個相當艱難的請求。納斯拉勒必須冒著真主黨戰士的生命危險，並因參與外國戰爭而面臨批評。納斯拉勒最終鬆口，部署多達八千名戰士參與作戰行動，並為敘利亞境內的民兵團體提供培訓、建議和裝備。

為了進一步結束反抗軍對阿勒坡的控制，蘇萊曼尼建立了一個聯合行動中心，以協助規劃和執行地面行動。蘇萊曼尼的聖城部隊訓練和裝備約五萬五千名士兵，其中包括黎巴嫩真主黨，以及來自伊拉克、阿富汗、巴基斯坦和其他國家的外國戰士。二〇一五年，當莫斯科也代表阿薩德進行干預行動時，這些非常規部隊獲得了俄國空軍的支持。在蘇萊曼尼的聖城部隊和伊朗訓練民兵的幫助，以及俄國對反叛軍陣地發動數月的空襲下，阿勒坡附近兩個重要的什葉派村莊努布爾（Nubl）和阿茲扎拉（Az Zahra）終於在二〇一六年二月被攻陷。二〇一六年春季，親敘利亞政權的部隊再次加強攻勢以奪回阿勒坡，並將其稱為「勝利曙光行動」。同年七月，敘利亞軍隊和伊朗所支持的民兵，切斷連接阿勒坡和土耳其的阿札茲走廊（Azzaz corridor）。蘇萊曼尼隨即進行遊說，以發動最後攻勢。到了二〇一六年十二月底，敘利亞政權重新掌控了阿勒坡市。奪取阿勒坡可說是敘利亞內戰中最關鍵的一場戰役。隨著從反叛勢力手上奪回具有戰略和象徵意義的據點，親敘利亞政權的部隊接著就能把剩餘的武裝反叛勢力控制在大伊德利卜省（Idlib）中。

由於在敘利亞的戰事越來越成功，蘇萊曼尼的聖城部隊便協助非國家組織橫跨中東，從黎巴嫩經敘利亞、伊拉克、伊朗和阿富汗，架起一座二千英里的陸橋。有些伊朗人為了紀念先知穆罕默德的堂弟兼女婿阿里・本・阿比・塔里卜（Ali ibn Abi Talib），便將這片更為廣闊的地區稱為伊瑪目阿里州（Wilayat Imam Ali）。此外，蘇萊曼尼的聖城部隊也在葉門和巴林等其他國家訓練部隊並執行任務。到了二〇二〇年一月蘇萊曼尼去世時，他已向中東地區超過二十萬名非國家行為者提供了援助。聖城部隊利用這些合作夥伴控制領土、影響政治、轉移資金、戰鬥人員、武器及其他物資。在某些情況下，例如在伊拉克，蘇萊曼尼的聖城部隊在協助其從伊斯蘭國手中奪回領土方面發揮了重要作用，其中包括摩蘇爾等具有重要戰略意義的城市。[14]

然而，儘管蘇萊曼尼展開了各種活動，不過當地人並不總是支持蘇萊曼尼或是其所領導的聖城部隊。例如，在伊拉克的遜尼派地區，人們認為政府與德黑蘭的關係過於密切，從而剝奪了他們的權利。伊朗情報與安全部（MOIS）洩漏的一份伊朗情報報告，便強調聖城部隊訓練的什葉派民兵對當地遜尼派居民造成的破壞。評估報告表示，「在人民動員部隊行動的所有地區，遜尼派人都紛紛逃離，放棄家園和財產，寧願成為難民住在帳篷或難民營裡。」評估報告認為，與聖城部隊有聯繫的民兵的行動，致使伊拉克遜尼派居民的疏遠。「摧毀村莊和房屋，掠奪遜尼派的財產和牲畜」，都將打擊伊斯蘭國所取得成功的「甜美」變成了「苦澀」。[15]

有些伊朗情報與安全部的軍官，則是直接指控蘇萊曼尼過度使用什葉派民兵。他們還指責蘇萊曼尼自吹自擂，利用打擊伊斯蘭國的行動來提高自己在伊朗的政治地位。有份頗具批判性的伊朗情報報告，更是譴責蘇萊曼尼自負地「在不同的社交媒體網站上發布自己的照片」。[16]因為蘇萊曼尼在社群媒體上十分活躍，把他在伊拉克和敘利亞戰場巡視時的影片和照片廣為流傳。蘇萊曼尼的公開活動也帶來了其他挑戰。在二〇一九年、二〇二〇年、二〇二一年和二〇二二年，黎巴嫩和伊拉克都發生了大規模示威活動，因為有許多抗議者對於伊朗在其國家日益增長的影響力感到憤怒。

儘管出現這些弊端，蘇萊曼尼去世後，他留下的「俠義精神」依然存在。伊朗支持黎巴嫩境內的黎巴嫩真主黨、敘利亞境內的武裝民兵、伊拉克境內的人民動員部隊、阿富汗境內的塔利班政府和民兵、葉門境內的青年運動軍，以及巴勒斯坦領土、巴基斯坦和其他國家境內的非國家行為者。蘇萊曼尼的繼任者伊斯梅爾·卡亞尼（Ismail Qaani）繼續在中東、南亞和全球其他地區發動非常規戰爭，訓練和裝備夥伴部隊，展開進攻性網路行動，策劃祕密活動以擴大伊朗的影響力。但蘇萊曼尼和伊朗並非孤軍奮戰。他在敘利亞戰爭中的主要合作者之一，即俄國陸軍參謀長格拉西莫夫，也同樣重視非常規戰爭。

III

格拉西莫夫一九五五年九月八日出生於俄國喀山市（Kazan）。在其父親的支持下，格拉西莫夫進入喀山蘇沃洛夫軍事學校（Suvorov Military School）學習，並於一九七七年畢業。

當時，跟美國進行常規戰爭和核戰的可能性已經降低，因為其所承受的代價實在太難承擔，包括擔心核武浩劫發生。作為回應，蘇聯將主要焦點置於「積極措施」（active measures）上，以利與其超級大國對手競爭。這些措施的目的在於利用非常規手段影響外部人口，使權力平衡轉移到有利於莫斯科的方向。正如某位前華沙公約組織情報人員在談到積極措施時所表示：

頭號目標是美國……其目的是在任何可能的地方和任何可能的時間傷害美國，削弱美國和西歐的地位，在北約聯盟內部製造新的分歧，削弱美國在發展中國家的地位，並在美國和發展中國家之間製造新的分歧，再向美國和西方盟國散播有關蘇聯集團國家軍事實力的謠言。[17]

一九七七年，紅軍將格拉西莫夫派往波蘭的北方集團軍（Northern Group of Forces）。在他指揮過一個坦克排和一個坦克連，並擔任近衛坦克第九〇師、第八〇坦克團之參謀長。在其經歷期間，格拉西莫夫閱讀了許多俄國思想家的作品，包括格奧爾吉．伊榭爾松（Georgii Isserson）、安德烈．斯涅薩列夫（Andrei Snesarev）、馬赫穆特．艾哈邁托維奇．加列耶夫

（Makhmut Akhmetovich Gareev）、亞歷山大・蘇沃洛夫（Alexander Suvorov）、康斯坦丁・西蒙諾夫（Konstantin Simonov）和亞歷山大・史維欽（Alexander Svechin），進而形塑其自身對戰爭的看法，包括非常規戰爭。[18] 一九八七年畢業後，紅軍將格拉西莫夫派往愛沙尼亞。這是場令人不得不清醒的經歷，格拉西莫夫目睹了蘇聯帝國的崩潰。一九九三年，格拉西莫夫晉升為波羅的海軍區第一四四近衛摩托化步兵師（Guards Motorized Rifle Division）師長，但是到了該年年底，俄軍便從愛沙尼亞撤軍。格拉西莫夫在此遭受了恥辱挫敗，最後帶著部隊撤回俄國。

隨著國家的崩潰，俄軍將格拉西莫夫派往俄羅斯車臣共和國，那裡的叛亂份子已經自行宣布獨立，並展開了激烈的游擊戰。這是格拉西莫夫的第一場戰鬥。車臣戰爭對格拉西莫夫的非常規戰爭觀產生了重要影響，因為他面對的是使用非常規戰略方法的游擊隊。一九九四至一九九六年期間，由於計畫過於樂觀、反叛亂戰爭訓練不力、士氣低落，以及俄國士兵普遍酗酒和吸毒問題，俄國軍隊在車臣的戰績不佳。格拉西莫夫承認，「我們在戰場上的人員，包括指揮官，有時準備得非常不充分」，其原因是「缺乏作戰訓練、人員被其他任務分散了訓練計畫的注意力，以及未能執行我們的作戰訓練計畫」。[19]

儘管面臨這些挑戰，格拉西莫夫還是變得更擅長與游擊隊作戰。他承認：「我在戰場上花了很多時間。而我對車臣行政邊界上發生的事情瞭如指掌……沒人抱持著幻想，我們都知道，車臣的高漲情勢遲早會破滅。」[20]格拉西莫夫在車臣的經歷簡直就是火刑般的考驗。有一次，叛亂份子在車臣與印古什（Ingushetia）的邊境附近伏擊他的車隊，用榴彈發射器和小型武器近距離射擊。在車臣的幾年內，格拉西莫夫逐漸成為一名有原則的指揮官，幫助改變了戰爭的進程。俄羅斯軍隊和親俄車臣部隊在一九九九年十二月至二〇〇〇年二月的圍困中攻佔車臣首都格羅茲尼（Grozny），最終透過懲罰性的反叛亂行動粉碎大部分反對派。

當時，格拉西莫夫已成為俄國新一代軍隊領導人中的佼佼者。在一九九九年十二月由葉爾欽（Boris Yeltsin）任命的普丁總統的領導下，俄國領導人開始了恢復國家偉大光榮的漫長旅程。為了了解俄國的主要敵人，即美國，格拉西莫夫仔細研究了美國在阿富汗和伊拉克的行動。他認為，美國正在擺脫「傳統」的戰爭方式。美國只使用了三百五十名特種部隊和一百名中央情報局特務，再加上美國空戰方面的支援，就足以在幾週內推翻阿富汗的塔利班政權。格拉西莫夫認為，美國已經發展出一種「新型」又更加隱蔽的戰爭方式，格拉西莫夫將這種方法稱為「隱蔽使用武力」。[21]美國沒有使用大量常規軍事力量來實現政治目標，而是使用了非常規軍事方法。

據格拉西莫夫表示，美國利用電視網絡、網路、社群媒體，甚至非政府組織播放的資訊進行宣傳活動。[22]其目的是煽動對方國內的政治分歧。隨著安全局勢的惡化，美國會利用非常規部隊，即特種部隊、情報單位、當地民兵和私人軍事公司作為主要的機動部隊。格拉西莫夫認為，在這種新型戰爭方式中，美國的空軍和海軍力量仍然很重要，但採取祕密方式使美國更能利用準拒止手段（quasi-deniable means）和當地力量推翻政權。

二〇一一年美國所主導的利比亞戰爭，也使格拉西莫夫對戰爭本質演變的理解產生了特別深刻的影響。從二〇一一年三月開始，美國、法國和英國飛機向格達費政權進行空襲，並支持利比亞叛亂份子。到了八月，利比亞民兵部隊在美國和其他西方特種部隊和情報單位的協助下，攻佔了格達費的總部巴布阿齊茲亞（Bab al-Aziziya），並推翻了政府。隨著「阿拉伯之春」及顏色革命遍及北非、中東和東歐，格拉西莫夫都看到了美國幕後操作的手段。[23]俄國領導人錯把「阿拉伯之春」及顏色革命理解為美國新型戰爭方式的一部分，也就是試圖透過祕密手段間接、謹慎地增強美國的影響力。根據格拉西莫夫的說法，顏色革命是「透過外部操縱民眾的抗議潛力，並結合其政治、經濟、人道主義和其他非軍事措施，以非暴力方式改變國家權力的一種形式」。[24]然而，令格拉西莫夫格外擔心的是，美國顯然能策劃該國家崩潰的速度。

此時，普丁已將格拉西莫夫提拔為俄國武裝部隊總參謀長。美國沒有與之相對應的職位，但格拉西莫夫的權力已遠遠超過美國軍方的任何一名海軍將官。二〇一四年五月，格拉西莫夫在俄國國防部莫斯科國際安全會議上發表了一次頗具影響力的談話。他先是對美國大加撻伐，指著一張所謂的顏色革命地圖，譴責美國企圖以非常規手段操縱外國政府，破壞中東、非洲、歐洲和亞洲部分地區的穩定，是嚴重不負責任的行為。格拉西莫夫總結說道，其結果是「主要以親西方和反俄國執政勢力上台」。[25]格拉西莫夫長期以來一直鼓吹國際政治中沒有明確的戰爭與和平界限，聽起來有點像喬治．凱南。格拉西莫夫寫道，「在二十一世紀，我們看到了戰爭與和平狀態之間界限走向模糊的趨勢。」[26]

俄國對其陸海空軍皆進行了現代化改造，包括九五五型戰略核潛艇（Project 955A Borey-A）、蘇愷— 57 型第五代戰鬥機及「先鋒極音速滑翔載具」（Avangard hypersonic glide vehicles）。俄國軍事領導人也積極發展非常規戰略、能力和組織結構，以補足國家的常規力量和核武能力。

格拉西莫夫和其他領導人將非常規戰爭作為俄國擴大自身實力和削弱美國實力的重要組成部分，其原因有以下幾點。

首先，格拉西莫夫及其他俄國領導人都意識到，美國擁有強大的常規力量和核武。例如，格拉西莫夫認為，伊拉克戰爭的特色，在於「（美國）空軍大幅提升其在擊敗伊拉克軍隊、深入包圍防禦陣地，以及繞過防線進行主要打擊方面的貢獻」。[27]有鑒於美國在精準打擊方面的先進能力，以及在傳統陸海空軍事能力的演進，要在常規軍事戰爭中打敗美國是很困難的事。此外，任何這樣的嘗試也都很有可能升級為核戰。

其次，格拉西莫夫認為美國在非常規戰爭面前不堪一擊。例如，在阿富汗，格拉西莫夫指出，美國未能擊敗弱小的塔利班，因為塔利班的戰略重點就是這種非常規戰術。美國的失敗導致該國「恐怖活動日益猖獗」，「毒品、武器和訓練有素的武裝份子大量湧入」。[28]

因此，格拉西莫夫等俄國領導人都試圖要擴大俄國軍事實力，以削弱美國及其西方夥伴的力量，尤其是在蘇聯解體、北約和歐盟擴張後，俄國失去了大量領土和影響力。俄國領導人認為，美國所主導的國際秩序對俄國的核心戰略目標構成了威脅，這些目標包括保護俄國本土不受外國、尤其是美國的干涉和顛覆；維護國家領土完整；擴大並維持俄羅斯在東歐和中亞的核心勢力範圍；增強俄國在中東及非洲等其他地區的政治與經濟實力；擴大俄羅斯在歐亞經濟聯盟、上海合作組織甚至聯合國等國際機構中的影響力。

為了達成這些戰略目標，格拉西莫夫在建立俄國非常規戰爭能力方面扮演重要的關鍵角色。他成立了一個新的俄國特種作戰司令部，以利進行非常規戰爭。格拉西莫夫說道：「在研究世界主要國家特種部隊的組織、訓練及運作情況後，國防部管理部門也開始創建特種部隊。」同時他也說道：「現在已經成立了一個適當的指揮部來實施該計畫。」[29] 而特種部隊在經過改造後，俄國也幾乎是立刻派遣該部隊到烏克蘭進行作戰。

烏克蘭的抗議活動導致維克多．亞努科維奇（Viktor Yanukovych）總統的政府於二〇一四年被推翻，隨後俄國又透過非常規軍事手段奪取了烏克蘭領土克里米亞。格拉西莫夫及其他俄國軍事領導人所依賴的是特種部隊，而不是常規部隊。二月二十三日，俄國特種作戰司令部向該地區派遣了特種部隊和俄國空降部隊（Vozdushno-desantnye voyska Rossii, VDV）。第二天，在莫斯科當局的協助下，塞瓦斯托波爾（Sevastopol）市議會先是任命一名俄國公民為該市市長，之後俄國也迅速採取行動。二月二十七日，五十名俄國特別行動部隊（Komandovanie sil spetsial'nalnykh operatsii, KSO）成員偽裝成當地民兵自衛隊，佔領了克里米亞議會，並在議會大樓上升起俄國國旗。當天稍晚，不具國籍標示的俄國士兵更包圍烏克蘭在克里米亞的主要軍用機場貝爾貝克空軍基地（Belbek Air Base）。二月二十八日，俄國軍隊佔領辛菲羅波爾（Simferopol）的民用機場，取消所有航班，並開始向克里米亞派遣俄國空降部隊。三月一日和二日，俄國調來增援部隊，迅速佔領了該基地和軍事設施。

俄國在大約兩週時間內成功接管克里米亞，甚至比美國在阿富汗和伊拉克的行動都還要快，可以說俄國僅利用了祕密特種作戰和情報單位，便併吞了烏克蘭的一部分。俄國和烏克蘭常規部隊之間沒有發生重大衝突，這是孫子「不戰而屈人之兵，善之善者也」的教科書式範例。[30]格拉西莫夫和其他俄國領導人打造了自己的俄式非常規戰爭。

二〇一四年三月克里米亞被併吞後，俄國情報部門和特種部隊在烏克蘭東部煽動了一波民眾騷亂，並在最終引發了戰爭。在烏克蘭行動的早期階段，有六支不同的特種部隊參與其中。在接下來的幾年裡，俄國繼續在烏克蘭東部發動非常規戰爭。格拉西莫夫和其他俄國領導人可能有幾個目標，便是透過在東部發動叛亂來懲罰烏克蘭出現親西方立場；阻止基輔與西方關係的進一步深化，包括烏克蘭加入北約和歐盟的可能性；向俄國勢力範圍內的其他國家發出訊息，若是後者立場轉向親西方，就會成為攻擊目標；阻止歐美國家在俄國周邊地區採取進一步行動。俄國特種部隊又稱作「小綠人」，因為他們穿著不具標誌的綠色軍裝，向當地民兵提供訓練、武器、資金和其他援助。他們會協助建立和支持分離主義政黨和工會；援助俄國東正教軍隊及「夜狼」等準軍事組織；招募來自哥薩克、車臣、塞爾維亞和俄國的準軍事人員到烏克蘭作戰。

此外，俄國更發動了一場積極的網路攻勢。在二〇〇八年八月南奧塞提亞（South Ossetia）分離主義地區的戰爭中，俄國對喬治亞進行了有限的網路攻擊。但是俄國在烏克蘭所採取的行動有了重大升級，包括七四四五五軍事分隊（Military Unit 74455）在內的軍事情報總局（GRU）部隊（其內部稱之為「特殊技術主要中心」〔GTsST〕）便策劃了世界上最明目張膽的進攻性網路行動之一，摧毀了烏克蘭包括電網在內的多處關鍵基礎設施。俄國間諜在支持烏克蘭電網的公司電腦系統中植入了幾種惡意軟體，包括黑暗力量（BlackEnergy）、磁碟殺手（KillDisk）和工業毀滅者（Industroyer）等病毒，並對烏克蘭政府的國家財政部進行攻擊。[31]

俄國在烏克蘭東部的整體行動並不像克里米亞那樣有著明顯的勝利，因為俄國所支持的部隊未能控制大片領土。但是，這場戰役有效地在烏克蘭東部製造了冷衝突（frozen conflict），莫斯科當局可以根據政治盤算來提高或降低戰爭強度。俄國在烏克蘭東部和克里米亞展開行動後，格拉西莫夫和其他軍事領導人將重心轉向敘利亞。

到了二〇一五年，普丁、格拉西莫夫和其他俄國官員全都對不斷惡化的敘利亞局勢感到憂心，因為在過去四年中，戰事規模急劇升級。根據俄國情報部門向格拉西莫夫回報的評估，在尤其是敘利亞的中東地區，伊斯蘭國及其他恐怖組織的隊伍中，有多達四千五百名來自俄國和中亞的間諜，恐怖份子總數更是多達六萬人。[32]俄國情報部門也做出結論，認為敘利亞政府軍控制了敘利亞百分之十的領土。[33]在敘利亞北部，庫德族武裝份子以阿薩德政權為代價，奪取了越來越多的領土。在敘利亞南部和中部，伊斯蘭國則擴大其控制區域，並在北部和西部發動血腥襲擊。最後，努斯拉陣線等反抗組織擴大了其在敘利亞西北部和西南部的軍事力量，擊退了敘利亞政府軍，並威脅到主要人口中心。

當時的哈薩卡（Hasaka）、拉卡（Raqqa）、阿勒坡等城市，甚至大馬士革周邊地區都落入反抗軍之手，整個局勢似乎毫無希望。格拉西莫夫回憶道：「當時的情況可說是非常艱難。」[34]對莫斯科來說，敘利亞並不算是個普通的國家。畢竟敘利亞一直是俄國長期的重要合作夥伴，其位於塔爾圖斯（Tartus）的不凍港有助於壯大俄國的區域野心，以及其向歐洲、非洲和中東發揮投射力量。但到了二〇一五年，俄國領導人擔心華盛頓當局想推翻阿薩德政權，並以一個親美的政府取而代之，就像美國在阿富汗、伊拉克和利比亞等國所做的那樣。格拉西莫夫批評美國破壞敘利亞的穩定，並在該國建立恐怖份子庇護所。格拉西莫夫宣稱：「敘利亞事件按照利比亞的情況發展，將導致一個近期繁榮的國家成為整個地區恐怖主義危險蔓延的源頭。」[35]為因應此種日益增長的威脅，二〇一五年夏季，格拉西莫夫協助監督由俄國、伊朗和敘利亞政治與軍事領導人所參與的規劃工作。俄國隨後便在敘利亞境內和附近地區預先部署了軍隊。[36]

與莫斯科在一九八〇年代於阿富汗發動的戰役（包括十一萬五千名蘇聯士兵）不同，俄國領導人在敘利亞採取較小規模的戰略方式。根據對近期戰爭的評估，格拉西莫夫協助制定了輕足跡戰略（light footprint strategy）。俄國使用了蘇愷—24M型和蘇愷—24M2型轟炸機、蘇愷—25SM型和蘇愷—25UBM型對地攻擊機、蘇愷—30SM型多用途戰鬥機和其他飛機，以及俄國海軍艦艇所提供定位良好的空軍能力。而奪回領土的機動部隊，包括敘利亞陸軍部隊、黎巴嫩真主黨，來自伊拉克、阿富汗、巴勒斯坦領土和其他國家的其他伊朗訓練的民兵，以及瓦格納集團（Wagner Group）等俄國私人軍事承包商。在俄國的支持下，除了伊德利卜省等小部分區域外，敘利亞政權最終還是重新控制了其國內幾乎所有主要城市。

然而，敘利亞只是俄國支援非常規戰爭的眾多例子之一，俄國軍事領導人越來越將非常規戰爭視為投射和擴大俄國軍力的重要途徑。正如格拉西莫夫所強調的，「抗爭方式日益轉向綜合運用政治、經濟、資訊及其他非軍事措施，並依靠軍事力量來實施。」[37]畢竟，俄國並不是如同美國或中國一般的強國。根據二〇二〇年的估計，美國與中國的國內生產毛額是俄國的五倍之多。[38] 而在二〇二二年，中國擁有十倍於俄國的人口，美國則是兩倍以上。[39] 國防預算方面，二〇二一年時俄國僅為美國的十二分之一、中國的三分之一。[40] 因為這些限制，俄國的非常規戰略也包括許多組成部分。

首先，俄國利用進攻性網路行動和電子戰削弱對手。這些行動由軍事情報總局的七四四五五軍事分隊等小組主導，該小組策劃了一系列針對美國和其他國際目標的進攻性網路行動，其中包括二〇二〇年的奧運和帕奧、二〇一九年喬治亞的數十個網站、二〇一八年冬季奧運和二〇一七年法國大選。[41] 俄國將「崔頓」（Triton）和「黑暗力量」等惡意程式植入美國的關鍵基礎設施，從而威脅美國本土的發電廠、電網、通訊網路和金融系統。其他俄國情報機構也扮演了重要角色，尤其是對外情報局（SVR），例如，在二〇二〇年，對外情報局透過在美國「太陽風」（SolarWinds）資訊公司的軟體更新中植入惡意軟體，以藉此對數十家美國公司和政府機構進行攻擊。此外，部分總部設在俄國的網路駭客組織也發動了多次網路攻擊，例如，二〇二一年，駭客進入了美國「殖民油管」（Colonial Pipeline）公司的網路，並進行勒索軟體攻擊，而該公司供應美國東海岸近一半的燃料，包括汽油、噴射燃料和柴油等。為此，殖民油管公司不得不暫時關閉其業務並凍結其資訊技術系統，導致美國東海岸加油站出現大排長龍的現象。

其次，俄國在全球範圍內展開了積極的資訊及假消息（disinformation）宣傳活動，這讓人聯想到國家安全委員會在冷戰期間所採取的積極措施。部分俄國政府文件將這些行動稱為「資訊安全」（informatsionnaya bezopasnost），其中包括影響各國及其人民的思維，並最終影響他們的行為。[42]俄國試圖要影響二〇一六年和二〇二〇年美國總統大選的結果，莫斯科還在美國國內發起了一批廣泛的假消息活動，試著透過「黑人的命也是命」、「新型冠狀病毒肺炎」、「Me Too」運動、槍支管制、白人至上主義、墮胎和移民等問題煽動社會、種族和政治緊張局勢，這些活動由軍事情報總局的七四四五五軍事分隊等小組主導。在格拉西莫夫的參與下，俄國機構也利用祕密組織來協助進行資訊活動，例如網路研究機構（IRA），這是一個與葉夫根尼・普里戈津（Yevgeny Prigozhin）有關聯的俄國組織，普里戈津更是跟普丁與俄國情報部門關係密切。網路研究機構創建社群媒體群組和帳戶，謊稱隸屬於美國政治和基層組織，以影響美國公民。俄國情報機構也進行了廣泛的假消息活動，包括抹黑美國支持在敘利亞和阿富汗等國的伊斯蘭國和其他恐怖組織。

第三，俄國利用軍事情報總局、對外情報局、特別行動部隊和其他祕密單位進行活動，例如訓練外國軍隊、指揮作戰行動和策劃目標暗殺。舉例來說，位於莫斯科郊區第一六一特種專家訓練中心總部的軍事情報總局二九一五五分隊就與幾起事件有關，即二〇一四年襲擊捷克彈藥庫；二〇一五年毒殺保加利亞軍火商埃米利安・格布雷夫（Emilian Gebrev）；二〇一六年蒙特內哥羅（Montenegro）政變未遂；毒殺叛逃到英國的前軍事情報總局官員謝爾蓋・斯克里帕爾（Sergei Skripal）；向阿富汗的塔利班武裝分子提供援助，以打擊包括美軍在內的外國軍隊；以及二〇二〇年毒殺俄國反對派領袖阿列克謝・納瓦爾尼（Aleksei Navalny）。俄國情報機構也資助美國及海外的白人至上主義及其他極右團體，其管道主要是透過前線組織，並透過祕密手段在網路和社群媒體上傳播白人至上主義和其他極右宣傳。此外，軍事情報總局和對外情報局也暗中支持歐洲的政治領袖，其中包括義大利的聯盟黨（Lega Party）及奧地利的自由黨等極右翼組織，想藉此削弱這些國家的力量，並以更為全面的方式破壞其民主。

第四，莫斯科擴大採用瓦格納集團等私營軍事公司進行行動的戰略，範圍擴及到四大洲約三十幾個國家。瓦格納集團及其他私人軍事組織開始在蘇丹、利比亞、烏克蘭、敘利亞、中非共和國、莫三比克、馬達加斯加和委內瑞拉等國展開相關行動。格拉西莫夫看到美國在伊拉克、阿富汗和利比亞等戰役中，採用私人軍事公司的比例越來越高，他也開始支持將類似的俄國公司納入戰役。普里戈津所領導的瓦格納集團是俄國最大的私人軍事公司，該公司在海外執行各種任務，其提供的服務包括戰鬥支援、培訓、保護服務和現場保全。俄國利用私人軍事公司的戰略目的相對簡單，即是削弱美國的力量，增強俄國的影響力。俄國的戰略包括利用低調、可拒止的軍力，例如激進組織和私營軍事公司，它們可以做任何事情，從為外國領導人提供安全保障，到為合作夥伴的安全部隊提供培訓、建議和協助。

儘管格拉西莫夫採用非常規戰略發動戰爭，但俄國的努力並不總是能夠成功。例如，俄國在烏克蘭的行動就未能推翻後者的親西方政府，也導致了幾起令人尷尬的事件，就像俄國所支持的叛軍曾在二〇一四年七月擊落從阿姆斯特丹飛往吉隆坡的馬來西亞航空十七號航班。此外，美國和其他西方國家政府針對俄國實施制裁行為，以反制其一系列違法活動，例如目標暗殺、攻擊性網路行動、影響美國和其他西方國家選舉的假消息，這也對俄國的經濟造成了損害。此外，美國和歐盟也將多家俄國公司列入黑名單，將俄國外交官驅逐出境，並頒布針對俄國官員的旅行禁令。華盛頓甚至禁止美國銀行向俄國中央銀行、國家財富基金和財政部購買主權債券。二〇二二年俄國入侵烏克蘭後，美國和其他西方國家都對俄國實施了更多制裁。

最後，俄國及其所支持的組織所犯下的暴行和侵犯人權的行為，都引發了廣泛的國際譴責和法律行動。例如，二〇二一年，一群聯合國專家公開譴責俄國在中非共和國使用私人軍事公司，包括西華保全公司（Sewa Security Services）、洛巴耶投資公司（Lobaye Invest

SARLU）和瓦格納集團。[43]二〇二一年，人權觀察（Human Rights Watch）就曾記錄了幾十名利比亞人被瓦格納集團員工埋設的地雷炸死的案件。[44]在敘利亞，俄國也曾出手阻止多項針對敘利亞政府對本國民眾使用化學武器的國際調查。這些問題都是俄國全球形象的污點，也反映了非常規戰爭的限制。

IV

蘇萊曼尼和格拉西莫夫的行動，彰顯了各國過去及未來可能的一種重要競爭方式。大國將繼續建立常規軍事能力及核能力，並為常規戰爭和核戰做好準備。二〇二二年俄國入侵烏克蘭，便足以說明常規戰爭並未消失。不過，俄國和伊朗等國也將持續發展非常規能力。基於以下幾個原因，非常規戰略和能力很可能還是相當重要，因此也是未來幾年各國際大國關注的焦點。

首先，核子大國之間的戰爭很可能代價過高，尤其是在相互具有二次打擊能力的國家之間，在這種情況下，衝突中的任何一方都無法以發動第一次打擊來阻止其他國家的報復。若是具有二次打擊能力，就有可能造成城市大規模毀滅、數十萬人死亡、重大經濟損害和長期健康影響。正如戴高樂（Charles de Gaulle）在一九六〇年五月所說：「（核戰之後）雙方將既無權力，也無法律，既無城市，也無文化，既無搖籃，也無墳墓。」[45]幾十年後，美國總統雷根（Ronald Reagan）和蘇聯領導人戈巴契夫在一份聯合聲明中表示同意，並得出結論：「核戰不可能打贏，也絕不能打。」[46]

核武大國之間的常規戰爭，其代價也可能是驚人的，至少因為它們都有升級為核戰的風險。格拉西莫夫在強調增加使用非常規方法比例時寫道：「大型部隊在戰略和作戰層面的正面交鋒正逐漸成為過去。」[47]根據某項分析，中美戰爭可能會使中國的國內生產毛額減少三十五％，使美國減少十％，造成廣泛的經濟性破壞。[48]美國和中國很可能會有大量軍人和平民喪生，其軍事力量也可能遭到大規模破壞。若是戰爭擴大到其盟國，就像兩次世界大戰及韓戰，經濟和傷亡數字便更有可能會進一步飆升。

許多戰爭可能發生在競爭對手的本土或本土附近，像是與伊朗在波斯灣，與俄國在波羅的海國家，或與中國在南海或台灣海峽。正如某些戰爭競賽所強調，美國及其合作夥伴可能會瞄準伊朗、俄國或中國境內或周邊的防空系統、通訊總部、飛彈基地和其他軍事目標，並面臨升級為核戰的風險。[49]基於這些可觀的代價和風險，各國領導人很可能會在與其他大國，尤其是核武大國，進行常規戰爭或核戰的選擇上望而卻步。這對美國來說尤其如此。

畢竟，美國仍然是世界上主要的常規軍事和核武大國。二〇二〇年，美國的國防預算（根據某些標準）大致相當於其後十五個國家國防預算的總和。[50]美國的陸地、空中、海上、太空和網路能力十分強大，對俄國、伊朗甚至中國來說，選擇與美國打一場常規戰爭或核戰，確實是一個風險很大的危險命題。

其次，非常規戰爭已被證明能成功削弱目標國家。正如格拉西莫夫所言，非常規戰爭可以在目標國製造「完全混亂、政治危機和經濟崩潰的狀態」。[51]此外，正如格拉西莫夫和蘇萊曼尼都認同，美國及其他西方國家很容易受到非常規戰略的攻擊。美軍曾在阿富汗、伊拉克、索馬利亞和其他國家，跟裝備簡陋的叛亂組織搏鬥。二〇二一年自美國從阿富汗撤軍之後，與美國纏鬥了二十年的塔利班便在幾週內推翻了阿什拉夫・加尼（Ashraf Ghani）政府。此外，美國和其他民主國家擁有政治分歧的社會、高度數位化的經濟、開放的民選政府，以及自由的新聞媒體，而這些全都是對手試圖透過非常規手段操縱的目標。

這些實際情況大大激勵了各國政府投入於非常規戰爭之中。蘇萊曼尼和格拉西莫夫都是舊世代祕密戰士的後代。他們不是第一個，也不會是最後一個，但是他們所運用的非常規戰爭戰略將被世世代代所研究，成為國家如何在維持低於常規戰爭和核戰門檻的情況下，試著改變權力平衡，使情勢扭轉成對己有利的範例。

Chapter

7

脆弱的力量：金氏王朝與北韓生存戰略

蘇米．特里（Sue Mi Terry）在威爾遜中心的現代汽車韓國基金會中心（Hyundai Motor-Korea Foundation Center）擔任韓國歷史與公共政策的負責人。曾經是中央情報局的分析師，也曾經在二〇〇九至二〇一〇年加入國家情報委員會，以及在二〇〇八至二〇〇九年加入國家安全委員會。

一九五〇年六月二十五日，北韓軍隊入侵南韓，這是一場代價相當高，甚至是悲劇性的錯誤。雖然北韓軍隊一開始取得成功，但隨後被麥克阿瑟（Douglas MacArthur）帶領的聯合國軍隊攻打得節節敗退，美國和聯合國軍隊幾乎一路挺進中韓邊界鴨綠江。而後僅僅是因為中國志願軍進行大規模且代價高昂的干預，金氏政權才得以倖存。然而，隨後數十年裡，北韓不只是因為受到中國或俄國的庇護才得以生存，金氏王朝在蘇聯瓦解以及後毛澤東中國經濟改革下依然存活下來，同時也學會了操縱支持他的那些強國。

即使在經濟狀況不佳的情況下金氏王朝仍然存活著，儘管與其民主陣營對手南韓間的距離日益擴大。一九六〇年的北韓仍然為一工業強國，不管從軍事上或經濟上都遙遙領先其南邊較為貧窮的表親南韓。如今，堅持馬克思計畫經濟的北韓已然為世界上最窮的國家之一，而實行自由市場的南韓卻已列入最富有的國家之一。因為技術上的優勢及擁有世界上最強大武裝實力的同盟國——美國，南韓在常規軍事上已取得相較於北韓的優勢。

即使遭遇數十年來的制裁和可能導致政權滅亡的挫折，北韓依然存活了下來，屏除人民外，政權反而更加繁榮了。在這過程中，北韓成了在強國間游刃有餘的典範，展現出一個經濟弱勢且落後的國家如何運用軍事、安全、外交及情報資源來確保政權的生存。北韓已然成為戰略跆拳道大師，正如在跆拳道中，運用快速的踢打致使對手失去平衡，北韓學會了如何使用軍事挑釁及邊緣策略來使首爾、華盛頓和東京這些主要對手步履維艱。強大的核武庫結合打擊美國本土的導彈能力，這些發展極大地強化北韓的影響力，平壤已經完善了地緣勒索這門藝術，利用挑釁和威脅來爭取他國讓步以確保政權的生存。

北韓一方面對敵人強調力量，同時另一方面也利用其外部主要的支持者——中國的弱點，北京和平壤時常存在分歧，中國較謹慎且改革主義的領導人希望北韓在經濟現代化及減少軍事挑釁上能夠多出份力，因為這會使得美國正當化其在區域的軍事角色。但因為北京並不想承擔北韓崩潰的後果（這會導致大批難民湧入中國境內及美國軍隊再次進入鴨綠江），因此中國從未發揮對北韓的經濟影響力，平壤之所以能夠持續操作使中國不悅的行動，同時依然免於中國的強硬制裁，則是因為中國無法承受因為無限期切斷對平壤的燃油及其他供應，而導致金氏政權垮台的風險。

與此同時，北韓採取無情的史達林主義壓制平民，透過重疊及垂直集中的國內情報和警政系統，施以嚇阻及恐懼的手段來控制人民。金氏家族更透過意識形態及資訊壟斷來控制人民。最後，或許是最重要的，政府對黨內、軍隊及政府內的權力掮客或「股東們」給予權力和名望，如他們超出界線，則給予嚴厲的懲罰，因此金氏政權的生存獲得精英階層的支持，即使那並非出於忠誠使然。

北韓對生存而採取的狡猾、殘酷且不擇手段的策略，並非隨著政權的誕生而一蹴而就，而是歷經三代而孕育且完善的。本文將從政權創始人金日成統治期（從一九四八至一九九四年逝世止）、他的兒子金正日統治時期（從一九九四至二〇一一年逝世止），以及他的孫子金正恩在位的第一個十年（從二〇一一年起），這三個時期的外在權力及內部人民這兩個面向來檢驗北韓生存策略的發展。這三位領導人共同建立並維持了這世上第一個也是唯一一個世襲、儒家—馬克思主義混合體制的獨裁政權，該體制包含奇異的國教、意識形態的灌輸、壓制性的極權系統，以及對核武與邊緣政策的不懈追求。

I

一九五三年韓戰結束後，北韓實質上為蘇聯的傀儡國家，政治與經濟上均仰賴莫斯科。北韓的政治精英內部矛盾重重，與今日金氏家族獨裁體制相去甚遠。

金日成（原名金成柱）出生於日本正式殖民朝鮮半島兩年後的一九一二年四月十五日，七歲時離開北韓與家人抵達滿洲。金日成來自一個平民家庭，父親曾是一名藥草師，後來成為一名民族主義的倡議者，曾因參與活動而遭受日本政權監禁；母親則是一名裁縫。金日成隨後來到蘇聯並入伍成為蘇聯軍官。居住在蘇聯期間，他建立了與蘇俄的聯繫並學會俄語。一九三〇年代與一九四〇年代，他作為反日統一軍的一員，參與對抗日本佔領朝鮮的戰爭，這支軍隊也曾駐軍於中國共產黨控制的中國東北部。

日本投降後，金日成於一九四五年十月十日回到北韓，當時的他沒沒無聞，年齡只有三十三歲，但因擁有當時佔領北朝鮮半島的紅衛兵支持而受到英雄式的歡迎。在與韓國民主主義派的激烈爭權後，金日成於一九四八年九月九日當選北韓的第一任總統。韓戰期間，他鞏固自己的權力，並在一九五〇年代有系統地清洗了敵對的政權派系。

一九五三年史達林（Joseph Stalin）逝世後，蘇聯展開去史達林行動，最終導致中蘇關係逐漸惡化，這反而給了金日成自由操縱及採取更獨立的政策，他依賴那些向他一樣的一九三〇年代抗日戰爭「游擊隊」老兵們的支持，在策略上擊敗了親中延安派及親蘇派，並且同時維持莫斯科和北京的支持，因為兩個共產國家都害怕如果停止對北韓的支持，那麼會造成北韓與另一國結盟。一九五六年八月，其他派系在朝鮮勞動黨中央委員全會上最後試圖阻止金日成累積權力失敗後，金日成將親蘇和親中的競爭對手貼上受外國勢力影響的標籤，所有的政敵隨後不是被清洗就是流亡。金日成於一九六一年朝鮮勞動黨第四次代表大會上贏得最終勝利，當時的他被讚譽為「偉大的領導人」。

金日成牢牢掌握權利後，他停止盲目地效法蘇聯式共產主義，相反的，他推出主體思想政策（Juche），融合了北韓民族主義及個人崇拜。在國內，主體思想政策使他能夠建立全然的控制權；在國際上，讓他在維持北京和莫斯科援助的同時，也能獲得一定的自主權。

建立於毛澤東致力將馬克思列寧主義的思想「中國化」的基礎上，主體思想強調所有朝鮮的事物優於一切外國事物，因而彰顯金日成身為北韓統治者的優越性。透過宣揚世界文明皆來自朝鮮半島，而朝鮮人為天選之民，具有歷史使命拯救人民免於資本唯物主義、消費主義、頹廢文化及淪喪道德的腐蝕。如一名學者指出的，主體思想政策對提升金日成的控制與權力上具有相當重要的角色。[1]

雖然北韓禁止基督教及其他宗教，但主體思想的崇拜中卻含有基督教的元素，這可能是因為金日成的母親是基督徒。北韓有一本書籍《偉大領導的教義》，即類似聖經，書中的「統一思想系統的十大原則」就如十誡，被視為該國最高法律；還有一首「偉大領導人頌」也類似於詩歌；據估計，北韓約有四十五萬所金日成思想學院或革命研究中心，則類似於教堂。[2]每個北韓人民都有義務成為某個組織或聯盟的一員（兒童、青年、工人、勞動者、農民或婦女聯盟），並參加每週基於十大原則的會議，接受指導、啟發、自我或相互的批判。

當然凌駕所有事物之上就是北韓的神，「偉大的領導人」金日成，然後是「神之子」，即親愛的領導人——金正日。金日成個人崇拜如同救世主的程度，在一個面積如同密西西比州大小的國家內遍布超過三萬座偉大領導人的雕像，還有金日成體育館，仿效巴黎凱旋門卻更大的凱旋門，以及使用超過兩萬五千五百塊白色花崗岩砌成的主體思想塔，每一塊花崗岩都代表著在一九八二年思想塔建成前金日成生活過的每一天。北韓曆法以金日成的出生為起點，因此以一九一二年為元年，而金日成的生日被稱為「太陽節」，代表著太陽於世界上升起。每位北韓成年人均需要在胸前配戴金日成或金正日的徽章，北韓人民也被訓練將金日成的畫像和徽章視為比他們的生命或所愛的人還要重要，即便在火災或洪水時也必須如此。大約有三〇%的大學教育時間都用於金日成思想的研究上，每個人每天都有義務至少花兩小時研讀金日成的著作。其他國家也都有過奇特的個人崇拜，如蘇聯下的史達林、中國的毛澤東（現為習近平）、阿爾巴尼亞的霍查（Enver Hoxha）、利比亞的格達費、委內瑞拉的查維茲（Hugo Chavez），以及伊拉克的海珊，卻沒有一位像北韓如此極端。

為了扼殺任何自由思想，自從金日成時代以來，北韓建立了世界上最完備的警察國家控制系統，相比之下，中國實際上還是個自由國度。在北韓，所有的廣播和電視頻道只能接收到國家廣播，國外出版品及影片都是被禁止的，僅有少數備受寵愛的官員被允許出國，告密者和政府特務滲透在社會之中，公共安全部和祕密警察（即國家安全部門）在逮捕國家的嫌疑犯後會送往殘酷的政治勞改營——管理所（Kwanilso），這是仿效蘇聯式的古拉格（gulag），而裡面的囚犯必須承受繁重的勞力工作以及歐威爾式的自我批判儀式。

會被送到管理所的罪行包括觀看南韓的電影、試圖前往中國、擁有聖經、坐在或污損金日成的照片，或者僅僅只是與政治犯有關聯，當一位家庭成員犯了政治罪時，多達三代的家族成員會遭到監禁。聯合國報導指出接近三分之一的政治犯是因為連坐罰而受到關押的。據估計在金日成時期，管理所關押了二十萬罪犯，現今人數下降為八萬至十二萬。[3]一座位於咸鏡北道的管理所就大約是華盛頓特區的三倍大，而政治犯不會被告知他們犯了什麼罪，也不知道會被關押多久時間。

北韓社會是依照對國家忠誠度為基礎來建立的世襲種姓制度，每一個人從出生就依照「成分」（Songbun）來分類，即社會政治背景。成分有三個主要的分類——「忠誠」、「動搖」、「敵對」以及五十一項次分類，這些分類都基於他們的家族是否為抵抗日本佔領的忠誠革命份子（核心）、地主、資本主義份子，或是日本帝國主義的合作者（敵對），以及介於既非主動敵對也非友善的人（搖擺）。[4]這些分類為世襲的且對一個人生活各方面都具決定性，例如上哪所學校、與誰結婚、在哪工作、是否會被指派不重要且繁重的工作、是否受到較好的醫療照顧，甚至是食物的取得。雖然在其他國家，歧視來自於種族、宗教或其他因素，但是在北韓，歧視來自於金氏政權將對方視為敵人或者朋友。金日成所建立的體制是極權且殘酷的，但對鞏固其家族對北韓的控制卻非常有效，直到今日，這套方法的基本元素依然維持不變。

與此同時，在外交關係上，金日成發展出一種恃強凌弱、擦邊球和勒索的策略，在美國、南韓和日本這些主要敵人無法防備的情況下增強自身的軍事實力。北韓最終的目標是將美軍從南韓驅離，並在他的統治下達成朝鮮半島的統一。同時，透過對抗國外的「資本主義者」及「封建主義者」，金日成在國內權力和實力的形象也得以增強。

一九五〇年代，金日成雖主要專注於鞏固國內勢力，然而一九六一年南韓的政變對他造成了影響，這場政變使反共親美將軍朴正熙成為南韓總統，這促使金日成發起滲透、顛覆及恐怖的行動對抗南韓政府，期望能夠在南韓煽動革命以推翻朴正熙政府並統一南北韓。

北韓的祕密攻擊行動在一九六八年的一月二十一日達到高峰，那時金日成派遣三十一名稱為一二四部隊的突擊隊試圖潛入南韓總統府青瓦台暗殺朴正熙，這些突擊部隊身穿南韓軍裝潛行到距離青瓦台僅一百碼後爆發槍戰，槍戰中二十九名北韓突擊隊員、兩名南韓軍人及四名美國軍人喪生，此行動終告失敗。在青瓦台遭受襲擊的兩天後，北韓擄獲一艘美國間諜船普韋布洛號通用環境研究艦（USS Pueblo），而其船員遭囚禁將近一年，直到美方為其在北韓進行間諜活動道歉後才獲釋，雖然這則道歉發出後即迅速撤回。次年，一九六九年四月十五日，北韓擊落一架美國偵察機EC-121，造成全部三十一名機員喪生，這是冷戰期間美國機組人員損傷最為慘重的事件。金日成隨後對南韓發起更多攻擊，一九六九年九月十七日，北韓臥底人員在一個名為莞島的小島附近殺了七名南韓人民；一九七〇年六月五日，一架南韓客機遭劫持至北韓。

與此同時，北韓於一九六〇年代至一九七〇年代積極建構自己的軍隊，一九五九年國防支出佔國家預算僅四％，一九六〇至一九六六年則上升至年平均二〇％，一九六七至一九七一年來到三〇％。[5]一九六〇年代早期朝鮮人民軍（KPA）僅有三十萬名軍人，到了一九七〇年代後期，北韓擁有近一百萬的武裝人員（北韓當時人口為一千七百五十萬人）。一位學者表示這相當於「長期的總體動員戰爭」。[6]

加強常規軍事實力的同時，金日城也開始追求核武，其認為擁有這項終極武器是鞏固政權安全的必備要素，這項武器不僅能夠提升政權聲望，也能夠嚇阻任何美國的攻擊，並且有可能強迫南韓走上統一。金日成對核武的渴望萌芽於一九五〇年代，當時透過與蘇聯核能科學家及工程師合作，北韓科學家因而獲得基本的核能知識。一九六〇年代中期，金日成更加投入發展核能，因為當時莫斯科提供北韓先進的核能反應科技及基礎建設，涵括一九六五年開始協助在寧邊附近建造一座八兆瓦的研究用反應爐。金日成於一九七〇年代及一九八〇年代間迅速擴大北韓的核能計畫，他開始累積「敏感的核能科技」，包括核廢料再處理技術、鈽，以及發展鈾製造與轉化設備。隨後他更建造一個重要的核能複合體，包括一九七〇年代及一九八〇年代間在寧邊建造一座五兆瓦的反應爐。一九七一年當尼克森政府對中國敞開大門時，南北韓間曾出現短暫的緩和氣氛，看到北韓主要盟友與主要對手取得友好關係讓金日成感到不安，因此，在一九七一至一九七三年間，北韓歷史上首次與南韓進行直接的高層對話，但這次緩和迅速地瓦解，北韓重拾對南韓的攻勢。一九七四年八月十五日，北韓間諜試圖暗殺正在首爾國家戲院演講的朴正熙，然而槍手失誤反而錯殺第一夫人陸英修。

一九七〇年代中期，北韓在與南韓的經濟競賽上已呈現頹勢，南韓從赤貧中崛起一躍成為亞洲四小龍之一。南韓的人均收入更在一九七〇年代中後期迎頭趕上更工業化的北韓，並持續拉開兩國的差距。為了應對此情勢，北韓先以賒欠的方式從西歐和日本購買科技、資本設備以及整個工廠設備，為「大躍進」做好準備。北韓原先預計以出口收入來支付這些設備的進口，但在一九七〇年代全球經濟動盪、通貨及能源價格高漲的背景下，它已經無力負擔不斷增加的外債，最終，在一九七六年，北韓對西方債權國的外債已達四十六億美元，約為其每年出口收入的六倍。[7]

一九七九年南韓總統朴正熙遭到國內中央情報局（KCIA）暗殺，以及次年全斗煥發動的軍事政變導致南韓局勢震盪。當時金日成決定不與全斗煥政權打交道而轉為採取高調的恐怖行動，試圖破壞日益繁榮且安穩的南韓。一九八三年十月九日，一名北韓間諜企圖在全斗煥拜訪緬甸仰光時用炸彈暗殺他，雖然全斗煥從這起爆炸案中倖存下來，但造成二十一名人員喪生，其中包括四名南韓內閣部長及十三名官員。四年後的一九八七年十一月二十九日，兩名北韓間諜在大韓航空八五八號班機安置威力強大的炸彈，造成一百一十五名人員喪生。金日成目的是為了阻止各國參加一九八八年的漢城奧運，但奧運依然順利舉行，並且進而提高南韓的國際地位。一九八七年，南韓舉辦了首次總統大選，這是其成為民主國家的一個重要里程碑，因而讓南北韓之間的差異更加明顯。

同一時期，北韓軍隊於一九八七年達到一百二十五萬人，這是世界上第四大的軍隊，但這也讓北韓承受重大的負擔。[8] 到了一九八〇年代中期時，北韓經濟已然停滯，甚至倒退，因而迫切地需要自由市場改革，類似一九七九年中國的改革開放，但因為金日成不願冒風險動搖其政治地位，因此改革從未來到。一九九一年蘇聯解體更加劇了北韓的困境，到了一九九三年，北韓從俄國的進口甚至不到一九九〇年進口量的十分之一，此一情勢造成北韓三分之二的進口能源都必須仰賴中國，但此時的中國不再需要與俄國爭奪在北韓的影響力，中國也縮減了援助，因此北韓被迫大幅減少約四分之一至三分之一的總石油消耗量，[9]這也為一九九〇年代的食物短缺和嚴重飢荒拉開了序幕。

當北韓尋求脫離國際孤立和經濟崩潰的道路時，它的核能計畫變得更加重要，核能不僅可作為軍事嚇阻和政權存活的工具，還可作為平壤與華盛頓、首爾及南韓等對手打交道的主要籌碼。一九九三年，北韓宣布《核武禁擴條約》（Nuclear Non-Proliferation Treaty）引發第一次的核能危機，隨後北韓拒絕國際原子能總署（IAEA）檢核境內設施及驅逐檢核人員，促使美國自韓戰後首次將軍事行動納入考量。美國國防部長威廉．裴利（William Perry）發出警告，表示華盛頓竭力阻止北韓發展核武，即使這意味著「以可能會造成災難性戰爭的方式來面對它們」。[10]美國國防部開始加強朝鮮半島內外的軍事部署，柯林頓政府的戰爭計畫，包括部署巡航飛彈及F-117隱形戰機來摧毀北韓在平壤的再處理廠。

但是，柯林頓政府猶豫了，正如他之後所有的繼任者一樣不願對北韓發起先發制人的攻擊。單次的空襲，或即使是一系列的攻擊都只能延緩卻無法逆轉北韓核武的發展。雖然全面戰爭能幾乎確保北韓的戰敗，但代價卻是無法承受之重，光是北韓的砲擊就有可能造成首爾二十五萬人的傷亡，據估計總死亡人數可能達到一百萬。[11]

一九九四年六月十五日，邁向衝突的步伐停了下來，美國前總統吉米．卡特（Jimmy

Carter）前往北韓與金日成會面，並成功啟動談判。雖然金日成在卡特離開平壤不到三週後因心臟病發作而逝世，但他的繼任者金正日繼續談判的進行，最終兩方於一九九四年十月二十一日簽署《框架協議》（Agreed Framwork）。根據該框架，平壤必須在國際原子能總署的監督下凍結其石墨核反應爐的運作，隨後再進行拆除，並將現有的核廢料運出北韓。而作為回報，美國同意每年提供五十萬噸重質燃油，並且建立國際組織協助北韓以較不危險的輕水科技建設核能反應爐（南韓同意主要負擔製造與提供輕水反應爐，成本大約四十至五十億美元，而日本則負擔剩餘成本的大部分），隨後美國應該逐步放寬貿易、投資及外交聯繫的限制，最終實現關係正常化、提供安全保證及建立全面外交關係。美國雖然避免了戰爭的爆發，但是後來發現，北韓對於遵守協議規定並不感興趣。

II

《框架協議》象徵著一個短暫的時代，部分西方人士想像著北韓在一個新的統治者領導下局勢朝改善前進，這位領導者或許比起他的父親更加自由，也或許直接就被推翻，因為北韓目前已經不再擁有莫斯科或北京的支持。然而，這些幻想很快地破滅了。

金正日的出生很有可能是一九四一年在俄國哈巴羅夫斯克（Khabarovsk）的游擊隊營裡，而非他官方傳記裡所稱一九四二年在白頭山（韓國文化中傳奇性且象徵性的地點），他的出生年份也更改為一九四二年，為了更好與他父親的出生年一九一二年相對應。金正日不像他父親一樣有著軍事資歷，也沒有英雄般的游擊行動，他的童年時期反而充滿了悲劇，母親因分娩時難產死亡，弟弟也在他三歲時身故。韓戰期間，金正日與他的妹妹金敬姬搬到中國，據他自己所說，他的童年相當孤獨，與繼母間的關係有礙。儘管如此，身為偉大領導人的長子，他享有一切的特權。一九七〇年代，金日成開始培養金正日為他的繼承人。

金正日缺乏如他父親的沈穩、和藹和魅力，但他掌握同樣的壓制方法依然能夠在繼任的鬥爭中鞏固自己的位置。他狡滑地外放同父異母的弟弟金平一到遙遠的崗位，並且抹黑叔叔的名譽，他無情地攻擊那些被認為不忠心的人，並在他父親面前散布對他們的疑慮。與此同時，他將特權職位分派給與父親親近的兄弟姐妹們，藉以取悅他們並且正當化世襲權力的轉移。金正日也維持他父親一貫的政策，施行恐怖行動、鎮壓、宣傳、意識形態灌輸及資訊封鎖。

金正日上位的時期剛好與一九九五至一九九八年的饑荒不謀而合。儘管確切的數字不為人知，但保守估計因饑荒導致死亡的人數在六十萬至一百萬間，約佔北韓人口的三至五%。[12]在這艱難的幾年間，金正日政權依然靠著維持菁英的支持和外援來得以生存，而國際社會對饑荒的響應是在接下來的十年間提供二十億美元的食物援助。[13]但是金正日並沒有將這些外援用以補充自己的食品進口，而是將這些援助取代進口，因而當接受到更多外援時，他反而減少食品進口，讓人民失去生存所需的食物。在食物危機發生後的緊要時刻，南韓對維持北韓政權起了相當重要的作用，一九九八年進步派的金大中就任南韓總統，當時他推出所謂的「陽光政策」，透過合作與援助來與北韓交往，這一政策也在金大中後的總統盧武鉉時期得以延續。在陽光政策下，南韓在十年內向北韓增加額外八十億美元的經濟援助。[14]

在北韓人民吃著草和樹皮，屍體堆積如山，被遺棄或父母雙亡的孤兒在街頭遊蕩時，金正日卻持續將資源花費在奢侈品上，藉以獲得那些忠誠者持續對政權的支持。在一九九五年大饑荒的高峰，金正日為錦繡山紀念宮揭幕，這是一座估計耗資八億美元建造的金日成陵墓，[15]此外，更花費數百萬美元為已故的父親舉辦生日慶典。而對此政府另一項重要事務則為軍隊，金正日將市民的食物配給重新發派給軍隊，並持續將有限的資金投入彈道飛彈、核武及其他軍事技術之上。一九九六年，金正日雖承認「目前最迫切的是要解決糧食問題，糧食問題正造成無政府的狀態」，但即便如此，他還是將資源用於政權的生存，而非人民的生存。[16]

金正日與他父親政策上最主要的差異，在於他將軍事置於優先位置，正如同政權的防衛堡壘一般。透過「先軍政治」（Songun），金正日正式將朝鮮人民軍提高至政權內最高地位，甚至高於朝鮮勞動黨。而朝鮮勞動黨也採用「軍隊即是黨、人民和國家」此口號。[17]與古典馬列主義原則的相反下，軍事至上政策宣告了「槍口應該放在錘子和鐮刀之上」。軍事至上於一九九八年正式編入修改後的憲法中，賦予軍隊在北韓政府及社會的主導地位。

根據主體思想哲學作者及北韓最高階級脫北者黃長燁所言，軍事至上的主張原本來自軍隊領導階層與金正日之間妥協的一部分。當金日成逝世後，軍隊領導接受金正日上台，作為回報，軍隊在權力結構及政策制定上獲得更大的權力。北韓從大約一九八〇年後沒有任何高階軍事人員被提升到政治局，然而當金正日就位後就立即提拔數位高階軍事人員至政治層級。本質上，他透過賦予軍方政策影響力和聲望，以及相當比例的國家預算（大約為國內生產毛額的二十到三十%），使軍方納入其麾下。[18]

在一九九四年，美國領導人正以為用外交手段避開了一場核武危機，但金正日對此卻有不同的解讀。在他看來，是北韓的軍事實力迫使美國遲遲無法採取先發制人的行動，這觀點在某種程度上是滿有道理的。美國和南韓都清楚北韓部署在非軍事區（DMZ）北部的大砲能在危機發生後的幾小時內摧毀首爾，可能導致數十萬人喪生，其中包括美國軍隊。即便有《框架協議》的存在，這種軍事威懾力依然讓金正日更加確定追求核武的路線。在北韓經濟的衰退、蘇聯集團的瓦解及中國的改革下，核武成為金正日手中唯一的牌。金正日如他父親金日成般深信，即便像美國這樣的超級強國也不敢攻打、甚至不敢明顯地破壞一個擁有終極武器的國家。因此，金正日不僅沒有停止從父親那繼承下來的核武和彈道飛彈計畫，更是加速推進。

現在我們就可以知道，雖然一九九四年北韓的凍結鈽發展計畫為《框架協議》的一部分，但實際上它卻開始認真追求發展濃縮鈾。一九九〇至一九九六年間《框架協議》簽署時期前後，[19]巴基斯坦透過前頂級科學家阿卜杜勒．卡迪爾（Abdul Qadeer）將濃縮鈾的關鍵數據儲存在光碟中，提供給北韓換取飛彈技術，與其他流氓國家的合作也是北韓生存策略之一。

二〇〇二年十月，由美國助理國務卿詹姆斯．凱利（James Kelly）率領的代表團向北韓官員提出問題，據美國情報指出北韓正祕密發展使用鈾替代鈽的核能計畫，而北韓基本上也承認此計畫，儘管這個濃縮鈾計畫違反北韓與南韓及美國間的協議。小布希（George W.

Bush）政府對此做出停止供應北韓重質燃油的回應，國際原子能總署則通過一項決議，呼籲北韓對其祕密的鈾計畫誠實交代。然而北韓對此決定以重啟核反應爐、驅逐國家觀察員、拆卸設施封條、關閉監視鏡頭及宣布北韓退出《核武禁擴條約》作為回應。二〇〇六年十月，北韓進行了第一次核武試爆。

當時美國政府深陷伊拉克與阿富汗兩場戰爭中，因此不願再陷入第三場戰爭，而小布希總統因採取破壞《框架協議》的強硬政策而飽受批評，被視為是導致北韓首次試爆的原因，因此在二〇〇五年由中國、日本、北韓、俄國、南韓和美國召開的多邊六方會談中，美國做出重大的讓步。二〇〇五年九月，六個國家達成一項被視為是突破性的《聯合聲明》協議，所有國家聲明會一起朝向朝鮮半島真正非核化努力，平壤也會放棄所有核武及現有的核武計畫。[20]儘管最初達成了協議，但也花費了十七個月才在實施的第一步上達成共識。

為了與北韓取得進展，小布希政府做了重大讓步。例如，它放棄限制北韓精英金流的有效政策，二〇〇七年九月，美國財政部對澳門的滙業銀行（Banco Delta Asia）實施制裁，據稱北韓在此銀行存有兩千五百萬美元，因此封鎖了北韓外匯的主要來源。[21]一名北韓官員告訴美國外交官稱他們終於找到能打擊金正日政權的方法。然而，小布希政府為了吸引北韓重回談判桌，解除了對滙業銀行的制裁，金正日也在談判中承諾放棄核武計畫。不幸的，在籌碼交換過後，談判還是因核能審查問題而破裂，北韓拒絕國際原子能總署檢查員進入其設施。

二〇〇九年，金正日完全放棄六方會談，轉而更加努力發展核武能力。四月北韓發射了一枚遠程火箭，同年五月則進行第二次核武試爆。這已然確認了擁有核武成為政權正當性和權力的重要元素。

III

金正日於二〇一一年去世後，他二十七歲、一臉稚嫩的兒子金正恩接任上台，這讓許多韓國觀察家預料將會帶來政權的不穩定，那些已逾古稀之年，崇尚儒家文化價值重視年齡和經驗的北韓精英們，是否願意接受一個年輕第三代繼承人的統治。有人推測金正恩可能只會成為一個名義上的領導人，而幕後可能會與金正日信任的姊姊金慶喜及她丈夫張成澤組成「集體領導」，而據說是北韓權力榜上第二名的張成澤會在幕後攝政。金正恩的哥哥金正男曾對一位日本記者推測，這位新的領導人可能只是名義上的象徵，將會很快失去權勢。[22]

二〇〇九年前，全世界對金正恩一無所知，直到當年金正日中風，也就是他去世的兩年前，外界才逐漸明白金正恩早已被指定為接班人。二〇一〇年，在鮮少召開的黨代會中，金正恩被任命為中央軍事委員會副委員長及勞動黨中央委員會委員，即使從未服過兵役，他依然被任命為四星上將。二〇一〇年十月十日，朝鮮勞動黨成立六十五週年的閱兵典禮中，金正恩站在他父親身旁正式亮相。金正日的壽司師傅是少數能對這位新領導人略見一斑的來源之一，他化名為藤本健二，透過他得知金正恩喜歡玩電動和打籃球，同時也是麥克・喬丹（Michael Jordan）及丹尼斯・羅德曼（Dennis Rodman）的粉絲，這些幾乎不是北韓獨裁者會具有的典型特色。

為了增加金正恩的正當性，北韓政府將其塑造為金日成轉世，包括同樣的中山裝、髮型、臉型，甚至是體型。二〇一二年一月九日，金正日逝世的兩週後，北韓發布了一部紀錄片，記載著金正恩所有的軍事努力，以狂熱的方式來塑造他的領導資歷。這位新的領導人利用所有極權統治下的手段來摧毀所有潛在的反對勢力，就如同金日成在他的時代所做過的一樣，金正恩清洗、處決、降職及邊緣化所有可能與他爭權的勢力，受害者包括「七人幫」中的五人，他們都是曾在他父親的喪禮上扶靈的黨內和軍方高階官員。在上任的頭兩年，二百一十八名黨政軍幹部中，金正恩最終替換掉半數。

金正恩最後證明比起他的父親和祖父還更加無情，在他執政的僅僅兩年內，就據說以高射炮公開處決他的姑丈張成澤，理由是密謀策反。這樣的事件即使在北韓的血腥歷史中依然是前所未見的。金正日和金日成執政時期，雖然高階官員也會被清洗、流放（但有時經過再教育營中贖罪後會再被編入體制），或僅僅死於車禍，所以張成澤遭到高調地處決一事，著實在精英階層中引發前所未有的恐慌。此事向這些精英們傳遞一項警告，即他們的職位、甚至是生命都與他們對金正恩的忠心度密切相關，沒有人能夠倖免，即使是家人也是一樣。二〇一七年，金正恩派遣祕密間諜於吉隆坡機場以VX神經毒劑暗殺其同父異母的哥哥金正男，並透過此暗殺事件再一次地重申其警告。

外界曾期望過金正恩可能會是鄧小平或戈巴契夫那樣的改革者，這些期望曾在他短暫地偏離他父親的先軍政策時得到滿足。然而，金正恩轉向採用「並進」（Byungjin）政策，致力於同時發展經濟與核武，他傳遞出一個訊息，即北韓可以經濟繁榮，同時也可以擁有強大的武裝能力。

金正恩也曾表現出振興北韓僵化經濟的興趣。大約在他上台的六個月後，北韓國家電視台播放一群穿著秀服的女子，金正恩、他夫人李雪主和其他拍著手的將軍前演奏著音樂，同時米奇、米妮和其他迪士尼角色則圍繞著舞台嬉戲，迪士尼電影《小飛象》和《白雪公主》

則在大螢幕中放映，來自頭號敵人美國的卡通人物能夠在嚴密控管的國家電視台中出現，這非常地引人注意。同時金正恩也資助一些奢華計畫的建立，他曾被看見在他自己所興建、燈光閃爍的遊樂園中搭著雲霄飛車，也出現在新滑雪勝地的滑雪纜車上，甚至是騎著馬討論著提高生活水準的重要性。甚者，他開設了一個海豚館和一個奢華的水上樂園，其中包括豎立一尊金正日真人大小的蠟像。

在金正恩的主導下，平壤出現了一波建設繁榮，其中包括引人注目的公寓大樓，曾經荒蕪的街道上突然出現數量足以雇用洗車工的車輛；金正恩更賦予國有工廠更多生產的自主權，只要它們能達到收入目標，就有權能自己尋找供應商及顧客；集體農場的每一位農家們都可分派到一塊圃田（Pojeon），只要他們達到國家配額就能保留或銷售剩餘的農產品。

金正恩最令人矚目的創舉，就是允許私人市場的存在，因此全國湧現許多所謂的「集市」（Jangmadang），從而催生了一批黨部官員保護下的商人和企業家，他們被稱為「錢主」（donju）。二〇一二至二〇二一年間，政府許可的市場翻了一倍達到四百四十個。從衛星空照圖可以看出，在大部分城市裡這些市場不斷地增加，它們銷售食物、米、鞋子、服飾、電子產品等。有些市場還祕密地銷售黑市商品，如外國電影及智慧型手機，市場內的小販需要將銷售額的一〇％付給國家控制的管理室。政府每年能從商人那徵收七千萬美元的市場稅和租金，[23]隨著因為電力和原物料不足造成國家經濟失敗和企業停擺，這些市場成為北韓的命脈。到二〇二一年，七十二%的人口靠著市場活動謀生，甚至有更高的比例是從市場中獲得食物。[24]

然而，這些就是金正恩改革的全部了，他沒有實行如同一九八〇年代中國過渡到「市場－列寧式」（Market Leninist）政策時所做的改革，中國方式的改革不受金正恩青睞，主要是他擔憂會造成政權的動盪。由於外資不足、對私人企業的法律保護或合約履行的法律程序的缺乏限制著北韓經濟。而設置特別經濟區的提案也未能得以實施，北韓破舊的基礎建設和沒收外國人資產的紀錄也讓外資感到猶豫。

比起向外界開放，金正恩反而更進一步緊綁安全措施。與父輩們相比，他阻止難民離開國家的手段更加地殘酷，他打擊非法走私記憶卡、隨身碟和Notel（結合筆記型電腦及電視的光碟播放機）的商人。在加強資訊封鎖的同時，金正恩也增加阻止「意識形態腐敗」的防範措施，他命令全國高中開設一門新課程專門研究他自己，課程時數長達八十一小時。[25]他更積極推行政治種姓制度，不計成本地達到絕對控制，打擊一切可能挑戰統治權威的事物。

外交上，金正恩的並進政策與他父親的先軍政策並沒有太大的不同。實際上，金正恩更加快推進北韓核武和彈道飛彈投射系統的發展進程，儘管他在二〇一二年與歐巴馬政府簽署了「閏日協議」（Leap Day），美國承諾提供援助以換取北韓凍結核武和導彈活動且暫停核武和飛彈試爆。在協議簽署的僅僅兩週後，金正恩則進行了一項聯合國決議禁止的衛星發射。金正恩更進行修憲，將北韓作為核武國家的地位納入憲法中，與此同時，北韓發起一系列的挑釁，如二〇一〇年擊沈南韓海軍艦艇天安艦，造成四十六名船員喪生，並且砲擊南韓在黃海的一座島嶼。而美國與南韓採取相對克制的回應反而導致北韓更加得寸進尺，雖說南韓確實曾對延坪島發動炮擊，但沒有造成任何傷亡。當二〇一二年十二月北韓成功發射一枚長程火箭後，與美國政府談判的願景已黯然失色。之後則是二〇一三年的第三次核武試爆，以及重啟寧邊的核能設施。二〇一七年，北韓成功試射洲際彈道飛彈，並進行迄今最大的核武試爆。金正恩誇口地說，北韓目前擁有了一把「強大的寶貴之劍」，並向世界宣布它已經完成了「原子彈」。[26]

二〇一七年川普總統實施所謂的極限施壓政策（maximum pressure policy），並威脅要以「火與憤怒」（fire and fury）之雨完全摧毀北韓時，造成美國與北韓間的緊張關係不斷升級，川普總統甚至考慮發動先發制人的攻擊，要給北韓一個慘痛的教訓。而金正恩則反過來稱川普「流氓」和「老糊塗」，並發布模擬國會大廈爆炸的影片。[27]然而，二〇一七到二〇一八年，金正恩突然一改常態，將自己的極限施壓政策轉換成與美國和南韓最大程度的交往。

從金正恩的角度來看，他已然鞏固了自己的統治，清洗或暗殺所有可能對他的統治造成威脅的人，無論這些威脅是真實的或是想像出來的。在他統治的前六年，他努力不懈地推動北韓核武和飛彈計畫，並獲得可靠的核嚇阻能力，而現在是改造形象的時候了，從被世界視為殘酷、不可預測、擁有核武的暴君，轉變為一個溫暖、親切、可接近的政治家。他尋求透過改善與外界的關係來鞏固自己的統治，最終目標是獲得國際社會認可北韓作為合法的核武國家。

金正恩於二〇一八年一月的新年談話中定調，示意將改善與南韓間關係。隨後，他派信任且具有魅力的妹妹金與正前往南韓參加冬奧，這是自韓戰後首次有手握統治權的金氏家族成員到南韓參訪。這次平昌奧運對兩國關係的緩和很快地迎來金正恩與南韓總統文在寅的第一次高峰會。在二〇一八年四月，兩韓於非軍事區會面，金正恩甚至踏入南韓領土，這也是北韓領導人的第一次踏入南韓土地。

這些會晤使金正恩達成一項他父親和祖父都無法達成的成就，也就是與美國總統的高峰會，並獲得這種會晤所帶來的聲望。金正恩與川普於二〇一八年在新加坡碰面，隨後再進行兩次的會晤，二〇一九年二月在河內以及同年六月在非軍事區，而川普也成為首位踏入北韓領土的美國總統，這讓川普心情大好並稱與金正恩「陷入愛河」。[28]雖然這些高峰會對無核化沒有實質上的進展，但確實讓這位北韓的世襲統治者獲得國際上的合法性，並加強北韓與中國間的關係。

中國一直以來支持金氏王朝是為了在其東北邊界維持一個友好的國家，能在中國與民主親美、且有兩萬八千五百名美方駐軍的南韓間提供一個緩衝區。但習近平對金正恩是不滿的，因為這位年輕的領導人進行的核武和飛彈試射引發區域動盪，而北韓拒絕進行市場改革也被視為是對中國的自由經濟政策的暗示性譴責，還有更暗殺了北韓對中國的主要聯絡人張成澤，以及在中國庇護下定居於澳門的金正男，這些也被視為對北京當局的冒犯。因此，習近平透過定期切斷石油供應來表達他的不滿，其中一次甚至長達三個月，北京也隨著每次的核武試爆簽署更加嚴厲的聯合國制裁。到二〇一七年底，北京已同意九項主要的聯合國安理會決議，同意禁止北韓九〇%最有利潤的出口，包括煤炭、鐵礦石、海鮮和紡織品。或許是因為川普「火與憤怒」的言論驚嚇到北京，因此在拖延了數年後，中國終於履行了制裁的責任。

但是金正恩與川普舉行高峰會的決定改變了中國的態度，習近平不願被邊緣化，因此預定將與金正恩會晤四次，包括造訪平壤，而北京當局也會逐漸放鬆對北韓施加的壓力。然而，二〇二〇年一月金正恩關閉中韓邊界以防止新冠病毒的擴散，這反而對北韓經濟帶來了比制裁更大的負面影響。

在河內峰會的失敗後，金正恩更加憤怒地加快北韓核武和導彈現代化的計畫，因為當北韓承諾停止寧邊一座核設施時，美國卻不願解除大部分的制裁，這讓金正恩感到被背叛。二〇二〇年十月，朝鮮勞動黨成立七十五週年的閱兵典禮上，金正恩展示各種北韓科技，包括新型潛射彈道飛彈「北極星四型」（Pukusong 4）以及新型洲際彈道飛彈，別名為火星十六型，這是世界上威力最強大的液體燃料公路機動型洲際彈道飛彈。二〇二一年，北韓已具備能夠打擊美國任何地點的導彈能力，它更累積了多達六十枚的核彈頭，並且有足夠的核裂變材料，每年至少能製造六枚的核彈頭。[29]證據顯示，金正恩正朝著下一步邁進，即在一枚導彈上安裝多枚彈頭以達到潰敗美國的導彈防禦系統的效果。

除了改善北韓核武及彈道飛彈外，金正恩持續將不對稱科技置於優先地位，特別是網路戰爭。金正恩曾宣稱：「網路戰與核武和導彈一樣，是一把『萬能劍』，保證我們的軍隊能夠進行無情的打擊。」[30]據南韓報導稱，北韓參謀偵察總局（Reconnaissance General Bureau, RGB）是北韓負責傳統祕密行動和網路行動的單位，擁有超過六千名的網軍，包括負責情報和攻擊的網戰一二一部隊，總部設於平壤，但在中國境內也設有一支負責行動的分支，一二一部隊透過滲透網路、駭客取得情報及植入病毒來破壞美國和南韓的系統。北韓駭客多次入侵美國和南韓網路，例如，二〇一四年北韓涉嫌在一部關於暗殺金正恩的諷刺電影《名嘴出任務》（The Interview）公開上映前，對索尼影業（Sony Pictures）進行網路攻擊。網路攻擊之所以具有吸引力，正是因為成本低廉但有著優渥的回報，並具有追蹤的困難性和延遲性，為合理的否認留下空間。

網路戰和其他非法行動是金正恩維持權力的另一途徑，此政權能透過其犯罪活動產生的收入來規避制裁，而其非法行為有著歷史悠久的紀錄，包含走私香菸、偽造貨幣、製造或散布類似冰毒的毒品，並將彈道飛彈擴散至其他國家，如伊朗和敘利亞，現在再加上網路犯罪。聯合國專家小組估計，二〇一九年金正恩政府透過竊取銀行和虛擬貨幣交易所，成功獲得二十億美元的網路犯罪收入，而這些資金也注入到核武計畫中。[31]

IV

即使外界預期北韓將面臨崩潰，但它始終生存著，一九九四年金日成逝世或二〇一一年金正日逝世，北韓政權依然沒有崩塌。在金正日去世的十多年後，金正恩依然牢牢握緊權力。

這三位金氏統治者建立了一個空前絕後的體制，這是世界上唯一一個共產－儒家世襲王朝，統治著全世界最軍事化且獨裁的社會。在北韓發生過的非人道犯罪在當代世界也是無與倫比的，這是一個壓制和極權主義的系統，將數十萬人民囚禁在勞改營裡，而其他人則時刻活在恐懼中；這個國家在軍備上花了數十億美元，但人民的生活卻是三餐不繼。北韓人民的生活水準在全球敬陪末位（據二〇一五年數據顯示，中央情報局評估北韓國內生產毛額的排名為全球第二一六名）。[32]

儘管北韓政府無法餵飽人民，但是它卻展現出一種不可思議的存活能力，它存活得比其他共產主義國家還更久，比起其他現有的共產主義國家，如古巴、中國、越南和寮國，北韓的體制更加嚴厲控制。其他的獨裁者，例如尼古拉．西奧塞古（Nicolae Ceausescu）到格達費，再到海珊，都已經被推翻且喪生，而金正恩仍然活著且掌握權力。雖然北韓的統治者對人民的存活表現的漠不關心，但是對確保自己的生存卻取得了極大的成功。

北韓的生存戰略七十多年來保持驚人的不變性，這一戰略建立在恐怖、壓制、宣傳、意識形態灌輸和資訊封鎖上。靠著對人民的鐵碗控制，以及實施自史達林時代以來前所未見的極權主義，三代的金氏統治者得以將國家有限的資源投入擴張軍備和建設警察國家，而且從不擔心人民的抗議。與此同時，他們更透過提供精英階層一般民眾無法獲得的豪奢商品和特權，藉以收買他們。

北韓不僅存活了下來，而且還能夠發揮遠遠超出其虛弱的經濟能夠做得到的影響力，國內生產毛額雖僅相當於布吉納法索（Burkina Faso）和阿爾巴尼亞（Albania），但卻能成為核武國家並活躍在世界舞台上。在與更強大的國家交往時，如中國、俄國和美國，北韓在關係管理上展現出高超的技巧，平壤與華盛頓和南韓間的往來，讓政權的主要敵人們難以做出適合的回應，而取得顯著的成功。儘管受到嚴重挑釁，南韓和美國均不願冒險發動另一場韓戰，這在北韓正式成為核武大國前也是如此。從美國的角度來看，北韓一直都是次要的威脅，從未是必須冒著巨大風險也要取得全面勝利的現存威脅，美國和南韓總統們理所當然地偏好管理此威脅，而非消滅它，而北韓領導人們則巧妙地利用他們在美國和南韓引起的恐懼。

就長期來看，問題在於金氏政權是否能夠持續使用同樣的策略來生存，此政權雖然沒有面臨崩潰的立即危險，但卻已經開始出現一些裂縫了。

首先，金正恩清洗和處決潛在政敵的恐怖手段，短期來看是鞏固了他的統治，但長期下卻可能侵蝕政府精英階層的支持，這些精英們明白如果金正恩能這樣對待他的姑丈和哥哥，那麼任何人都可能成為下一個被肅清的對象；第二，金正恩的健康狀況不佳，他是一個重度的飲酒和吸煙者，還有糖尿病、高膽固醇和心臟疾病等家族史，如果他突然去世，那麼誰能夠接任他的位子會是一個問題，畢竟他的小孩過於年幼；第三，即使金正恩能夠成功地維持他繼承的警察國家，但是高度的腐敗正在侵蝕安全部門的力量；第四，儘管金正恩持續封鎖資訊，但是政府無法完全封鎖外部資訊從中國或甚至南韓的邊界滲透進北韓，這正在侵蝕政權的神話，並破壞北韓人民的團結；最後，雖然私營市場相對成功，但北韓依然受困於失敗的經濟中，經濟改革始終都是半途而廢，也不足以逆轉經濟的頹勢。

雖然北韓政權不會像東德、波蘭、羅馬尼亞、菲律賓、埃及、利比亞和突尼西亞等獨裁政府一樣遭到推翻，但這仍提醒著我們，突發的變革都是有可能發生的，或許某個時刻，北韓控制系統會失靈，但具體時間卻無法得知。北韓已證明自己是個狡猾的生存者，但是一個無法取得人民同意，也無法提供人民基本服務甚至是食物的政權，不太可能永遠生存。遲早，北韓政權的命運會像其他失敗的獨裁政權一樣，被丟棄在歷史的垃圾桶中，無論這會花費十年或一百年。

Chapter

8

持續性衝突的戰略：卡比拉與剛果戰爭

賈森・斯特恩斯（Jason K. Stearns）在西門菲莎大學擔任國際研究系的助理教授，也在紐約大學擔任剛果研究小組的負責人，著有《不明的戰爭》（The War That Does Not Say Its Name）。

戰爭是為了取得勝利而戰，這似乎是大眾文化和軍事歷史共同支持的真理。克勞塞維茲的格言曾表示，目標戰爭是「強迫對方滿足我方之意志的行為」。這在大多現代軍隊的戰術中都得到體現。

但如果有些戰爭並非為了取得勝利，而是作為統治的一種手段，戰爭本身就是目的呢？如果各方在戰場上交戰，但同時也陷入某種扭曲的共生關係，沒有一方希望戰爭結束呢？這種情形越來越顯現在剛果民主共和國（Democratic Republic of the Congo, DRC）及其他弱國上。在這些國家，政府因戰爭產生的政治代價較低，發動戰爭成為一種生活方式，也是政治生存的基本工具，為異議管理和論功行賞提供了方法。

某種程度上，這種暴力模式近似瑪麗．卡爾多（Mary Kaldor）著名且備受爭議對「新戰爭」¹的論述。組織犯罪和武裝團體間的界限模糊，而且援助衝突的資金已來自其他國家，涵蓋毒品、僑匯，以及各種形式的走私，雖然很少有大規模的正面交戰，但是這些衝突對當地人民的生命同樣具有威脅，全球大多數難民和流離失所的人民可能都是這類型戰爭的受害者。在哥倫比亞、剛果民主共和國、緬甸，敘利亞以及其他國家裡，許多交戰都是零星發生的，是小規模、非常規的勢力與弱國間的衝突。

許多此類型的衝突都顯示出政府與其武裝反對派間明顯的共生關係。在所有情況中，叛亂行動包含權力外圍的反叛份子與國家體制中心的政治精英們，以一種暴力平衡的形式進行互動。

這種方式自然地對我們理解軍事戰略的方式產生影響，它將戰場上為了勝利這個確定且可實現的目標，轉換成國家中心的不同派系間管理政治野心的層面，與其說是一種有限的解決方案，不如說更像一種過程，因此它處在於政治、經濟和軍事層面的交叉點上。對交戰方而言，衝突是一種治理的手段，而非通往勝利的道路。此外，這使得代理權分散且變得複雜，如果衝突是有系統性的，超越任何參與方的意圖，那麼軍事戰略就不再是官方文件上所紀錄的那樣，也不是在作戰室中進行辯論，相反的，政府不同派系能私下制定互相競爭的戰略，而且從不會有官方的說明。一九九六到二〇二一年間剛果民主共和國內的戰爭即展現出這些動態現象，也讓我們能夠洞察非洲大陸裡更廣大的趨勢。

I

一九九六年九月在剛果（當時國名為薩伊〔Zaïre〕）爆發的首次全面戰爭遵循了克勞塞維茲的模型，試圖擊敗敵人並佔領領土。這場戰爭發起的原因有三個因素：蒙博托・塞塞・

塞科（Mobutu Sese Seko）長達三十一年統治下的政治腐敗；剛果東境內爆發地方勢力的鬥爭，因而醞釀出哪些人能有權獲得剛果公民的想法；以及來自安哥拉（Angola）、盧安達（Rwanda）、蒲隆地（Burundi）和烏干達（Uganda）的叛軍在剛果境內引起的區域緊張。

叛軍的後方基地正是引發第一次剛果戰爭的原因，特別是兩年前參與盧安達種族滅絕的那些軍隊。盧安達和烏干達政府在背後支持一支小規模的剛果叛軍，即由洛朗－德西列・卡比拉（Laurent-Désiré Kabila）領導的「解放剛果－薩伊民主力量聯盟」（Alliance des Forces démocratiques pour la libération du Congo-Zaïre; AFDL）。儘管不清楚這支叛軍和背後支持者最初目的是否為推翻蒙博托，但是在打敗東部的叛軍後，他們的目標很快地轉變為推翻政府。當他們從衣索比亞（Ethiopia）、厄利垂亞（Eritrea）、安哥拉及坦尚尼亞（Tanzania）獲得額外的支持後，終於在一九九七年五月推翻蒙博托，隨後卡比拉上台就任總統。

一九九八年八月到二〇〇三年六月，第二次剛果戰爭爆發，而這次一開始的目標即是取得國家政權，此戰起因為總統卡比拉與他盧安達和烏干達前盟友間的矛盾關係。到了一九九九年，戰爭陷入僵局，國家因此分裂為幾個主要部份：西部由卡比拉政府控制，並獲得安哥拉、辛巴威（Zimbabwe）和納米比亞（Namibia）支持；東部受控於盧安達軍隊和反叛軍同盟剛果民主聯盟（Rassemblement congolais pour la démocratie, RCD）；北部及東北部則由烏干達軍隊和不同的同盟反叛軍團體控制，其中最重要的盟友是剛果解放運動（Mouvement de libération du congo, MLC）。

第二次剛果戰爭的期間，這些交戰團體間的衝突及戰略開始出現關鍵的轉變，從將衝突視為達到目的的手段，轉換成將衝突本身當成目的。戰爭從前線轉移到遠離城市地區的叛亂和反叛亂行動，特別是東部的基伍（Kivu）和伊圖里（Ituri）地區。交戰各方深度地進行各種形式的經濟活動，包括敲詐勒索和徵稅，加上對當地居民的暴力行為，使得他們大幅失去正當性。

軍事、政治和經濟上的轉變是造成此種情勢的關鍵，而特定的軍事局勢具有重要地位。一九九九年七月路沙卡停火協議（Lusaka cease-fire）簽署時，各方都清楚知道一場完全的軍事勝利難以達成，甚至可能根本不存在。在此階段，盧安達和烏干達的進攻已被更加強大的安哥拉和辛巴威軍隊所阻，後者不希望看到金沙薩（Kinshasa）落入對手的手中，也不願冒風險佔領東部而造成人員死傷和經濟損失。與此同時，烏干達和盧安達依賴的西方捐助國也堅持要求停火。根據當時聯合國和平進程的藍圖，外交官們推動各方進行和平談話，希望能達成權力共享協議和國家的統一。一九九九年聯合國進行一項維和任務，任務起始於監督停火協議，目的在於推動和平談判，進一步裁減軍隊、監控人權、加快人道援助，以及保護面臨危險的平民。

這種和平進程的藍圖在後冷戰的世界中影響了衝突的發展軌跡，更塑造交戰方的期望。有些學者甚至主張，西方捐助者對權力分享協議的傾向無意中激勵了反叛份子，為這些反叛份子鋪上一條可接受的權力之路，也降低了叛亂造成的代價。[2] 雖然這項發現仍有爭議，但是很明顯的，國際規範導致這些曠日持久的軍事衝突更難以取得軍事勝利，部分因素是因為西方捐助國在全球邊緣地區的影響，在這些地區中，他們援助的資金和政治支持是當地政府重要的支持來源。

同時，剛果內部已經出現重要的經濟和社會發展，形塑了衝突的輪廓。到了一九九〇年代初，因為國有公司崩解，薩伊共和國對礦業失去了壟斷，手工採礦開始蓬勃發展，並得到國際財務機構所起草的結構調整方案所支持，同時受到資金短缺和幾近崩潰的薩伊政府尋求外國資助的行為所推動。再者，手採礦業的成長吸引了大量男性移民到剛果東部的礦區。新的貿易網已然建立，將廣州和杜拜等城市與剛果東部的戈馬（Goma）、布滕博（Butembo）和布卡武（Bukavu）連結起來，首先是黃金，然後是錫和鉭等大體積的礦物被運出，而電子產品、汽車和建材則換之流入該地區。隨著剛果－薩伊民主力量聯盟入侵造成武裝團體擴散，這個蓬勃發展的私營行業迅速成為透過走私、保護勒索和非法徵稅獲取收入的途徑。

與此同時，七十%的剛果人民主要賴以為生的自給性產業，即農業，也正面臨困境。[3]衝突頻繁的東部過去曾是該國的糧倉，向國內各地區輸出農產品，如牛肉、豆子、馬鈴薯、棕櫚油和糖，但是戰爭幾乎斷絕了這種大規模的農業生產，切斷了通往全國其他地區的貿易路線，不只掠奪了牲畜，也阻礙了投資。經濟逐漸集中於礦業，而這也使得礦業變得極度軍事化。同時間，青年就業機會縮減，造成武裝叛亂更具吸引力。

這種戰爭經濟在基伍地區最為突顯，此地區由盧安達軍隊和盟友所控制，它們傾向將大多軍事和行政機構用於資源開採上，貿易商必須將部分利潤支付給盧安達執政黨，以換取進入利潤豐厚的路線和礦區的權限。礦區的優先開採權由盧安達愛國前線（Rwandan Patriotic Front）創立的公司所有，包含一些由盧安達國防部營運的公司。二〇〇〇年六月至二〇〇一年七月，礦業利潤特別豐厚，當時從鈳鉭鐵礦中提取出的鉭，世界價格從每公斤十美元飆升至每公斤三百八十元美元。有些研究者估計在那期間，盧安達的公司單從鉭所獲取的淨利就高達一億五千萬美元；而其他研究人員則估計，整個佔領期間，礦業交易的總利潤每年達到兩億五千萬美元。[4]雖然這些祕密行動的確切數字難以計算，但是可得知對於當時盧安達而言，擁有每年三億八千萬美元的預算，可以讓介入剛果的昂貴行動成真。保羅・卡加米總統（Paul Kagame）曾說過，他的政府對剛果的介入資源是自給自足的。[5]

II

剛果的戰爭僵局是透過聯合國的和平進程才得以終結，而過程中也建立起一個過渡政府，成員包括所有的交戰方、政治反對派以及公民社會。過渡時期從二〇〇三年持續到二〇〇六年，以某些方面來看，成果相當成功，剛果於此時期重新統一，並起草新的憲法以及建立安全部隊，更見證四十年來第一次的民主選舉。

二〇〇一年繼承其父親大位的約瑟夫．卡比拉（Joseph Kabila）擊敗前反叛軍領袖和反對派領袖，成功贏得大選。由於各種原因，包括當卡比拉總統上任時僅有二十九歲，所做的決策尚不周全，再加上他無法控制的系統性因素，年輕的卡比拉主導的戰略被視為一團混亂。

當聯合國的任務轉由維和變為穩定局勢時，戰爭也正式進入尾聲。然而，暴力不僅依然存在，甚至更加升級，區域主要局限在北基伍省、南基伍省、坦干伊加省（Tanganyika）和東剛果的伊圖里省。這個後衝突時期更進一步鞏固衝突的動態，如戰爭的進行成為政治領袖們的生存手段、軍事將領們獲取賞賜的來源，以及當地強人吹噓實力的方式。這些動態的中心則是新組成的剛果民主共和國武裝部隊（Forces armées de la République démocratique du

Congo, FARDC），由交戰雙方各一半的人員所組成的。擁有約十二萬人的剛果民主共和國武裝部隊，是一個忠誠和賞賜交織拼湊起來的組織，成員的組成來自訓練、教育和經驗都相異的前反叛軍和政府軍。根據和平協議的條款，高層職位的任命主要來自於政治考量，而非能力或功績。

約瑟夫．卡比拉當時處境岌岌可危，他急於確認先前整合進武裝部隊的數千名前反叛部隊是否對他忠誠，因為這些叛軍目前駐紮的地區對首都有立即威脅。前任總統、也就是他的父親，畢竟是在總統府內遭他自己的一名軍官所暗殺，因此國家改革與穩定遠不及他自己個人生存來得重要，而卡比拉的軍隊指揮官和其他的安全人員也同樣重要。

卡比拉自己的軍隊和國家機構的積弱不振或許是關鍵因素。戰爭期間，卡比拉重度依賴安哥拉和辛巴威在戰場上的援助，卻未能建立一支有凝聚力或忠誠度的軍隊。鑑於國外軍隊在他的安全部隊中佔有主導地位，他和他父親從未能夠或從未感到有必要去建立一支忠心、有能力的軍隊或情報機構。相反的，卡比拉的軍隊是一支相互競爭賞賜的拼湊品，大部分經驗豐富的官員都曾是蒙博托軍隊裡的成員，其忠誠度仍有待商榷，而在兩場戰爭中與卡比拉一同作戰的軍官們也缺乏訓練和凝聚力。

這些危險對卡比拉和他的顧問們在安全領域的處理方式有著關鍵的影響。他們得出一項結論，即更安全的方法是管理一個分裂的軍隊，從中他們可以培養獨立的忠誠軍官網，而非嘗試去建立一個政治中立且按照功績選拔的軍隊。當時任職於金沙薩的總參謀部（état-major général）的一名上校回憶道：

我們今日的軟弱是我們二〇〇三年決策造成的結果。當初的目標並非建立一支強力的部隊，而是，更確切地說，完全相反。我們當時試圖減弱對手的力量、瓦解他們的網絡、防止他們變得更強，這些才是我們的目標，而不是安全。[6]

此種趨勢因過渡時期發生的事件變得更加明顯，特別是二〇〇四至二〇〇九年由前剛果民主聯盟的軍官發動的叛亂事件，此叛亂得到該國東部盧安達政府的支持，以及二〇〇四年由一名親近卡比拉的高階軍官發起的未遂政變，還有二〇〇六年首都發生的軍隊與前剛果解放運動部隊間的衝突。

剛果民主聯盟叛亂份子發起的暴動特別具有長期性的影響。幾乎就在國家統一後，由洛朗・恩孔達（Laurent Nkunda）率領大部分來自圖西族的剛果民主聯盟高階軍官在剛果東部戈馬的貿易樞紐附近發起叛變。不同於受限於偏遠地區或單一族群的小型暴動，全國保衛人民大會（Congrès national pour la défense du peuple, CNDP）在二〇〇四年短暫地佔領布卡武主要城鎮，二〇〇四年與二〇〇八年間對戈馬造成威脅，導致數十萬人流離失所。因為此叛亂得到盧安達的支持，所以成為剛果政府在該地區主要對手，此叛亂一定程度上也是盧安達將軍們所醞釀的，並且不時地從境外得到支援，因此全國保衛人民大會被金沙薩政府視為是生存性的威脅。

剛果政府對叛亂發動一場大規模的反攻，派遣超過一萬名的部隊前往東部，但礙於手邊僅有薄弱的新軍隊，卡比拉的將軍們決定動用民兵來牽制全國保衛人民大會。此一決定對軍隊內的高階軍官們是必要且方便的，其中一些軍官與當地民兵有密切關係，可以從支付給這些團體的資金中取得回扣，以及從這些團體向貿易商、礦工和當地人民強徵的稅收中獲利。同時，來自當地精英的壓力也助長了衝突，例如北基伍省的統治者歐仁・塞魯富利（Eugène Serufuli）等當地強人，即把全國保衛人民大會視為他們權力基礎的威脅，因而支持武裝部隊。

和平進程中其他意料之外的結果，也加強了利用脆弱和分裂當成統治手段的趨勢，導致武裝團體在剛果東部蔓延開來。首先，六個不同的交戰方合併進入國家軍隊造成許多的不滿份子，其中一些人隨後建立新的武裝團體。政府未能提供足夠的機會給整併到剛果民主共和國武裝部隊的前軍隊人員，然而這對於運作良好、財政雄厚的國家來說也是相當地困難，畢竟成千上萬的軍官都需要得到滿足也要給付薪資。

據官員告訴我，這個進程期間，政府首先將職位提供給「最有可能造成損害的人」（capacité de nuisance）。這些人通常都是來自於遙遠鄉村地區的民兵，其中許多人又稱為馬伊馬伊（Mai-Mai），他們缺乏獲得好職位所需的關係或教育背景，所以很多人回到叢林裡繼續戰鬥。在某些情況下，軍隊會支持一些人執行反抗全國保衛人民大會的行動，因此更加強了這些離心力的作用。

選舉，這個民主進程的核心，也無形中助長了武裝團體在政治面的力量。一些偽善的政治人物將盧安達移民後代的公民問題推到聚光燈下，利用民粹主義的抨擊來獲得選民的同情，這讓居住在東剛果的少數族群盧安達人們的恐懼加深，因此深植於這些社群的武裝團體相較起來便更容易動員。對於其他候選人來說，武裝動員是爭取選民支持和威嚇對手的簡單方法。選舉也會創造失敗者，而有些失敗者也會尋求暴力。由於缺乏安全保障來阻止武裝團體介入選舉，一些候選人，數量雖少但深具重要性，尋求與各種武裝團體結盟，以增強自身地位以及威嚇對手。

這些動態因素讓安全部門走上一條無法擺脫的軌跡，薄弱且混亂的軍隊以及武裝團體的蔓延正是路徑依賴改革下的產物。它並非一個預定的結果，對於東剛果許多的暴力集團及其支持者而言，結束暴力便意味著結束他們過去幾十年謀生的方式；對於金沙薩的政治精英和軍隊指揮官而言，終結衝突需要打擊安全部門內根深蒂固的保護網，可能會構成危險的利益重組。

在這個發展軌跡中，很難辨別主動性和責任。從卡比拉顧問的訪問中得知，除了對個人和政權安全的立即威脅外，總統在安全問題上主要採取不干涉的態度。一位曾與卡比拉交惡的前安全顧問表示：「他把自由放任的政治發展成一門科學，他知道所有正在發生的問題，但從來不做決策，而是讓其他人去冒風險，並煽動人們彼此對立。」[7]而領導缺位正是他戰略中的一環，可以在他的軍隊中製造混亂和分裂，正如一位非洲的外交官開玩笑地說：「他的戰略就是沒有戰略。」

這種戰略不僅是深植於獲取權力和收入的偽善慾望而已，畢竟，維持權力並不需要透過薄弱和拉攏，而是可以透過集中權利以及威嚇來實現。卡比拉決策過程的背後除了與他個人的性格有關以外，眾所皆知他是一個沈默寡言、搖擺不定的領導者，另一項原因則是國家的歷史和政治文化。卡比拉還有他周圍的主要人物汲取蒙博托的經驗，後者在一九六〇年代和一九七〇年初期國家建設運動後，逐漸轉向以分裂和賞賜來鞏固他的獨裁統治。[8]卡比拉前顧問曾告訴過我：「卡比拉是脆弱政治的專家。」[9]一九七〇年代末，蒙博托在面臨有限資源並變得越來越偏執時，採取了強烈的手段，策劃將族群垂直網絡布滿整個國家。出於對軍隊異議份子的恐懼，他以族群或對忠誠度的疑慮作為理由，逮捕或更換數十位軍官，並提拔與他同樣出身於赤道省區域的軍官。隨後他允許安全部門大量擴張且經常相互競爭。卡比拉身旁很多重要人物，如將軍、安全顧問及政治人物等，都是在蒙博托的統治下長大，有些人甚至在其中擔任重要角色。

隨著時間過去，這種分裂和侍從主義的系統逐漸融入國家組織中，對衝突的持續產生影響。這可以從安全部門成員的薪資中得知，成員們的報酬結構使軍官在沒有武裝衝突下難有發展。二〇一四年，超過九十％高階軍官的報酬直接來自於軍事行動的合法或非法支付，例如擔任指揮官位置的官員每月經常會獲得高達一千美元的指揮津貼，情報官則有時會收到每個月幾百美元的情報祕密基金，但前提是必須執行軍事行動。這些報酬並非法律規定的，而是以這些軍官的表現來支付，因此對那些有權給予報酬的人，這些軍官的忠誠度也因此提升。[10]

此外，軍事行動伴隨著掠奪、勒索和侵佔資金的機會。聯合國專家團體和其他研究者記錄了國家軍隊和武裝團體涉入礦業貿易、大麻栽種和貿易、煤炭生產、跨國走私與盜獵等情況。[11]類似案例枚不勝舉。二〇〇八年一份聯合國報告估計，剛果東部的民主共和國武裝部隊指揮官員透過違法徵稅每月獲利二十五萬美元；一非政府組織發現一名將軍透過當地金礦的分潤獲利數百萬美元；一位共和國衛隊的指揮官有時甚至雇用總統衛隊的人員為南非私人安保公司工作，然而卡比拉總統對此一無所知。[12]這些金額使軍官的薪資相形見絀，二〇一八年的高峰時期，最高將領每月薪資不過一百五十元美元。相比之下，處於「待命狀態」（à la disposition de la region militaire, 通常又稱作「dipo」）等待分派的軍官，等同於被貼上貧窮和羞辱的標籤。

隨著交戰方對衝突的投入不斷增加，暴力演變成談判的一種手段。學者們指出，二〇〇三年新的剛果軍隊成立後，不滿的軍官藉叛變以謀求在政府內爭取更好的職位，而高階政府官員則會支持武裝團體，藉以增強自己的政治聲望。[13]北基伍省和南基伍省出現擅長結合武裝力量和政治聲望的強人，例如歐仁．塞魯富利、朱斯坦．比塔奎拉（Justin Bitakwira）、姆布薩．尼亞姆維西（Mbusa Nyamwisi）。剛果人俚語中將此稱為「消防員與縱火犯」（phenomène pompier-pyromane）或者「自體免疫疾病」（maladie auto-immune），即強人們點燃了一把火，政府為了要撲滅而必須與他們談判，或者國家官員支持那些挑戰自身政府的民兵。

當這場衝突持續蔓延及扎根，剛果政府並不是唯一的主角，在邊界的另一側，由保羅・卡加米嚴厲領導的盧安達政府也扮演著決定性角色。盧安達軍隊指揮官深度介入二〇〇四年全國保衛人民大會的成立，和二〇一二年的三月二十三運動（Mouvement de 23 Mars, M23），都極大程度地破壞其鄰國的穩定。[14]

當時的盧安達政府並未如它所稱受到來自東剛果盧安達叛亂份子的威脅，儘管盧安達政府確實從剛果的錫、鉭和金礦中獲得可觀的利潤，但如果剛果當初是個穩定國家，盧安達政府也可能獲得同樣的利益，但是在此地區，衝突同樣成為一種統治的手段，雖與剛果本身的狀況是截然不同的方式。東剛果的衝突參與加深了盧安達被圍困的形象，並提醒國內的精英們盧安達愛國陣線（Rwandan Patriotic Font, RPF）可作為對抗種族滅絕力量的角色，這是政府賦予其合法性的關鍵。官僚體系的失能也是因素之一，決策主要由安全部隊成員所主導，很少經過公開的內部辯論，突顯出官僚對內部軍事異議的懼怕。

因此，盧安達對剛果東部的干預可視為是相互競爭要素下的一種妥協。一方面，盧安達希望能保持影響力；另一方面，其知道完全征服剛果已然不可能。這種態度上的轉變可從與交戰方的訪問中看出。盧安達前情報頭子派屈克・卡雷蓋亞（Patrick Karegeya）便曾在被流放後告訴我：

國家力量是我們的一切，我們在國家壓迫的陰影下長大，我們認為，為了帶領國家走向自由，我們必須掌控國家，這就是我們在盧安達所做的事。隨後我們了解到這個世界的權力本質在改變，我們無法在剛果取得軍事勝利，但很快地也知道沒有這必要。我們可以透過維持祕密行動來達成目的。[15]

III

全國保衛人民大會最終被擊敗，其後繼的反叛組織 M23 也同樣被擊敗。這兩種情況下，國際社群對盧安達施加的外交壓力，成為迫使這些團體解散的關鍵。就全國保衛人民大會的情況，儘管其部隊和資源具壓倒性的優勢，造成剛果軍隊難以佔取上風，但正是全國保衛人民大會的軍事勝利迫使捐助國和聯合國對盧安達施壓，要求其控制剛果盟友們。而 M23 的情況，類似的動態也發生在捐助國和盧安達政府間。此外，剛果軍隊在經歷接連令人難堪的失敗後，才得以重組軍隊並發起有效的進攻，作法為撤換大約一百名阻礙其指揮系統、侵佔資源並發布矛盾命令的軍官們，這顯示出，當安全議題影響到卡比拉的正當性和生存時，他確實會採取行動，但問題不僅僅是國家能力而已，當M23被打敗後，改革的動力也戛然而止了。

與此同時，其他武裝團體不斷增加。到了二〇二〇年，東剛果已經有一百二十個武裝團體，因此更難找到能長期且全面性解決衝突的方法。此衝突對當地人民有毀滅性的影響，二〇二一年，這個地區已有五百五十萬人流離失所。根據哈佛人道主義行動（Harvard Humanitarian Initiative）的調查，當地有五十七％的人民認為自己在二〇〇二至二〇一四年的某個時刻會因衝突而喪生，十九％的人民因為衝突受到身體上的攻擊，而三十二％則有家庭成員因此喪生。[16]

有幾個因素造成如此的分裂狀況。隨著衝突發酵，當地政客和生意人利用武裝團體來推動自身的利益，一些研究者稱之為「軍事政治民主化」。[17]這些精英們利用武裝團體來介入國家和本地衝突，在選舉前威脅對手，並鞏固自己的地位，更進一步加強對經濟勾當的控制，這產生了一種離心力，導致武裝團體的瓦解。隨著國家政府缺乏推動結束衝突的動力，欠缺內部凝聚力的武裝團體最終會分裂，更加強此種動態。

這些動態因素中最顯著的是政府的相對冷漠。武裝團體的湧現很大程度是因為這對貧困的年輕人是一種可行、相對低成本的謀生方式，而且能獲得些許尊嚴。政府對軍隊改革的投入甚少，即便是最基本的解除武裝計畫都延宕多年，主要原因是缺乏行動。部分原因則可以透過之前描述過的路徑依賴事件來解釋：一個面臨邊境叛亂時，為了自身生存而焦慮的脆弱政府，最終將軍隊用於分發賞賜和鞏固政權，而非用於確保安全上。

然而，這種說法沒有解釋為何其他原因沒有成為明顯的問題，例如，為何暴力沒有變成選舉議題，甚至沒有像其他國家那樣，變成中止公民自由的藉口以及緊急法的實施理由？

不論從政治或經濟上來看，東部的動盪對金沙薩的精英們並非威脅，除了全國保衛人民大會以外，該地區沒有武裝團體能夠擁有遠方打擊的能力，而衝突與首都相距千里之遙，中間還隔著平原、雨林和草原。此外，政府官員可以從其他來源獲取高額收入，特別是從跨國的大型礦業公司上，因此他們並沒有必要從不安定的東部收取租金，或者為吸引大量外資而為該地區帶來穩定和基礎建設。

最終，為剛果東部帶來穩定對於關鍵決策者而言是極其邊緣之事。政治人物不會因忽略東部而失去選票，而東部的鬥爭也不會構成千里之外首都的威脅。一位國會議員告訴我：「當我在金沙薩的選區內進行競選活動時，從沒有人問過我任何有關東部的衝突事件。」在我研究期間，從赤道省（Équateur）、開賽省（Kasai）和班頓杜省（Bandundu）的當選官員也回報了類似的動態。

從另一面則出現另一項問題，為何此衝突沒有變成動員的基礎？就像要求舉辦自由公平的選舉一樣，畢竟，在二〇一五至二〇一八年，數以萬計的人民參與反對高風險的抗議對抗約瑟夫·卡比拉政府。部分原因是因為大眾的輿論塑造了暴力的認知，媒體和政治人物們把東剛果的衝突描繪成晦澀而悲劇性，但這種情形很正常，一位金沙薩的國會議員告訴我：「那些人一直在打仗，我們無能為力去改變。」[18]金沙薩兩家報紙《潛力報》（Le Potentiel）和《繁榮報》（La Prospérité）有篇文章分析，二〇〇三至二〇一三年後衝突升級的前半段時期，此時衝突大多被塑造為盧安達的入侵、跨國公司的礦產爭奪，或者是幾十個武裝團體沒有原因地陷入戰爭泥沼裡。這種框架著重在反叛份子的行為上，通常沒有解釋他們背後複雜的歷史動機，也不突顯政府的無為，這類文章確實相對較少，例如二〇一〇年，頗受歡迎的《潛力報》大約僅每週一次報導東邊的衝突，而且很少刊登在頭版。[19]

IV

同樣的趨勢在整個非洲大陸都可窺見，許多政府都在容忍、共存，甚至有時利用衝突。與過去年代相比，近期沒有叛軍的目的在於奪取國家權力或實現獨立，大多試圖推翻政府的叛亂都已趨緩，如「解放盧安達民主力量」（Democratic Forces for the Liberation of Rwanda, FDLR）在二〇一一至二〇二一年並沒有對盧安達進行嚴重的攻打；而在寫這篇文章時，東剛果各個蒲隆地反叛團體幾乎已經分裂至幾乎滅絕的程度。索馬利亞的複雜叛亂，其特色為大量交戰方都是圍繞氏族身份或青年黨（Al-Shabaab）而形成的，更像是暴力的交涉，而非試圖推翻聯邦政府。

南蘇丹的衝突則是個例外，起初是為了爭奪國家控制權，但是到了二〇二〇年則演變出一種模式，即暴力主要被用在中央進行交涉、在邊境取得資源的手段。類似情況同樣出現在分離主義的叛亂中，儘管還是會有例外，如卡賓達飛地解放陣線（Front for the Liberation of the Enclave of Cabinda, FLEC）、卡薩芒斯民主力量運動（Movement of Democratic Forces of Casamance, MFDC）這樣的組織已經不活躍。甚至在馬利（Mali）發生的圖阿雷格（Tuareg）叛亂，該叛亂始於一九九〇年代的分離主義雄心，也轉變為參與勒索和與中央政府進行交涉。

與此同時，非洲大陸上大部分的叛亂都是反覆發生的內戰，在我寫這篇文章的時候，非洲幾乎每一場內戰都發生在先前暴力事件的廢墟上，更重要的是發生在社會網絡、世界觀和先前仇恨的基礎上。這個過程讓全部的社會階級和網絡都被投入在衝突中，武裝動員成為進行政治的一種可行且可接受的手段。正如我們在中非共和國和查德可看見的，武裝衝突已然變成瑪麗耶・德波斯（Marielle Debos）所稱的一種職業（métier）。[20]在剛果民主共和國、中非共和國、奈及利亞、南蘇丹、蘇丹和撒哈拉沙漠地區的許多武裝團體，他們的目的不在於推翻政府或獨立，相反的，暴力已成為一種目的、一種交涉的語言、一種生活方式，以及一種統治形式。

這並不代表衝突的持續，其背後都有著一個廣大的陰謀。將衝突視為由西方強國或是中國採取的戰略，目的在削弱非洲國家，以讓自身獲得礦產或其他自然資源，這種觀點是錯誤的。儘管在那些飽受戰亂的剛果人中經常可以聽到這樣的說法。更有可能的情況是，例如在剛果，戰爭重塑了社會，推動在衝突經濟中有著切實利益的行為者，他們的目的不再是奪取國家權力，而是在國家邊境中劃分勢力範圍。

這一點可以從非洲非國家行為者間衝突的劇增中看出，因為其增加的數量已經遠遠超過國家與叛亂間的衝突。到了二〇一九年，僅有二十四場以國家為主的衝突，但非國家行為者間的衝突則達四十二場。此種趨勢是受到冷漠、機會主義和實用主義的綜合影響，造成國家在打擊賞賜網絡及改革國家和經濟的議題上採取迴避態度；強加穩定和解散叛亂對於主要決策者而言風險過高，重要性也不足。因此，暴力既成為統治的手段，也成為抗議或獲取權力的手段，這意味著在當代非洲的衝突裡，可以發現許多模稜兩可的情況。在查德，明確的侵略行為可以與友好關係相互交替。如德波斯曾寫道：「士兵和叛軍認為，他們之間的分歧是因為環境和不同的戰術選擇所造成的，並非無法妥協的認同或政治立場。」同樣複雜的關係也存在於幾內亞比索（Guinea-Bissau）時而友好，時而敵對的衝突中。[21]

而更難回答的是，是什麼原因讓非洲衝突產生暴力交涉和錯綜復雜的新趨勢？過去三十年對非洲大陸趨勢的研究中，最明顯的推論是社會在經濟和政治層面都經歷了劇烈的自由化。與自由民主理論學家的觀點相異，這些趨勢並無建立更好的穩定性。相反的，在冷戰後席捲非洲大陸的民主化和經濟自由化，產生了一種混合的政治系統，能夠容納低級別的叛亂。

同時，經濟自由化後，讓武裝團體和犯罪幫派間更容易收取租費，但平均收入成長時，貧困的人口卻增加了。撒哈拉以南的非洲是全球超過一半極貧人口的家園，人口從一九九〇年兩億七千六百萬劇增至二〇一五年的四億一千三百萬。[22]而犯罪經濟的規模也同時成長了，根據聯合國的數據，光是西非的辛迪加每年光是從古柯鹼貿易中就獲利超過二十億美元、每年在非洲大陸的網路犯罪的損失估計達三十五億美元。[23]對於相對小的經濟體而言，這是一個巨額的數字。

一九九〇年代在大多數非洲地區實施的多黨民主，對衝突動態產生模稜兩可的影響，使其更加邊緣化，但同時也將其整合到政治與選舉動態中。另一方面，民主競爭的出現吸引潛在的叛亂份子遠離戰場、參與選舉。[24]同時，冷戰期間流向武裝叛亂的支持，如來自南非的種族隔離政權、美國、古巴和蘇聯，逐漸地枯竭，因此大量的資源流向政黨和選舉。規範也發生了變化，在二〇〇二年的《非洲聯盟組織法》中，非洲聯盟有義務拒絕違反憲法的政府更迭。

很快的，民主越加明顯地不容於低級別的衝突，在某些情況中就更會激起不安。政治精英們可以借助支持武裝團體來鞏固地位、威嚇對手，或者獲取資源。正如本章節所闡述的，剛果正是這種情況的典型案例，而尼日河三角洲（Niger Delta）的民兵也扮演類似的角色。[25]後者的情況更能顯示出衝突的出現與一九九年過渡到文官統治間的緊密關係。尼日河三角洲最大的幾支民兵組織，尼日河三角洲人民志願軍（Niger Delta People's Volunteer Force, NDPVF）及尼日河三角洲解放運動（Movement for the Emancipation of the Niger Delta, MEND），他們最初是尼日三角洲政黨的打手，選舉之後，這些武裝企業家擴大業務範圍，持續為政府官員提供保護，並從該地區的石油開採和運輸中獲取租金。在非洲大陸的其他地區也可以看到類似的軌跡，武裝團體的出現最初是為了滿足政治精英或當地社群的特殊需求，但後來變得越來越獨立和追求自身利益。

封閉政治體制對選舉的開放也會導致動盪，因為決策將圍繞在如何分贓公共利益。學者們指出，一九九〇年代受到西方觀察家高度評價的馬利民主化最終被國家精英們和地區「大人物」所操控，因而陷入叛亂的循環中。[26] 除此之外，被迫進行民主化的強人們，可以利用衝突和族群化的治理手段，來分裂對手及維持權力。蒙博托在位的最後幾年，以及發生在肯亞東非大裂谷（Kenya's Rift Valley）帶有族群色彩的暴力事件顯然就是最佳例證。[27]

一九八〇年代初期，隨著結構性改革而進行的經濟自由化也發揮重要作用，為武裝團體和民兵創造了新的利潤來源。在獅子山（Sierra Leone）、賴比瑞亞（Liberia）、安哥拉、剛果、馬利、利比亞發生的戰爭，展現了地方行為者如何利用跨國網絡來取得武器、對貿易徵稅，並參與貿易行為。一九八〇與一九九〇年的結構調整改革，目的在減少過於龐大的國家官僚，創造更有利於私營企業的環境，但出售國家礦業資產及減弱官僚機能也意外地推動這些動態。獅子山和賴比瑞亞的內戰就是一個典型案例：國家機構遭到弱化而導致安全和監管真空，致使犯罪網絡得以利用，與此同時，社會安全網也逐漸消失。[28] 不僅僅是西非「血鑽石」和剛果「鈳鉭鐵礦衝突」等媒體關注的案例，在薩哈拉沙漠地區，武裝團體的利潤大多同樣來自於走私香菸和人口販賣。

同時，結構性調整計畫對農村的農民造成嚴重的打擊，導致農業資本和土地集中於少數菁英手上，加劇了城鄉之間的差距。[29]因此，允諾消費主義和機會的城市比以往更加吸引人，但往往導致貧民區擴大，以及依靠土地的大量農民手中的土地不斷縮減。[30]然而，與前幾個世代不同的是，以前城市的知識份子是來自農村的農民，因而能連結城市與農村兩個區域；而近期的叛亂，如科爾多凡（Kordofan）、達佛（Darfur）、剛果民主共和黨（the Democratic Republic of the Congo），以及在中非共和國（Central African Republic）和南蘇丹逐漸增加的武裝團體，這些區域的武裝團體選擇在農村區域採取防禦性態度，並沒有控制大城鎮的意圖。武裝叛亂因此越來越邊緣化，同時更容易被整合進入國家治理的邏輯之中。

最後，國際行為者透過外向化的過程參與暴力的產生，其中地方精英利用外部行為者，特別是捐助者、外交官和援助工作者，來獲取資源及鞏固他們地位。[31]此種共謀具有不同的形式，例如托比亞斯・哈格曼（Tobias Hagmann）曾記錄索馬利亞的精英們如何固定將他們對過渡政府的參與，轉換為從外部行為者身上獲取資源的戰略。[32]同樣的，美國所支持的反伊斯蘭軍隊逐漸成為國家軍隊財務的重要來源。在尼日，二〇一二至二〇一九年間，美國對軍隊的支援佔軍隊預算的五〇％，而烏干達於二〇一六年從軍事援助的獲利達到軍事預算的三分之一。[33]然而，美國並非是此種資金的唯一來源，聯合國每年派遣維和部隊至中非共和國，蒲隆地政府因而可獲利一千三百萬美元，相當於其總軍事預算的二〇%。然而諷刺的是，這種支持旨在穩定脆弱的國家，防止它們成為恐怖組織的基地。然而，以軍事化的方式進行，卻反而可能使這些國家變得更加脆弱。

在未來幾年，中國的不斷介入可能會加強這種趨勢。這位東亞巨人透過雙邊貸款、大規模的基礎建設協議，以及鼓勵私營企業在非洲尋求機會的方法，向非洲投入大量資金。中國是非洲最大的貿易夥伴，二〇〇五至二〇二〇年期間，更向非洲投資超過二十億美元。其中許多的投資和貸款可能會更進一步削弱問責制，特別是如果受援國決定將這些資金用來鞏固侍從網絡，而不是強化其官僚機構和安全部門。

V

剛果衝突是將武裝動員和軍事行動作為提供賞賜和防範政變行動的手段，這種對衝突的理解能夠讓我們對戰略的理解更為深入。首先，也是最根本的，戰鬥目的從打敗敵人轉變為更廣泛的政治和經濟目標。在剛果的案例中，衝突作為一種用來控制軍隊的手段，分發賞賜，並透過貪污和敲詐勒索來獲取利潤。這需要將我們對戰略的理解從軍事延伸至政治和經濟領域，從目標導向途徑轉為過程導向途徑。

再者，工具性邏輯也必須轉變為功能性邏輯，行動主體變為非中心化且複雜化，這種途徑下的軍事戰略不再只是戰場指揮官所構思的行動。就剛果而言，很明顯的如果我們討論軍事行動的戰略，就是由涵蓋政府政治人物和當地指揮官等許多行為者共同制定的。畢竟，當衝突是系統性的，超過任何參與者的目的，那麼將過多的重要性歸因於對戰場上部隊行為影響有限的官方戰略，此種觀點是短視的。

在應對衝突動態時，這些轉變背後的含義可能看似有悖直覺。如果我們要評估剛果軍事戰略的成功與否，我們必須要問自己：這些戰略是否實現了那些完全與傳統戰略邏輯相悖的目標？對於外部者而言，那些看似混亂、無組織的軍事行動可能正在執行關鍵的功能。確實，從金沙薩的角度來看，剛果軍方成功阻止了任何對權力的威脅，同時允許許多官員從中獲利。

這些考量並不限於剛果，這並非否認他們對全球安全的重要性。在二十一世紀初期，大部分武裝暴力都發生在弱勢國家中，也發生在交戰方具有高度分裂性的長期衝突中。這裡所提出的分析，都是經過對當地特殊性與利益的調整修正後，也得以運用於利比亞、索馬利亞、敘利亞和奈及利亞的衝突上。

VI

或許在一本軍事戰略的專著中寫入此章可能有些奇怪，畢竟在此描述的戰略並沒有出現在任何其他文章中，也沒有明確的作者或權威支持此論點。不過，這種戰略卻確實出現於有許多交戰方參與其中、但沒有一方是最終主導者的衝突之中。此種戰鬥的根本目標並不在於弭平叛亂或奪取國家，反而是為了國家的存續。當亨利．季辛吉提到一九七〇年代美國所面臨的左翼叛亂時，他便曾說過一句名言：「游擊隊如果沒輸，就是贏了。」從這樣的情況來看，我們可以同樣地說：「政府如果沒有輸，就是贏了。」

最適合能夠與此狀況相比的是犯罪網絡，例如西西里黑手黨，或者是哥倫比亞、墨西哥，巴西或拉丁美洲其他區域能夠行使巨大影響力的同業聯盟。他們比先前描述的武裝團體更富有且更能夠隱密運作，他們幾乎沒有控制領土的意圖，但是目標很類似：不推翻政府，但寄生於政府，與之共生共存，同時最大化自身的權力和影響。當國家主權，特別是全球南方國家，受到來自私營企業、更強大的國家、安全承包商和人道主義組織的挑戰時，此種方式在全球化的時代中將徹底重新塑造戰略的目的和過程。

Chapter

9

新領域中的戰略與大戰略

喬書亞・羅斯納（Joshua Rovner）是美國大學的副教授。他負責指導和撰寫情報和戰略相關的內容，同時擔任 H-Diplo 的《國際安全研究論壇》（International Security Studies Forum）主編和《戰略研究期刊》（Journal of Strategic Studies）的副主編。

當軍事創新開啟全新的戰場時，會發生什麼事？當科學和工程的突破為先前難以進入的地方創造新的作戰機會時，戰略家們會如何應對？早期現代造船技術的進步，使得大國能夠在廣大的海洋上展示海軍實力，為宏偉的帝國計畫鋪平了道路；動力飛行在二十世紀開啟了天空可進行戰略轟炸的操作，允許作戰方能夠越過衝突的前線；更強大的火箭使國家能夠將衛星送入軌道，讓人不免推測組織性的武力將可能延伸至太空領域；利用電磁波譜的技術促使國家能夠阻礙和操蹤敵軍通訊。最近，各國將注意力轉至網路，國家可能用極低的成本在其中操作來取得決定性勝利。

在這樣的情況下，軍事領袖投資新的戰術和程序，以優化未來戰鬥中的表現。他們更探討攸關武力和政治的深層問題，思考在一個完全不同的世界中，傳統戰術思維是否依然適用。

在全新領域中作戰的預期，對於戰略和大戰略產生了重要的影響。戰略是勝利的理論，是一種邏輯論述，解釋如何運用武力幫助作戰方達成政治目的，主要的軍事創新有時會激起以低代價來達成全面勝利的夢想。對於樂觀主義者而言，能夠主導新領域的能力，使得舊領域變得不再重要，且能夠對缺乏防備的敵人取得快速的勝利。這也代表著，單一個軍種即可靠自己取得勝利，減少協調陸海空三軍龐大且昂貴武裝力量的需求。然而，這些對勝利的幻想也帶來對災難性失敗的擔憂。軍事創新激發了在新領域有效作戰的競賽，當敵人率先抵達新領域時，恐慌就會蔓延開來。

幻想與恐懼這兩種相反的衝動，強度隨著時間逐漸緩和，實際的現實使得贏得勝利的夢想不再美好，當國家試圖將他們的戰爭願景轉化成現實時，技術問題則不斷出現，尤其是在面對聰明且有動機的敵人時，圖板上美好的構思在現實中卻難以實現，新能力的使用同時也會創造非常多戰場上的摩擦。武裝部隊可能沒有足夠的能力和資源將想法付諸實行，特別是當他們發現成功是需要來自不同領域部隊之間的協調時更是如此。

新領域的出現同時影響到大戰略，它是一種有關安全的理論。大戰略提供一項論述來解釋國家和非國家行為者如何確保自己的安全。有些大戰略建基於一項前提上，即安全是一項保持低調以避免衝突的功能，最保守的方法就是不建立超過領土防禦以外的軍事力量。然而，其他的大戰略則將安全視為控制的功能，最確保安全的方式在於保持自己領土以上的軍事主導地位和政治影響力。這種雄心勃勃的大戰略必須具備許多條件，需要具備能遠距離投射武力的能力，也必須準備好面對各式各樣的挑戰者。

對於大國而言，新領域的出現鼓勵其野心，對能掌握新領域的能力有著無法抗拒的吸引力，因為軍事控制能夠保證經濟和安全的利益。如果軍隊能夠在新領域裡自由行動，同時阻礙其他人的進入，那麼就可以控制自然資源和貿易路線。控制也代表制定國際貿易規定、開始新市場、保證金錢、商品和人的流動，還代表有權制定衝突的規則，藉以阻礙敵人通訊，並迫使敵人進入僵局，一個無法通訊、無法為其軍隊提供後勤支援的敵人無法長期進行有效作戰。這些想法源自長期以來的歷史，當大國著手建立遠洋軍艦、戰略轟炸機、太空衛星和網路部隊時，他們想到了控制的優勢，雖然科技有所不同，但是基本的戰略邏輯從未改變。

然而，擴張的慾望往往受到邏輯、組織和財政上現實的制約，雖然在新領域上建立操作平台是一項非凡的技術成就，但是這些操作在沒有大規模的基礎建設支援下是無法運作的。而能夠進行遠距操作的後台通常很複雜，且容易出錯。

新領域雖然可能創造大戰略的機會，但同時也會製造組織性問題。現有的官僚體系通常缺乏能力以應對完全不同的操作需求，這並非是因為他們無能，而僅僅是反映出將制度化移轉至新領域時所面臨的挑戰。當官僚體系面臨到明確的結構性問題，他們擁有良好的標準作業程序來有效應對問題，只是這些程序可能不適用於一個缺乏結構、且無法理解的問題領域。

其中一項解決方法是進行組織重組，這一過程通常會使得傳統主義者與改革者陷入激烈的內部鬥爭；另一個解決方法則是完全創建新的官僚體制。這個方法的擁護者，如同那些在兩次世界大戰要求獨立空軍建制的人一樣，主張要能夠有效利用新領域機會的唯一方式，就是建立一個專屬於新領域的機構。此種主張激發了不同機構間對資源和權威的競爭，這些競爭並非都會有明確的結果，這些結果與其說是對大戰略的理性回應，反而比較傾向於是一種機構本質與改革之間無法協調的產物，同時，也是對於維持現狀傾向的妥協。

所有這些作法都需要資金，龐大的後勤和組織變動的結合對財政是一項重擔，對於許多國家都是不可承受之重。對於這些國家而言，將新領域加入現有大戰略的誘惑會入不敷出；而對有更多資源的國家，這些費用依然會限制他們的行動，導致最初設想的大戰略最終無法實現。

本章將更詳細地探討這些限制。第一個部分描述戰略家如何設想在新領域裡進行戰鬥，而他們的構想為何最終只會淪為幻想；第二部分則是著重於大戰略，與其著重戰鬥的新形式，大戰略家思考的是如何在和平時期投射權力來進一步確保安全，但隨著權力投射的現實和政治限制越顯清晰，他們的希望也逐漸減弱。

I

新領域為改變軍事行動的性質創造了機會，在陌生的環境中，既有對手間的對抗在本質上是不確定的，因為戰鬥效率的來源很大程度上都來自於假設。弱小的軍事力量在不確定性中看到希望，因為如果軍事力量能夠將戰爭導向一個他們能夠利用先發優勢的地方，那麼他們既存的問題就變得不那麼要緊；而強國們可能會有機會透過佔領新領域來鞏固他們的利益，以監視、包圍和集中武力對抗敵人，透過如此的作法，他們可以剝奪敵人的保護所、從遠處完全地擊潰他們，或者安全地將地面部隊運送到以前無法到達的地方。[1]

從中世紀晚期開始，歐洲商船演變成可在沿海水域以外長時間行駛的海軍軍艦。公海在先前原本已是海軍科技的極限，海事衝突通常以狹窄的槳帆船進行，但是一系列的創新讓擁有巨大戰略潛力、自給型的大型戰鬥艦隊的想法有機會實現，裝備防水舷側砲口的主力艦能夠對敵人的艦隊、港口和沿海城市進行劇烈的炮擊，工程師們將大砲安裝至炮架上，因此在甲板上也能吸收後座力，船舵取代了船槳，得以控制日漸增大、增重的船艦。十八世紀兩項導航技術創新，即六分儀及航海鐘，使船長們能夠精確地確認經度與緯度。[2]

整體的海軍理論直到十九世紀下半葉才形成，早期的觀察家確實對海洋軍事的特殊可能性有過猜測，然而新技術的出現定義了航海時代的開啟，過去歷史的經驗似乎已不再實用。如保羅・沙斯特萊（Paul Hay du Chastelet）於一六六八年曾寫道，「我們的用法已與古代的方法太過不同，火砲的發明讓過去曾使用過的機器都已無用武之處。」有人認為海洋的殲滅戰是無可避免的，戴拉魯韋爾（Charles de la Rouvraye）曾寫道：「戰爭直到兩造中其中一方被徹底摧毀後才會停止。」儘管當時法國被認為更傾向於商業掠奪，但其他同時代的法國理論學家卻著重於海洋戰爭。[3]同時，英國理論學家則構想一支大「存在艦隊」（fleet in being）是對陸上強權的阻礙，後者不會想冒險使用小艦隊來對抗。皇家海軍通常不會主動出擊尋找要摧毀的對手，但是卻為作戰做好準備，因為風險的平衡始終對它們有利。如果其他國家拒絕進行艦隊之間的海戰，那麼英國會退而求其次，進行封鎖及轟炸沿岸地區。無論哪種情況，一支有著主導地位的艦隊能夠對陸上強權創造決定性勝利的機會。

阿爾弗雷德・賽耶・馬漢（Alfred Thayer Mahan）在十九世紀末推廣了這些概念，馬漢鼓吹美國建立戰鬥用途的艦隊，而非用於沿海防禦或貿易掠奪，他認為重要的是建立制海權，此種控制權能使美國控制衝突的節奏，並透過扼殺敵人的經濟來施加壓力以迫使其投降。要是能夠取得控制權，航海國家就能發揮出超凡的戰鬥能力，「這種壓倒性的海上力量能將敵人的旗幟從海上驅逐，或者只允許其以逃亡者的身份存在」。[4]但是，這也必須同時具有承擔巨大風險的意願。對馬漢來說，取得控制權唯一確定的途徑是「他的戰艦能夠打敗敵人的組織性部隊」。[5]他承認封鎖來牽制對手海軍確實是有用的，但這只是次佳的解決辦法，如果可以的話，最好的方式是摧毀對方的艦隊，而不是讓其成為潛在威脅。指揮官們需要在任何可能的情況下願意冒險交戰，如果對海戰抱持著猶豫不決或過於謹慎的態度，那麼他們將會浪費海軍作戰獨特的戰略潛力。馬漢曾警告道：「當艦隊在戰場上想著戰鬥以外的事情，那麼就已經輸一半了。」[6]

馬漢聞名的是他將海戰作為戰爭中心的思維，但是他的思想建立在與航海時代時類似的觀點上。觀察家更傾向在這個新領域中進行戰爭，因為這代表著全面的勝利，而擊沈整個艦隊也比摧毀整個軍隊來得更容易。國家無法負擔得起大量的昂貴主力艦，也無法像增援和補充軍隊的方式迅速重建海軍。此外，一場艦隊與艦隊間的決定性交戰能帶來長久利益，因為勝利方將在戰後控制海上貿易，同時抑制戰敗方的重建能力。

以大不列顛在七年戰爭（Seven Years' War）所取得卓越的勝利為例，在戰爭的關鍵年份一七五九年，大不列顛對自己的前景感到深切擔憂，而且也確實害怕法國的入侵，但是該年接連不斷地勝利卻改變了此種態勢，最終其海軍在基伯龍灣（Quiberon Bay）贏得勝利。

這場戰爭終結法國入侵大不列顛的希望，確保了皇家海軍的主導地位。由於這場戰爭，大不列顛取得了加拿大、佛羅里達、馬尼拉，西印度群島的島嶼和西非的領土，同時結束法國在印度的影響力。正如一位歷史學家所總結的，這接連的勝利使一七五九年成為「大不列顛成為世界主宰的一年」。[7]

然而，戲劇性的海洋勝利少之又少，平凡的問題阻礙了基伯龍灣衝突後對勝利的美好願景，即便有快速進步的導航工具和技術，海洋的遼闊使得定位和追蹤敵艦依然是一件難事。而且，僅僅發現敵艦是遠遠不夠的，一場決定性的勝利需要的是誘導敵軍主動進行戰鬥，即使受到巨大損傷一樣都要持續戰鬥，這在本質上相當棘手，因為海洋永遠提供逃生路線，沒有天然屏障可以克服。願意參戰的人仍然面臨一個問題，那就是如何安排艦隊，讓它們能夠使用火砲，這是一個相當微妙的過程，因為必須考慮到戰鬥過程中風向可能的變化。能夠遠距操作和作戰的能力，鼓勵了大規模艦隊間交戰中取得明確結果的夢想，但這在航海時代的前兩世紀中卻沒有出現。重要的戰鬥通常發生在沿岸的視線範圍內，而且結果也很少是決定性的。[8]

十九世紀的蒸汽動力解決了其中一些問題，二十世紀的電子通訊則解決了其他問題。但是，隨著戰艦變得越加精密，特別是有可能實現決定性戰鬥的軍艦，建造成本也越來越高，這產生了一種悖論，擁有先進科技以克服海洋固有限制的戰艦過於寶貴而無法冒險。戰艦是國家財富的龐大集合體，光是想像失去它們就令人不安，因此海軍戰略的替代方案就變得特別突出。如果決定性勝利是有可能達成的，那麼決定性失敗也同樣有可能，因此，二十世紀的海軍理論學家開始思考如何減低危險。[9]

大約同一時期，戰略家開始想像在即將到來的空戰時代，超越前線和國界戰爭的奇想引爆了各種理論。在兩次大戰間，隨著科技能使飛機飛行更遠的距離，跨越前線和國界，因此對轟炸機的關注加劇。這一片開闊、寬廣且可往任何方向移動的天空激發了激烈且長期的辯論，辯論著制空權的掌握對地面戰略的意義。對義大利作家朱利奥・杜黑（Giulio Douhet）而言，身為戰間期戰略轟炸的狂熱擁護者，這徹底改變了戰略，他主張：「地面上的人不管做什麼事，都無法干預空中的飛機在第三維度中自由地來去。」這迫使人們徹底重新思考戰爭的本質。射程、地理環境，以及天然屏障總是限制進攻的潛能，但是長程轟炸機的出現移除了這些限制。在這樣一個世界中，對手強大的力量可以瞄準無法防禦的城市，平民也無法從中尋求庇護，因此，分開不同交戰軍隊，以及分開平民和戰鬥人員的界線也逐漸消失了。[10]

如杜黑一樣的轟炸機擁護者，相信取得制空權能夠實際上確保勝利，但他們預想的是一個可怕的過程。杜黑設想著一波波的轟炸機投下炸彈來製造火種，然後使用燃燒彈點燃火源，最後再使用化學毒氣致使來到現場的消防人員中毒，所有這些作法會粉碎平民的士氣，使他們要求結束戰爭。[11] 其他空中力量的倡導者則選擇不那麼令人震驚的戰略概念。在美國，空軍戰術學院（Air Corps Tactical School）探求轟炸主要目標的機會，即現代工業化國家經濟和軍事力量所仰賴的目標。他們相信，經濟緊密交織的國家幾乎沒有多餘的餘地，這代表的打擊一個國家的關鍵節點，將會影響敵人整體的戰爭機制。[12]

但認知到空中領域中每個人的脆弱性，使得此種樂觀受到了限制，如果不能夠迅速地投資到更先進的戰鬥機和專用的空軍上，那麼可能會有毀滅性的結果。對杜黑而言，「殘酷且無法逃避的結論是，雖然我們能在阿爾卑斯山部署最強大的軍隊，在我們的海洋上部署最強大的海軍，但都無法有效防禦敵軍對我們城市決定性的轟炸。」[13] 富有和強大的國家可能會迅速崩潰，而且地理位置的優勢也無法拯救他們。十多年後，英國首相史丹利・鮑德溫（Stanley Baldwin）在議會發表談話時附和這一令人沮喪的結論，「轟炸機能突破一切障礙。」[14] 這與早期關於遠洋作戰意義的辯論一樣，快速決定性勝利的希望與迅速戰敗的恐懼是一體兩面的。

但是第二次世界大戰的經驗並沒有達到期望，技術的限制和積極的防禦者共同限制空中行動的效果，冗長且困難的任務取代了迅速取得勝利的希望，[15] 飛行員的風險往往比他們的目標更高，轟炸機難以定位目標，而炸彈的精準度更是臭名昭彰；而防禦者利用創新的追蹤系統和組織改革提高了性能，[16]因而在攔截和摧毀飛機上的表現相當出色；目標人群表現出堅韌和適應力，而目標經濟找到了規避問題的方法，直到戰爭後期都維持住生產力。歷史學家們認為，空戰確實對戰爭的結果有著重要的影響，但並非是戰間期理論學家們所期望的方式，速度也不如他們所希望的那麼迅速。[17]

二戰後，美國和蘇聯開始投資開發技術，以利用太空達到軍事目的。對彈道飛彈技術的掌握將使得發動毀滅性的核武攻擊成為可能，而且沒有可靠的防禦手段，戰略家們開始認真思考這對戰略和戰爭的影響。[18]

儘管如此，他們也沒有花太多時間思考太空作戰，這個概念依然像是科幻電影的情節。太空可能實現洲際飛彈、遠距監視，以及傳統軍隊間的通訊，但並未被視為是直接戰爭的競技場。可能出於這項原因，冷戰初期沒有出現主要的太空戰略家，在隨後幾十年，對太空也沒有總體戰略框架，也沒有特定理論學家定義這方面的討論條件。[19]

一九五〇年代，美國系統性地投資在彈道飛彈和衛星科技上，但目的是實現核武攻擊和對其對手的情報覆蓋，目標並非在太空中贏得勝利，而是利用太空作為強化陸地軍事力量的手段。[20]蘇聯也採取類似作法，雖然它還將創新視為一種極為強大的宣傳價值來源。蘇聯將第一顆軌道運行衛星史普尼克（Sputnik）的成功描繪為蘇聯科技領先的證據。[21] 然而，蘇聯和美國似乎都沒有考慮將太空科技的創新轉化為地球上的戰爭勝利，他們的期望更加的模糊。

同時，兩國都擔心太空會創造特定的戰時危險，衛星科技的掌握將提高軍事情報的水準，並改進陸、海、空部隊間的協調，但敵人的反衛星飛彈（ASATs）可能將這些都置於危險中。矛盾的是，利用太空效率卻提高了災難性失敗的可能性，一小部分成功的反衛星飛彈打擊，可能會使戰時監視和通訊系統癱瘓，這樣的憂慮促使領導者們尋求自己的反衛星飛彈計畫。總統甘迺迪（John Kennedy）授權在現有的中程彈道飛彈（Intermediate-Range Ballistic Missle, IRBM）科技上，啟動一項地面發射的反衛星飛彈計畫。總統福特（Gerald Ford）隨後因為一項分析顯示美國衛星星系系統日漸脆弱，要求國防部開發新的反衛星飛彈。這兩項努力都不是著重加強衛星防禦攻擊，[22] 相反的，它們反而暗示著未來大國家的戰爭將會以猛烈攻擊對手衛星軌道平台作為開端。如果地球部隊完全依賴衛星的話，那麼未來強國間戰爭可能首先會以極力消滅對方的衛星為重，雖然因為自身的衛星也易受威脅而無法保證勝利，但是至少能夠防止災難的發生。採取行動的動機在於對突然失敗的恐懼，而非是對決定性勝利的期望。

在這方面，雖然太空的出現與其他新領域有所不同，然而，官僚政治的差異性卻沒有那麼的大。太空實力的支持者看到了組織性機會，就如早期擁護海權和空權的人看到領域的擴大是增加海軍和轟炸機的機會，因此雖然美國決策者對太空戰爭抱持懷疑態度，但空軍將其視為大氣層的延伸，是一個能擴展操作的領域。一九五七年，空軍推出了X-20動態翱翔（Dyna-Soar）的概念，這是一種能夠摧毀地面目標和敵軍衛星的太空原型機，但艾森豪拒絕了這個計畫。空軍將X-20重新歸類為一項研究項目以維持這個計畫的存在，但甘迺迪在一九六三年取消了此計畫。儘管如此，美國空軍依然在旗下的太空基地「載人軌道實驗室」（Manned Orbital Laboratory）中推出這個概念，然而白宮也否決了這個想法。[23] 關於太空軍事化的想法在一九六七年《太空條約》簽署後也逐漸褪去，這一條約反映出一個普遍的信念，即大氣層以上的傳統戰爭是不切實際的。[24]

網路空間是最新的領域，激發了熟悉的希望、恐懼和頹喪模式。就某種意義上來說，網路是全然人造的，是一個由人類建立和維護的龐大通訊與數據儲存系統。並非所有人都同意將人造的資訊系統網絡視為作戰領域，一些人認為，將網路空間視為一項軍事領域可協助軍官們了解該領域，以及引導政策辯論。[25] 然而這樣的概念似乎與現實不符，私營企業主導了網路空間的基礎建設，而一般人民則是負責大部分網路資訊的流通。

「戰爭」是否適合用來描述網路競爭依然是不明確的。一九九二年，約翰·阿奎拉和大衛·龍菲爾特（David Ronfeldt）撰寫了一篇具有里程碑意義的文章，描述資訊革命中的戰略性影響。電腦科技的進步預示著軍隊如何作戰，以及如何贏下勝利都將會出現變化，國家將不再透過消耗戰或機動戰來解決彼此的分歧，相反的，他們會透過資訊作戰，而戰爭的結果取決哪一方能夠將對方籠罩在迷霧中的同時依然維持控制。這反過來意味著，國家需要認識自己的力量，改革現有組織或者建立新組織來在網路空間中專注管理資訊。[26]

懷疑者對這一觀點提出質疑，其中最主要的是湯瑪斯·里德（Thomas Rid），他認為「網路戰」是一項誤導。根據克勞塞維茲的觀點，里德將網路戰定義為：「透過惡意程式碼進行的潛在致命、工具性、且政治性的武力行為。」[27]他表示，在阿奎拉和龍菲爾特發表開創性研究後的二十年間，沒有任何的網路攻擊符合這些標準，網路空間的操作是附屬於傳統暴力，或者可能帶有致命力量的資訊操作上。批評者還質疑支撐所謂網路革命的戰略假設，質疑普遍對網路空間偏好攻擊者以及網路武器是弱者的工具這種觀點的擔憂。[28]其他人則將此領域視為情報競賽的場所，而非是武力衝突，因為網路空間流通的是資訊，而不是暴力。[29]

然而，全球的軍事部門逐漸增加對網路人才和能力的投資。樂觀的戰略家看見迅速決定性勝利的可能性，良好執行的網路行動能夠破壞敵方的通訊，癱瘓敵人的體系。在撰寫本文時，這種情況令人特別嚮往，因為戰爭計畫的複雜性是需要陸海空軍間的嚴密整合。干擾資訊的流通能夠破壞敵方的戰場效率。對於擁有綜合軍事優勢的國家，網路攻擊有助於爭取時間，讓他們足以發揮更強大的力量；對於弱國而言，網路攻擊有助於彌補力量的差異。如果一切順利的話，在這一全新領域中取得優勢，意味著能夠決定軍事行動的範圍和速度，因此不難明白為何網路如此吸引戰略家，以及為何他們花費大把時間制定網路作戰的原則。[30]

如同自然的作戰領域，網路空間也會引起對迅速失敗的恐懼。敵方攻擊引發對空白螢幕、遺失船艦和系統突然失靈的惡夢，然而即使沒那麼猛烈的攻擊都可能嚴重影響軍事表現，因為現代軍隊很大程度上依賴著資訊科技系統，這些系統允許他們能夠遠距協調行動，並以接近即時的方式共享詳細資訊。失去此種能力可能會迫使現代軍隊回歸更為緩慢和昂貴的方式作戰，更或者，會直接使他們失去作戰能力。[31]

其他的擔憂則在於敵人會如何使用網路空間來宣傳或散播假資訊，社交媒體的獨特屬性創造了一個環境讓假資訊能夠快速簡單地傳播。此外，透過操縱「深度偽造」的廣播和影像，混淆衝突的真相，這可能會造成衡量戰場進程、理解外交訊號，以及維持國內支持的這些努力變得更加複雜。戰爭總是包含著大量的欺騙，而網路讓這個問題變得更加複雜且艱鉅。

網路因為具有可能的軍事影響力，因此軍方投資於加強網路能力並不令人意外。一些軍隊建立新的組織，負責管理資訊並且在數位領域中開發進攻與防禦的戰鬥概念，然而官僚的擴展也帶來了自身的問題。批評者指出，軍事效率的傳統標準在網路中毫無意義，意味著軍官們無從定義他們所謂的成功。批評者更質疑傳統的軍事階級在網路世界中是否能夠成功，特別是私營部門中駭客社群間特有的桀驁不馴文化，用規定和法規來招募和留任那些駭客們會是一件難事。[32]

這反映出一個更深層的問題：學校教的解決方式無法用於網路領域上。因為使用者的偏好、公司和國家的政策，以及支撐國際網路治理的規定和規範，所以網路領域不斷地進化。安全威脅也同樣是多元且持續變化的，這意味著教科書式解決方法的壽命很短暫，當威脅是穩定且結構良好時，制度化的回應是可以派得上用場，但是網路空間卻非如此。[33]同樣的，進攻行動的效率取決於利用入侵敵方資訊網絡的能力，但因為一些因素，這些入侵的方法變化無常，而且也容易消失，這些因素甚至僅僅是軟體的固定更新而已。總體而言，軍隊無法向現實世界那樣威脅目標，這使得傳統的軍事規劃變得複雜，傳統規劃是將最佳的操作實踐轉化為制度化的例行程序，藉以最大化組織效率，但在這個情況下，最佳實踐可能是虛幻和短暫的。考慮到此領域的技術現實，網路領域需要的是能依情勢應變的策略，即使這意味著必須犧牲一貫的策略。

因此，各國在試圖掌控網路領域時都受到限制，早期對「資訊主導」的希望都被更為謹慎的期望所替代。[34]技術障礙可能會阻止各國迅速擊敗具有實力的國家敵人，而社會因為有許多防禦薄弱的目標，因而也容易受到駭客攻擊。政府的網路一樣容易受到入侵，但是進入外國的網路並不意味著成功擾亂敵軍軍事通訊，所以軍方有明顯的動機使主要的網路能夠維持安全且有餘裕。不像好萊塢風格似地癱瘓敵人網路來取得勝利，有些跡象表示，國家會設定更低的目標，對於持久性戰爭的興趣增加意味著一個不同的優先順序：並非透過精密的網路工具迅速取得勝利，而是如何在受損的戰場環境中維持有效運作。[35]

對網路空間的想法與其他新領域的模式相同，最初希望能夠藉由新的戰場來取得決定性的結果，引發了對災難性失敗的擔憂。然而，隨著時間推移，科技和組織性的問題阻礙了主導新領域的嘗試。國家逐漸接受可能性中的限制，夢想與惡夢因為新奇性的減弱而消退。在此情況下，戰略家轉向跨領域整合力量，而非繼續吹捧專業軍事組織的優勢。

II

希望、恐懼，以及頹喪也描述了大戰略思維的演化。向新領域投射權力的能力也激發了野心，大戰略家經常假設能夠掌握這些領域的人能獲得經濟回報，而繁榮會帶來政治實力和長期的國家安全，當這些賭注擺在眼前，此種誘惑很容易能理解。確實，即使在支援的基礎建設和科技尚未成熟的情況下，對新領域的擴張仍然具有吸引力。對於一些大戰略家而言，概念的證明就足以激發他們的志向。

各國通常也會擔心他們的對手搶先一步，它們假設有實力的對手也會察覺權力投射的可能性，並迅速在新領域建立自己的存在。他們擴張的渴望來自於擔心錯失良機，以及害怕被更具侵略性的競爭對手圍堵，在最糟的情況下，各國擔心容易受到經濟干擾或軍事圍攻。在早期的遠洋海軍、轟炸機、軌道衛星以及網路空間中，這些擔憂也推動了許多討論。

「大戰略」這一詞雖然不存在於航海時代中，但觀察家們對制海權卻有著過於宏大的主張。一五九三年，馬修・薩克利夫（Matthew Sutcliffe）曾預測當危機來臨時，制海權會變成一個可靠的避難所，「擁有制海權的國家和城市，即使在陸地上受挫，在他們從海上戰敗之前永遠都不會被徹底征服。」同時，當代的法蘭西斯・培根（Francis Bacon）相信擁有制海權代表行動的自由，這給予國家在衝突中能選擇干預或置身事外。培根總結道：「擁有制海權的人即擁有極大的自由，他可以按照意願選擇參與戰爭的程度。」華特．雷利（Walter Raleigh）把海洋視為長期繁榮和國家力量的來源，「擁有海洋即擁有貿易，擁有貿易即擁有全世界的財富。」能夠掌握財富就代表能為更大的海軍提供資金，以及能夠將影響力擴及這些軍隊能夠抵達的任何地方。義大利哲學家托馬索．康帕內拉（Tommaso Campanella）直言不諱地說：「海洋的主宰即是世界的主宰。」[36]

歐洲和亞洲強國很快著手將這些夢想轉化成現實。英格蘭和荷蘭建造更大的船隻和更龐大的艦隊，而法國也一樣，雖然黎塞留樞機主教（Cardinal Richelieu）曾經表示過憂慮，認為法國的實力是依賴進口的黃金和白銀。[37]這些國家無意中效法十五世紀明朝的例子，後者試圖透過規模龐大的「寶船」和小型船隻組成的小型艦隊擴張軍事和政治影響力。[38]在這所有例子中，大戰略家假定控制海上航道對區域和跨區域的海上貿易是必要的，他們也相信這將促使陸地軍隊的擴張，因為可以將軍隊送往海外，從而迫使遙遠的統治者接受對己有利的經濟和政治安排。

這些夢想很快地與現實衝撞。精巧的帆船是工程奇蹟，但是如果沒有分布在遙遠前哨周圍的港口，造船廠和儲存設備的系統，它們就無法有效運作。組織這些設備所需的勞力，更不用說船隻本身，同樣的充滿了困難。直到十八世紀後期，即遠洋主力艦首次出現的幾百年後，才得以有效地管理遠洋後勤系統。在這個案例中，就像其他的案例一樣，後勤的負擔對大多數國家都過於沉重了。

即使是可以負擔的國家依然必須花費許多力氣。到了十八世紀末，英國皇家海軍成為黃金標準，但是它也花費數十年來學習如何維持艦隊。建造更多戰艦的急迫性，對於修理及維護各種艦艇且數量有限的船塢而言，無疑是巨大的壓力。隨著艦隊的擴大，建造和保養間的取捨變得更加嚴峻，而且勞工爭議也變得更加激烈。[39]當艦隊本身變得更強大時，也同時變得更加脆弱，例如主力艦容易有乾腐的問題，這是一個危害結構完整性的棘手問題。到了十八世紀末終於有了技術解決方案，包括在戰艦底部添加銅片的方法，以保護船體免受海水侵蝕和腐敗。但是技術維修需要高效的官僚體系，因為這可不僅是一項小修復而已。其他的官僚改革，如更可靠的木材或其他材料的儲存設備等，都需要花費數十年才得以實施。經濟的不穩定也讓情況更糟，繁榮和蕭條的循環導致海軍的基礎建設的花費需要許多年才能償還。[40]

在十九世紀，當時許多強國均試圖競爭建立遠洋海軍，但往往遭遇挫折。對法國、俄羅斯、德國等陸上強權國家而言，專注發展海軍造成對抗陸上敵人的防禦不足，並使它們忽視對海洋的大戰略需採取更為節制且明智的方法。有些學者將它們決定追尋海軍民族主義的決定歸因於渴求國內聲望，[41]雖然這一論點確實得到一些證據支持，但沈溺於海軍民族主義的領導者也最容易受到制海權的引誘。無論這些想法來自什麼因素，他們擴張的努力最終都失敗了，或者只是證明結果事倍功半而已。

在空中力量的早期歷史中也發生過類似的情況。第一次世界大戰時期的原型轟炸機和充氣飛艇無法造成巨大傷害，精準度也是聲名狼藉的，然而一些理論學家仍然把制空權視為強國大戰略的核心。在二十世紀的前數十年，快速的創新引來驚嘆和敬畏，即使移動緩慢的飛艇都被視為統治的工具。[42]更具體的說，制空權的掌握使國家能夠將對手的關鍵價值置於風險之中，威脅城市和經濟中心的能力可能是一種強大的嚇阻工具，尤其是考慮到對空防的實用性普遍存在疑慮，所以遭轟炸的目標可能會投降，而不是從容赴義。[43]國家們也因此藉由維持優勢的空軍來確保自身的安全。早期美國最傑出的空軍理論家比利・米契爾（Billy Mitchell）宣稱，在「航空時代，所有人的命運都透過空中被掌握住」。[44]

制空權在不同環境中均是強國的大戰略。野心不大的強國們可用它來嚇阻對手並監視邊境；另一方面，對於有帝國野心的強國們，可以使用制空權來鎮壓遠在殖民地的叛亂。這種空中警戒能力之所以吸引人，是因為可以藉由科技來減少大型駐軍的需求。帝國軍官寄望於一種想法，即反叛份子因為對工業科技不熟悉，裝載機槍和炸彈的載人飛機出現會使他們感到極度恐懼。上述這些都可以更容易且成本更低廉地維持政治控制。

然而，這些夢想卻有著實際面和政治面的限制。當然，遭受到轟炸襲擊的人民無疑地會因為首次遭遇空軍力量而感受到恐懼，但當震驚感褪去後，恐懼也會逐漸減弱，受害的目標學會如何隱蔽自己以逃避上方的觀察者，以及當轟炸機來臨時發出警報。[45]

戰間期間，強國們紛紛加強它們的空防。雖然創新技術固然緩慢且不均，但到了一九三〇年代中期，即有跡象顯示高空不再是永遠的庇護場。轟炸機無法總是成功抵達目標，使得空權在大戰略中的地位降低。[46]再者，反對轟炸機的批評聲浪越來越高，批評者對空權的效用存疑，並有強烈的動機保護他們的組織利益，就如同海軍的擁護者引發陸軍的反對一樣，空權的擁護者也引起其他軍種的憤慨，這些軍種不願承認空權在大戰略中是決定成功與否的關鍵要素，他們絕對不願看到獨立空軍的建立，因為對他們來說，這樣的空軍難以進行操作控制。

即使在戰爭期間，一些對空軍力量持懷疑態度的人對於轟炸的實際效果也感到疑惑。比利・米契爾曾進行一場有名的試驗，其中美國轟炸機擊沈一艘報廢的德國軍艦，但是批評者認為擊沈一艘停泊中無防禦能力的船並無法令人信服。但真實世界中英國空中警戒能力也很難評估，因為總是很難明確得知空襲是否造成巨大損傷，或是否造成極大不安，因為照相偵測的侷限，以及空襲者完成任務後則會返回基地，因此損害評估非常難以計算。官僚的利益也會影響到效果評估，空軍擁護者有明顯的理由誇大其造成的影響，但對於其他觀察者而言即充滿了不確定性。英國陸軍元帥亨利．威爾遜（Henry Wilson）曾對皇家空軍轟炸機有過這樣的描述，「天知道從哪裡出現，也是天知道對什麼東西投下炸彈，然後又是天才知道跑去哪裡。」[47]第一次世界大戰的結果，最終是透過持久的消耗戰決定的，使得大多數觀察家相信，雖然空軍在未來大戰略中可能會有一席之位，但它不會像早期理論學家所想像的那樣擔任主角。

冷戰時期見證了各國的擴張延伸至大氣層之外，科學家和工程師推動了推進器和通訊的極限。戰爭期間火箭技術的進步，不出所料地引起了戰後對太空大戰略的疑問。在此，希望和恐懼的循環是有所不同的，因為華盛頓和莫斯科的領導者並沒有認真期望能像指揮陸地領域一樣地指揮太空。相反的，他們傾向將太空視為導彈的傳送通道及相互監視的競技場。太空的浩瀚，以及發射和維護衛星所涉及的巨大技術障礙，使得對太空的掌控成為一項遙不可及的前景。儘管如此，超級強權們均在太空技術上投入大量資源，並對她們的對手保持警戒。

太空領域的成功為大戰略帶來許多好處。維護一個衛星星系將使得針對關鍵區域可進行長期但不引人注目的情報搜集。冷戰時期，美國領導人尋找關於各方實力平衡的可靠資訊，這樣他們可以根據需要來調整軍事結構，而無須驚慌或超額支出。引入衛星之前的情報搜集是困難且危險的，在如蘇聯這樣的威權國家中進行傳統的間諜行動是非常困難的，空中偵察也容易受到空防的威脅，間諜行動曝光也會引起外交危機，就如同一九六〇年蘇聯擊落美國偵察機引起的外交危機一樣。[48]因此就不難理解，自艾森豪以後的歷任總統皆對衛星成像技術表現出如此的熱情。

學習如何在太空中運作也使得權力擴張成為可能。當與可靠的太空指揮控制網連接時，傳統部隊可以行軍得更遠且更快，相隔遙遠的部隊間的即時通訊也給予領袖在大戰略中行動的自由，能夠追蹤和協調軍隊的能力意味著可以根據需要將他們轉移到其他的地點。[49]然而，危機則是對太空的日益依賴為較弱的國家創造了機會，反衛星武器能夠干擾美國的權力擴張，弱國不需建造自己的基礎建設即可挫敗更強大的對手。[50]

其他方面的風險也日益增加，國家和商業衛星數量的持續成長引起人們的憂慮，擔心衛星事故後會留下危險的軌道碎片雲，更多的太空垃圾意味著對情報和軍事衛星的風險增加，而因為費用高昂，修復或替換這些衛星也是一個棘手的問題。對競爭戰略有興趣的國家，因為相對便宜的投資會造成競爭者高代價的回應，而將太空視為特別有吸引力的領域。[51]根據防禦攻擊或意外的成本，大戰略中的價值主張可能會隨之改變。另一方面，目前的太空大國可能會投資較小型且較便宜的衛星來維持它們的地位，或者與商業衛星公司合作分攤成本和風險。

在網路空間中，公私合作關係對大戰略來說特別重要，因為網路大多為私人企業所擁有及操作，這使得將網路操作納入更廣泛的安全理論相關的討論更加複雜。因為網路是由私人創造的領域，並非是自然形成的，這意味著它並非中立，維護網路的私人行為者對政府行為深感關切時，無論好壞，他們可以採取行動來支持或約束國家行為者。這在過去的「新」領域中並非如此，海洋不在乎壯大的海軍，而太空也不會在乎衛星。

相較於其他領域，網路是真正「全新」的領域。其他領域在軍事力量的觸角觸及之前都已經存在，科學家得以研究其特性，而網路的出現與探索則是同步發生的。事實上，網路的形成即是由美國國防部所支持的早期關鍵研究所促成。

在網路空間中，國家有混合的大戰略動機，因為同樣的資訊管道可用於情報行動、軍事通訊，以及經濟交流上。美國始終推崇一個開放且可靠的網路，其中一部分是因為網路商務支持著美國的經濟。但據報導美國也同時因為各種目的採用進攻性的網路行動對抗敵人，目的包括反擴散、反恐，以及選舉安全。批評者們警告說，這些活動會造成其他國家限制資訊的自由流通，藉以減少自身受攻擊的風險。如果是這樣，那麼網路行動所產出的潛在短期國家安全利益與長期國家經濟利益間便存在著矛盾。

而國家如何權衡這種取捨取決於他們對大戰略的信念。例如，自由主義途徑的前提認為，貿易與跨國機構是促進國際和平和國家安全，如果事實是如此，那麼國家應該不願採取祕密行動來製造國家安全的兩難，而且它們應該盡量避免破壞國際信任的行動。風險報酬的計算同樣取決於他們對此領域本質的信念，如果國家相信網路空間是具有韌性的，即使在積極行動下仍可以茁壯發展，那麼國家將會持續增加行動。而如果國家擔心網路空間相對脆弱，並逐漸增加資訊屏障，那麼它們將傾向於謹慎行事。[52]

網路的大戰略取決於是否相信此領域為適合施加威嚇手段的場地。例如一些網路嚇阻的理論認為，如果對手擔心遭到報復就會放棄可能的攻擊，那麼國家可以藉由將敵方網路置於風險中以確保自身在網路的利益。但是從一些公開行動的實證研究中可得知，有很多原因會讓網路中施加威嚇的成效難以達成，例如，受害者通常對網路攻擊的忍受度比實際暴力來得高，對攻擊的升級也更加謹慎，這減弱了報復威脅的威力。而這領域本身的特性也不適於威嚇手段，網際網路之所以可以運作，是因為自願連接網路之故，因此潛在目標總是可以選擇切斷網路。各國暴露在全球網路的程度有所不同，有些國家已經採取額外的措施來加強網路安全，公開表明它們具有明確的實力來防禦從網路行動而來的攻擊，以及願意付出代價的意願。[53]

自冷戰後，美國一直追求擴張的大戰略。毫不意外的，它也擴張在網路空間中的活動，儘管官方態度出現了變化，對於「網路珍珠港」的恐懼已被一種普遍的擔憂所取代，即較弱的對手可以透過長期的騷擾來侵蝕美國的實力。根據這種邏輯，對手可以藉網路行動來對抗美國，而不需擔心會有武裝反應的威脅。這些攻擊的影響可能隨著時間累積，從而傷害美國在軍事和經濟上的優勢。二〇一八年，國防部宣布「前進防禦」（defend forward）的方針，即透過盡可能接近威脅源頭來進行操作，以減緩網際網路的威脅；美國網戰司令部透過所謂的「持續交戰」將此方針付諸實踐，該方法強調與有惡意的行為者在持續交戰的領域中保持警戒。[54]這些假設中沒有一項是期待美國的對手會改變立場，而事實上，反而是假定這些對手都是固執不變的。因此，由此形成的途徑則是在面臨網際網路的對手時更加積極，但對於影響他們的行為反而是不感興趣的。

美國的方法是有自覺地試圖將網路行動與其他領域的國家工具整合起來。美國網戰司令部已採取措施來改善與傳統軍隊間的協調，部分原因是為了協助克服它們對網路行動的錯誤期待。國務院則試圖將其外交努力與其他政府部門整合起來，這反映出一項信念，即更一致的方法將增強其訊息傳達效果。於國內，不同部門間協同努力建立情報、執法以及軍事網路行動的橋樑。更重要的是，政府承認自己能力的極限，因而試圖加深與私營部門間的連結。就如在海上、天空，以及太空中一樣，對科技極限的逐步認識能夠激發跨領域的大戰略。[55]

III

軍事創新開闢了新的戰爭領域，但這是一個兩難的情境。藉由鎖定經濟和軍事優勢，權力投射到新的空間可以創造長期安全的機會，同時也可以牢牢控制住對手，它還創造了迅速取得勝利的方式。樂觀的戰略家預見能夠在敵人能力突然過時和脆弱的情況下取得決定性勝利，這些都是優點。

而麻煩在於對手並非如盆栽般固定不動，戰略家不能期待他們的競爭對手會忽略在新領域中的機會。相反的，他們擔心其他國家會在擴展的科技競賽中超越自己，收割所有的獎勵。如此的擔憂同樣發生在以前的海上、天空、太空，以及現今的網路領域。

這些希望和恐懼會隨著時間而淡化。技術、官僚和經濟現實會限制國家主導新領域的能力，強國不僅在操作全新平台上面臨挑戰，同時在建立和維護它們所依賴的普通基礎建設上也遇到困難。龐大的財政投資引發了政治和組織激烈地爭奪資源，然而通常沒有一方滿意其結果。當然，各國持續在新領域中努力，但是它們難以達成絕對的控制。

和平時期的成功並不容易轉化成戰爭時期的勝利，在新領域中取得優勢地位並不等於在這些領域中能夠輕鬆作戰。一個在沒有太多對抗下作戰的國家，隨著它逐漸往偏好領域的邊緣邁進時，就會面臨越來越多的危險。即使是主導的強國也努力嘗試在「爭奪區」中取得一席之地，在爭奪區中，技術弱勢但極具動機的國家將會找方法來瓦解強國。[56]戰爭衝突使得迷霧和摩擦無法避免，而在公海及高空中令人失望的戰爭結果，也顯示出新領域中的戰鬥限制。雖然我們在太空和網路還沒有看到與其相比的衝突，但是假設作戰下的實際問題已再明顯不過了。

然而還有許多不清楚的層面，有一些問題迫切地需要學者和實踐者們更深入地研究。例如，一個「新」領域何時不再被視為新的呢？各國可能將一個領域視為新的，直到它們派遣部隊前往戰鬥為止。戰爭的經驗可能最能證明它們對跨領域戰鬥的想法，而戰爭的教訓可能破除一些它們戰前的期望。學者們可能會選擇不同的門檻，例如，他們可能會在各國首次達到新領域的作戰能力後，設定一個特別的時間段，即使國家沒有直接面對敵人，它的行為可能依然隨著時間改變。相比之下，核戰略的學者一直在檢驗新興的核武國家在首次技術突破的激情消退後，是否隨著時間而變得更加謹慎。[57]

第二個問題，則是先前描述的模式是否為不可避免的。不難理解新領域的吸引力，以及為何戰略家在快速創新期間容易陷入虛假的熱情，官僚激勵和國內政治同樣會導致誇大的希望和恐懼。然而，數個世紀的經驗應該鼓勵人們保持思想上的謙遜。從先前艱苦的經歷中我們得知，有一長串的問題可能在新領域中會阻礙軍事效能，但是未來的戰略家想像新領域作戰時，是否也會記得這些問題？或者他們依然不顧一切，繼續前行？

這些問題都假定依然有待發現的新領域，但也有可能沒有。海洋、天空和太空都已不是新領域了，因此新領域作戰的困境可能僅僅是存在於歷史中而已。然而另一方面，仍然有些空間僅存在於理論，例如，因為有巨大的壓力，深海依然極度具危險性，而大多數的深海仍尚待開發；月球也是如此，雖然它一直是軍事夢想家長期推敲的目標；太空本身雖然已不是新領域，但在太空作戰的科技依然不成熟，雖然曾有人探尋過，但依然沒被人所用，也從來沒有戰爭在此實際發生。結果就是它無法確實反映希望、恐懼和頹喪的模式，對太空戰略家而言，因為技術門檻過高，所以頹喪來得相當早，如果這些門檻在未來開始消失，那麼此種模式將可能重新啟動。近年的科技進步（例如更便宜且可重複使用的火箭），可能確實可以解釋為何太空軍事化的辯論在過去二十年變得如此激烈。

而且有可能出現像網路空間這樣新的人造領域，全新的資訊儲存和分享技術可能讓目前的網路科技變得過時。四十年前沒有人能夠預測到網路的成長；二十年前沒有人能預測到當今社交媒體的性質。而同樣意料之外的改變，將會迫使觀察家們重新思考他們對網路的理解，以及隨之而來的戰略影響。

Chapter

10

情報革命

湯瑪斯・瑞德（Thomas Rid）在約翰霍普金斯大學的高等國際研究學院擔任戰略研究系教授，以研究有衝突的資訊科技的歷史和風險而聞名。著作包括《積極措施》（Active Measures）、《機器崛起》（Rise of the Machines）、《網路戰爭不會發生》（Cyber War Will Not Take Place）等。

二十一世紀的前二十年被視為是一場全面的情報革命。這場正在持續進行的革命十分具有歷史意義，但往往被不了解情況的人所低估，甚至完全忽視。從科技到文化，從政治到歷史，從商業到外交，都有幾個因素在推動情報活動在祕密收集或祕密實施方面的劇變。本章的重點將放在二十一世紀戰略和大國競爭中，一個被忽視但卻不斷升級且極具活力的現象，也就是伴隨著祕密行動的明顯回歸與擴張，反過來催生出一種全新形式的反間諜行動。相較於冷戰時期或以往任何時期，這兩門古老卻又經過數位化改造的情報學科之間所產生的戰略互動，也變得更加敏銳、迅速，更加動態、精細，更加不對稱、分散，也更加公開。[1]

I

傳統的祕密行動仍然存在，例如在有爭議的地方祕密支持地下組織、政黨或媒體組織，甚至包括暗殺在內的準軍事行動。[2]即使是模擬性、低技術性含量的行動也依然存在。然而，遠端執行、電腦控制、鍵盤操作的行動都明顯地增加和普及，並產生了一個問題：網路的崛起是否促成了一波新的祕密行動？這些新行動的特徵是什麼？各國政府又是如何在二十一世紀初，開始反擊這些來勢洶洶的新情報行動？

其中，電腦網路相關事件便具有祕密情報活動的所有特徵，其案例更是比比皆是。最近有些案例便如以下所列：二〇〇七年針對愛沙尼亞的分散式拒絕服務（DDoS）攻擊；二〇〇〇年代末被稱為「震網」（Stuxnet）的病毒活動；二〇一一年各種針對伊朗目標的清除攻擊；二〇一二年針對沙烏地阿美石油公司（Saudi Aramco）和卡達國家天然氣公司（Rasgas）的攻擊；二〇一三年被忽視的布列坦姆防衛公司（Britam Defence）洩密事件；二〇一四年索尼娛樂公司洩密事件；二〇一五年和二〇一六年在基輔所發生的兩次引人注目的大停電，以及在烏克蘭發生的許多其他行動；二〇一六年針對美國大選的一系列破壞和洩密行動；一系列神祕的影子掮客（Shadow Brokers）洩密事件；二〇一七年被稱為「想哭」（Wannacry）和「諾佩蒂亞」（NotPetya）勒索病毒的破壞性攻擊等等，其中有些事件很隱蔽，另外還有些事件則仍未公開討論。

然而，祕密行動不再是孤立的活動。仔細觀察，數位祕密行動只能與二十一世紀情報行動中，另一個部分相關的新趨勢結合起來，並與其一同理解，例如情報行動中公開歸責（public attribution）的再次興起，便超出了傳統間諜活動的範圍，包括工業間諜及對抗性祕密行動。在過去二十年中，許多公開可見、由網路支持的祕密行動會被歸責（有時是由政府歸責）至其他與政府有聯繫的實體。這些歸責的可信度和確定性各不相同，有的可信度很低，有的則完全證實無誤，但很多案例還是免不了被歸責。總之，情報活動在兩個層面上彼此環環相扣，因為某一項行動會反應至另一項行動，以及某一項行動會公開並通報另一項行動。這兩種截然不同但緊密交織的情報活動，構成了觀察可見的情報競爭中、複雜升級情形的核心，儘管這是不對稱的升級。之所以說不對稱，是因為封閉社會和專制政權往往注重祕密行動而忽略公開行動，而開放社會和自由民主國家的情況往往相反，儘管後者也有例外情況。[3]

簡言之，便是網路本身促成了由電腦所各自主導的祕密行動與反情報行動之間，一系列出奇、鬥智又矛盾的互動關係，而這種互動很可能在歷史上前所未見。這種矛盾關係的核心便是可否認性（deniability）。而祕密行動和公開反情報行動都在角逐可否認性，前者的目標是奪取並維持它，後者的目標則是移除它。

II

二十一世紀數位機密行動的創新性，將在二十世紀既定祕密行動實務的脈絡中更加明顯。

祕密行動有時被稱為外交和軍事力量之間的「第三條道路」，是各國政府政策工具箱中最具爭議性的政策工具之一。[4]一九四七年《國家安全法》（National Security Act）第五〇三（e）條將祕密行動定義為：「美國政府影響國外政治、經濟或軍事狀況的一項或多項活動，其目的是不公開或不承認美國政府的作用。」[5]幾十年來，該定義及其不同版本定義始終經久不衰。在中情局有份一九八二年的內部祕密行動長期計畫中，也保留了類似的理解方向，將祕密行動描述成「不歸諸美國的行動，旨在影響外國政府、組織、個人或事件，以支持美國的外交政策」。[6]實際上，所有祕密行動的定義都有一個共同點，即是注重其隱密性。可以說，避免責任上身即是祕密行動的設計初衷。

有關現代祕密行動的起源，其關鍵因素在於早期的蘇聯。蘇聯國家安全委員會的前身組織契卡（Cheka）誕生於一場生存鬥爭，即俄國革命。契卡最成熟的一些行動也是這場鬥爭的一部分，其中最著名的便是一場被稱為「信任」的惡意訊息與欺騙行動。[7]信任行動主要是鎖定流亡的白俄保皇派，以精巧的謊言欺騙了他們多年。相較之下，在西方，以達到某種效果的祕密情報行動反而是其次，僅次於不直接改變目標，只是簡單地收集訊息。

戰後西方的祕密行動是為了反擊蘇聯對歐洲的顛覆行為。就在杜魯門政府啟動馬歇爾計畫的幾週後，富有魅力的美國外交官喬治・凱南起草了一份頗具影響力的備忘錄，標題為「妥善安排政治作戰的開創時代」（The Inauguration of Organized Political Warfare）。在這份備忘錄中，凱南建議成立一個中央辦公室，運用國家「在戰爭之外」所能使用的一切手段。凱南對蘇聯的擴張主義保持警惕。他寫道：「列寧將馬克思和克勞塞維茲的學說融會貫通，以至於克里姆林宮的政治作戰成為歷史上最老練、最有效的戰爭。」[8] 華盛頓當局必須在「政治作戰上」提升其地位。[9]

幾個月後，國家安全委員會發布了第 10/2 號指令，這是一項相當重要的指令，授權中情局在正式成立不到一年的時間內，得以從心理戰拓展到直接干預行動。這種祕密干預的核心特色，就是大家常說的「似是而非的可否認性」。該指南明確表示，「祕密行動」指的是美國政府為針對敵對的外國國家或團體，或為支持友好的外國國家或團體而展開或資助的活動，但這些活動之計畫和執行方式得使未經授權的人看不出美國政府對此負有任何責任，一旦活動曝光，美國政府可以合理地否認。[10]

安全委員會第 10/2 號指令接著列出了一系列祕密活動，包括宣傳、經濟活動、破壞、反破壞、爆破、疏散措施，以及以協助地下抗爭運動、游擊隊和「難民解放組織」為形式的顛覆活動。在一九四〇年代末及一九五〇年代期間，中情局有些規模最大、持續時間最長的祕密行動計畫都涉及到這類難民團體，其中一些最重要的團體位於西柏林，例如「保衛人民戰鬥隊」（Kampfgruppe gegen Unmenschlichkeit, KgU）。保衛人戰鬥隊實際上是一個小型情報機構，旨在收集並主動揭露有關蘇聯佔領區虐待囚犯和祕密警察活動的情報。[11]

一九五三至一九七三年間，中央情報局在智利特別活躍。其中最明顯的例子，便是中央情報局代表基督教民主黨候選人愛德華多·佛雷·蒙塔爾瓦（Eduardo Frei Montalva）干預了一九六四年的競選活動，試圖阻止馬克思主義候選人薩爾瓦多·阿葉德（Salvador Allende）獲勝。中央情報局在一九六四年花費了三百萬美元，大約每位智利選民一美元（後來，有位地位顯赫的國會人員表示，同年的美國總統候選人詹森（Lyndon Johnson）和高華德（Barry Goldwater），在每位選民上只花了約五十美分）。[12]佛雷贏了五十六%的選票。在智利，另一個規模較小的方案計畫是向主要的保守派報紙《信使報》（El Mercurio）提供一至五個記者的名額資助。這些記者負責撰寫支持美國外交政策目標的文章或觀點，例如在一九六八年華沙公約組織的軍隊鎮壓「布拉格之春」之後批評蘇聯，或壓制有關越南戰爭的不利新聞。[13]《信使報》計畫的高峰期，是每天出版一篇由中央情報局所指導的社論。[14]至於另一項在智利實行的計畫，便是指示當地合作者在聖地亞哥兩千面牆上畫上「你的」（su paredón）的標語，以喚起人們對共產黨行刑隊的記憶，以達影響一九七〇年大選結果的目的。[15]其他由美國資助的聖地牙哥海報，則是直接發出嚴正警告：阿葉德的勝利將預示著智利宗教崇拜和家庭生活的終結。

此時出現了兩股更大的歷史趨勢。首先，便是自一九六〇年代初以來，美國和盟國情報機構開始減少其祕密行動的數量。在二〇〇二年所解密的一份中央情報局一九六七年內部報告，曾揭露了冷戰初期所展開祕密行動計畫的數量。不過，即使是編寫該報告的中情局內部分析人員也很難得到準確的數字，因為隨著時間的經過，一些較小的「專案計畫」（program）有時會合併為「方案計畫」（project）。根據中情局統計，杜魯門政府時期（一九四九至一九五二年）有八十一個方案計畫，艾森豪時期有一百七十個，甘迺迪時期有一百六十三個，詹森時期有一百四十二個，直到一九六七年二月。[16]

有關中央情報局祕密行動歷史趨勢的一項研究顯示，到了一九七〇年代初，「越南事件的不利轉折」改變了大眾對美國外交政策目標的適當作用，以及美國在世界事務中扮演更廣泛角色的看法。中情局的備忘錄認為，「水門事件造成的國家創傷」進一步加速了一九七二年後的反思。到了一九七五年，將祕密行動視為政策工具的作法已急劇下降，而且「中情局進行祕密行動的能力已然萎縮」。[17]到了一九八〇年，中情局的全部祕密行動預算只佔其總預算的不到五％。[18]冷戰的最後十年暫時扭轉了這一趨勢，其主要歸功於中情局對阿富汗抵抗蘇聯佔領的祕密支持。

第二股趨勢與計畫數量下降有關，即計畫在本質上產生了變化。簡言之，祕密行動變得不那麼激進了。一九八〇年代初，中央情報局在評估祕密行動的未來作用時，形成了一種共識，也就是跟一九五〇年代和一九六〇年代相比，一九八〇年代的計畫應「扮演範圍更窄、選擇性更強的角色」。冷戰初期，中央情報局的前沿組織規模龐大、人員齊全，但只有極少數明智的高層人員。其中一個特別引人注目的組織代號為「拉卡速克」（LCCASSOCK），是西柏林一家頗具規模的雜誌、小冊子和傳單出版商，其負責人是卡爾－漢斯・馬爾巴赫（Karl-Heinz Marbach）。「拉卡速克」從事重大的偽造、造謠和大規模宣傳活動，甚至是發展出自己的商業野心。然而，在整個一九六〇年代，中央情報局意識到這種祕密活動已經難以為繼。中情局在一九八二年的長期規劃備忘錄中表示：「適合一九五〇年代及一九六〇年代的大型反前線組織，將不再適用於一九八〇年代及一九九〇年代。」[19]有些內部備忘錄顯示，祕密行動計畫中存在著一反常態的低調和節制意識。長期計畫建議，「要讓政策制定者了解並尊重祕密行動的限制」。

蘇聯似乎出現了相反的趨勢。到了一九八〇年代初，蘇聯國家安全委員會內部的積極措施（active measures）也達到了官僚主義的頂峰。[20]根據美國中央情報局估計，蘇聯的積極措施每年的預算在三十億至四十億美元之間。[21]蘇聯國家安全委員會A處，也正好要在整個東歐集團情報機構中，一同精進及傳播祕密造謠的方法。一九七九年，A處處長佛拉基米爾・伊凡諾夫（Vladimir Ivanov）做了兩份祕密簡報，這兩份簡報現存於保加利亞檔案中，即「積極措施在情報工作中的作用和地位」（The Role and Place of Active Measures in Intelligence），以及另一份關於使用「影響力代理人」（Influence agents）的簡報。[22]

伊凡諾夫表示，A處成立於一九五九年。[23]共產黨隨後就將這個新處併入蘇聯國家安全委員會第一總局（First Chief Directorate）。到了一九六〇年，當美國反間諜機構開始向國會和大眾揭露蘇聯國家安全委員會的行動時，蘇聯國家安全委員會已經在以驚人的速度實施積極措施。謝爾蓋・康德拉謝夫（Sergei Kondrashev）就曾於一九六八年短暫擔任過A處處長，他評估自己「每天都要審查三到四項新提案」，據他回憶，這些提案加起來「每年至少有數百件以上」。[24]這個數字只計算了蘇聯的行動。到了一九七九年，蘇聯的積極措施更是蓬勃發展。其中規模最大的措施代號之一為「火星」（MARS），其試著要收編西方更廣泛的和平運動。影響行動在蘇聯國家安全委員會對外情報組織中的重要性穩定上升，而積極措施已變得如此普遍，以致於蘇聯情報和軍事機構等不同部門都想參與惡意資訊的賽局中。伊凡諾夫在一九七九年曾說道：「積極措施變得太普遍、太成功了。」他更是回憶道：「蘇聯國家安全委員會的各個部門對積極措施都有一定的興趣，而且現在有很多部門也堅持認為他們可以自行準備並實施這些措施。」[25]第一總局堅持在計畫和實施積極措施時，嚴格維持其中央集權的方式。而自一九七四年以來，一直是蘇聯國家安全委員會對外情報部門的負責人的佛拉基米爾·克留契科夫（Vladimir Kryuchkov），則認為積極措施「在整個情報事業中佔有其應有的一席之地」。[26]

不過，到了一九八〇年代初，西方國家在反擊蘇聯最具侵略性的情報行動方面也漸入佳境。一九八〇年代初，美國國會中多個委員會就蘇聯的積極措施舉行了聽證會，中央情報局和聯邦調查局也在聽證會和各種大肆宣傳的報告中，向國會提供了大量證據。政府的目的是提高大眾和新聞界的意識，並希望透過向大眾曝光使蘇聯部分的戰略失去作用。

當蘇聯解體、網路崛起時，一股歷史趨勢已經穩定成形，也就是在封閉社會中的影響行動不斷升級，而開放社會則相反。

數位祕密行動（digital covert action）是一門藝術與科學，透過某種形式的電腦網路操作，以確保用一定程度的可否認性的方式，製造及管理至少得以部分實現的效果。例如，入侵受害者或受害者網絡，把文件洩露出去，然後透過使用具欺騙性的有利情資洩露被盜資訊。抑或是，透過精心策劃一場影響運動，利用具欺騙性的有利情資來擴大目標社會中實際存在的不滿和裂痕。就跟以往從事祕密行動一樣，此類行動的核心目的和設計規範，便是能提供對該行動的可否認性。

電腦網路行動本來就具備使祕密行動更具破壞性和侵略性，並從顛覆目的轉向破壞目的的吸引力。類比與數位之間有三項明顯對比，能夠解釋這種升級趨勢。

首先，網路基礎設施成本大幅降低。在大多數情況下，準軍事祕密行動向來涉及一系列類似的要素，向那些與美國利益一致的團體或運動提供資金和武器裝備，以中央情報局不易察覺的方式進行，並向受支持團體提供行動建議和培訓。為了達成其隱蔽性，中情局需要購買具可否認性的軍事硬體及基礎設施，以便在全球範圍內移動其武器系統。前丘奇委員會工作人員格雷高里・崔佛頓（Gregory Treverton）表示：「在戰後初期，就很少見到蘇聯及其盟國所製造的武器裝備，因為最容易用來否認是美國提供的，所以就很難取得了。」[27]到了一九八〇年代初，情況反倒是產生了變化。當中央情報局開始支持阿富汗的聖戰者組織時，美國在一開始提供給聖戰者的武器就幾乎都是蘇聯製造的，也因此是「了無新意」的類型。

新舊祕密行動的第二個主要區別之處，便是可擴展性（scalability）。相較於具有基地、飛機庫、維護和本地供應商的臥底後勤公司，若是相關基礎設施是遠端託管在虛擬機上的，而且大多是通用設置，那麼基礎設施的成本不僅會降低，而且重建和重新使用基礎設施的速度也會快得多（同樣的邏輯，反過來說，這樣也會降低攻擊的影響，因為要是在進攻行動中損壞的只是數位資產、而非實體資產，那麼防禦者重建起來就會容易得多）。最後，當操作員不必離開總部辦公室時，他們的個人風險也會低得多。總之，遠端行動可以更快啟動、更快關閉，並以更高的風險容忍度和試驗性來進行。

在情報工作中幾個久經考驗的方面，很可能還是不會受到科技進步的影響。其一，便是收集與影響之間存在著內在的緊張關係，無論在過去或現在都是如此。在大多數情報機構中，間諜活動和祕密行動都由同一個組織負責。在美國中央情報局，便是由通常被稱作祕密行動處的部門在負責這兩項活動。在蘇聯及之後俄國政體中，收集和積極措施似乎在某些組織的單位層面上都是一體的。而此種整合的原因之一，便是同樣的能力和網路，無論是人員網路或機器網路，都能用於這兩種活動。其實也正是這種雙重用途的特徵，才會造成了緊張關係，間諜活動的核心價值是耐心、保密、完美的行動安全並將風險降至最低；與此相反，祕密行動的核心價值是速度、宣傳、務實的行動安全（opsec）並承擔風險。因此，要在祕密行動中取得最大成果，可能就要以犧牲情報收集為代價，反之亦然。

III

普立茲獎得主湯瑪斯・鮑爾斯（Thomas Powers）在撰寫有關「情報」一事上，便曾提及其觀察結果：「反情報之於情報，就如同認識論之於哲學。」[28]而他在一九七九年寫下這句精闢的話時，就已強調反情報與知識論之間的相似之處。他的比較是關於懷疑主義的價值，也是關於透過明確的認知方式來呈現自己的成果。三十年後，鮑爾斯的箴言開始有其他新層面的意義。到了二〇一〇年代初，出現了一種趨向大眾公開、數位方面的全新反情報活動。這種新形式的反間諜活動對於情報工作而言，就如同知識論之於哲學。突然之間，原始資料都變得易於大批研究人員和調查人員取得，並開始成為許多以證據為主且遠不及機密論述的參照來源。敵對情報行動的成果現在由其同儕進行審查，並由一群充滿熱忱的調查人員在會議和工作進度會議上展示、檢查、分析和逆向設計。公開辯論的審查工作因此有所改進，在歸責敵對情報行動的典範上也開始出現轉變。一種新的公開情報知識理論，可說是逐步形成。

透過冷戰時期的比較，可以發現反間諜活動，在受到一九九〇年代網路興起的影響，而發生了相當大的變化。

根據一二三三三號行政命令的定義，反情報活動包括：

收集資訊和展開活動，以識別、欺騙、利用、破壞或防範為了或代表外國勢力、組織、個人或其代理人、國際恐怖組織或活動所進行的間諜活動、其他情報活動、破壞活動或暗殺活動。[29]

中央情報局前反情報官員、內部訓練手冊作者威廉・強生（William Johnson）或許提出了一個更簡單優雅的定義。強生寫道，反情報及其採用的方法「目的就是要挫敗對手陰謀組織，在擷取屬於僱用你的政府的祕密或敏感訊息方面的積極作為」。[30]強生的定義反映了反情報活動既有的防禦及進攻兩條路線。

最具深刻見解的反間諜案例研究之一，便是一九九〇年代初的「鼴鼠追捕行動」，該行動導致奧爾德里奇・艾姆斯（Aldrich Ames）被捕。揭發艾姆斯的調查是由中情局試圖解釋一九八五年蘇聯一系列情報損失所引發的。當年，幾名為中情局工作的蘇聯間諜被逮捕並處死。這項非同小可的相關調查，其最權威的描寫莫過於《叛國圈》（Circle of Treason）一書，這是由二〇一三年由指認艾姆斯的兩名反情報小組核心成員所撰寫。[31]這本書讓我們一窺高調反情報調查中所使用的各種技術和方法，以及揭開可疑行為所必備、艱辛的文書工作。艾姆斯案調查的關鍵突破之一，便是高度掌握艾姆斯活動的內容與時間表。直到中央情報局一名反情報分析員將艾姆斯支票帳戶的存款，輸入艾姆斯行程緊湊的活動日誌中，他的活動模式也才隨之浮現：

一九八五年五月十七日——艾姆斯與丘瓦欣共進午餐
一九八五年五月十八日——艾姆斯存款九千美元
一九八五年七月五日——艾姆斯與丘瓦欣共進午餐
一九八五年七月五日——艾姆斯存款五千美元
一九八五年七月三十一日——艾姆斯與丘瓦欣共進午餐
一九八五年七月三十一日——艾姆斯存款八千五百美元

謝爾蓋・丘瓦欣（Sergey Chuvakhin）是艾姆斯在中央情報局批准下正式會見的一名蘇聯官員，也是艾姆斯的上線。

有位中情局反情報官員在二〇〇九年表示：「間諜活動需要經驗豐富的分析師、行動官員、技術專家、律師、財務調查員、執法官員和心理學家，這些人全都要以團隊方式展開工作。」[32]

一九五四至一九七四年，中央情報局反情報參謀人員都由詹姆斯・安格雷頓（James Angleton）領導。第二次世界大戰期間，安格雷頓曾在倫敦和羅馬為戰略情報局（OSS）祕密的X-2反間諜部門工作。[33]到了一九六〇年代初期，安格雷頓已成為「中情局內的傳奇人物」，曾有一份機密研究報告稱，「他是一位才華洋溢、兢兢業業的專業人士，在西方世界具有無與倫比的反情報經驗。」[34]但安格雷頓還是有很大的缺點。到了一九六〇年代初期，有位口才流利的中情局內部歷史學家戴維・羅巴格（David Robarge）表示，「他失去了分寸，失去了與不確定性共存的能力。」[35]在安格雷頓受過反情報訓練的腦袋中，陰謀的實務與理論之間的界線往往模糊不清。很快的，他便不厭其煩地將蘇聯國家安全委員會描繪成一個無所不能的機構，精明地實施著一個針對美國政府的巨大陰謀，其中包括假變節者、滲透、欺騙和惡意訊息。一九七四年聖誕節前夕，中情局局長威廉・柯比（William Colby）解除了安格雷頓的職務。[36]安格雷頓在美國反情報界是一個極度兩極化又具爭議性的人物，即使是在他於一九八七年去世之後，他的歷史定位仍持續不斷分歧中，而且分歧得十分激烈。

有兩位蘇聯國家安全委員會叛逃者，對於一九六〇年代、一九七〇年代的反間諜行動造成重大影響，並經由安格雷頓對此後的反情報研究產生了相關影響。第一位是蘇聯國安會駐在芬蘭赫爾辛基的聯絡站間諜安托爾・戈利岑（Anatole Golitsyn），他在一九六一年十二月叛逃到美國。第二位是尤里・諾森科（Yuri Nosenko），他是一名被派往日內瓦聯合國裁軍會議的蘇聯國安會官員，一九六二年六月開始為中央情報局從事間諜活動，一九六四年二月叛逃到美國，並被大肆宣揚。[37]抵達美國後，中情局開始評估諾森科的真實身分，這個過程異常漫長，最後他被單獨監禁審訊了大約三年之久。戈利岑主動提出協助反情報參謀部評估諾森科真實身分的建議，因此中情局便允許戈利岑查閱審訊文件。一九六四年六月二十九日，安格雷頓和另外兩名中情局官員與戈利岑見面。戈利岑說：「我研究了貴單位向我所提供有關諾森科及其審訊的文件和資料。」接著說道，「我想說一下我的結論……我的結論是，他不是真正的叛逃者。他是個來挑撥的臥底，為國安會執行任務……專門來誤導的。」[38]安格雷頓也反過來贊同戈利岑的觀點，認為諾森科實際上並非叛逃者，而是一名具有影響力的蘇聯間諜，是國安會派來向聯邦調查局和中情局注入惡意訊息。

安格雷頓最廣為人知的，可能就是他將所謂蘇聯透過安插叛逃者進行散布惡意情報活動描述成「鏡之荒野」（wilderness of mirrors），這是他從詩人艾略特（T. S. Eliot）的一首詩中所摘錄下來的。[39]中情局之中懷疑安格雷頓的人都嘲笑他的理論為「怪物陰謀」，並在安格雷頓被解僱一年後，這也成為中情局反情報部門一份嚴謹的內部研究報告的標題。[40]機構的正統觀念很快就對安格雷頓一派產生了抵觸，在公開對話方面也是如此。一九八〇年，調查記者大衛．馬丁（David Martin）的著作《鏡之荒野》（Wilderness of Mirrors）問世，該書後來成為反情報文學的經典之作。中情局在評論馬丁這本書的一篇文章中表示，這本書「揭發了戈利岑是個不重要叛逃者的事實，他製造的麻煩比他帶來的價值還多，說明諾森科才是真的，並在安格雷頓神話戳上許多破洞。」[41]有位死忠擁護安格雷頓的支持者，同時也是中情局的高階官員，一直到二〇一〇年代中期，幾乎是在他臨終之前都還是在深入探討「利益各方」那片充滿混亂和陰謀論的荒野。[42]

美國情報界每個反情報部門，最主要關切的還是針對其上級組織的情報威脅。例如，中情局的反情報參謀部歷來都是專注在針對中情局的威脅，常年的安格雷頓論點就說明了這一點。至於，空軍特別調查辦公室（OSI）的工作重點是空軍，國防情報局（DIA）的工作重點是國防部等等。國家反間諜與安全中心（National Counterintelligence and Security Center, NCSC）這個政府機構，其歷史可追溯到二〇〇一年，其職責範圍則更廣大，在機構間反情報協調方面具有領導及支援功能，並參與公私部門的向外延伸活動，但國家反情報與安全中心並不參與田野調查。[43]在美國，最主要的反情報機構還是聯邦調查局。

聯邦調查局反情報處從成立之初到整個冷戰期間，最初的工作重點都是打擊蘇聯的情報活動，因為蘇聯對美國構成了最嚴重的情報威脅。[44]而最廣為人知的聯邦調查局反間諜案件，可能就是《我們之間的俄國人》（Russians Among Us）一書中所描寫的一群俄國非法移民的破案過程。[45]聯邦調查局的職責包括調查、揭發和打擊產業間諜活動；此外，中國向來是最明顯、最強大的敵人。[46]尼可拉斯・艾夫第米亞迪斯（Nicholas Eftimiades）是前美國中情局分析員，曾在中央情報局和國務院有過反情報工作經驗，他在一九九四年發表了一篇有關中國情報活動的經典研究報告，而當時中國的數位間諜活動尚未大規模展開。艾夫第米亞迪斯觀察到，中國的情報收集行動主要集中在產業間諜領域，「其數量之多已經令具有反情報職責的機構應接不暇」。[47]他補充說，中國的情報技術並不成熟，但數量可以彌補這項弱點。聯邦調查局對產業間諜調查最詳細的案例研究之一，是最近一本有關中國試圖從企業龍頭孟山都（Monsanto）和杜邦先鋒（DuPont Pioneer）竊取作物工程智慧財產權的書。[48]到了二〇二一年，聯邦調查局認為產業間諜活動的代價是「每年數千億美元」。[49]冷戰結束後不久，中國情報威脅成為主導勢力，但僅限於產業間諜，或許還有政治間諜，迄今為止還沒有針對美國的祕密行動（唯一主要例外是針對居住在美國的中國利益相關者的行動）。[50]

聯邦調查局的反情報職責不僅限於反間諜。該局也負責調查、揭發和打擊美國境內的敵對祕密行動，包括積極措施和惡意情報活動，例如干擾選舉。其中一個值得注意的歷史案例，便是聯邦調查局對於蘇聯在一九七〇年代和一九八〇年代初試圖滲透和支持和平運動的調查。[51]

二十世紀的傳統反情報工作與二十一世紀的數位反情報工作，形成了鮮明的對比。前者高度保密，隱藏在小團隊及小團體之中，其行動跡證很少會公開，但追捕間諜行動卻在報紙、非虛構作品、甚至小說和電影中，得到了過多的曝光。此外，間諜活動往往被政治化，並具有高度的投機性，而二十一世紀的反情報行動則具有相反的特徵。

數位反情報行動是一門藝術和科學，其能調查、識別、網羅、揭發敵對情報行動，並盡可能將其歸責於敵對對象，其目的就是要挫敗此類活動。數位反間諜活動通常（但並不總是）涉及公開或部分公開曝光對手的行動、基礎設施或其他指標。反情報行動既可打擊間諜活動，也可打擊祕密行動。此類行動可能有多重目標，例如在戰術層面「燒掉」基礎設施，消除其可否認性，或是在戰略層面嚇阻其對手。在網路安全公司中，「威脅情報」團隊或具其他名稱的單位，都在使該公司處於或保持市場競爭地位方面，扮演著相當重要的角色，因此在很大程度上，反情報行動已成為受市場驅動的安全行業中一項重要的組成部分。艾迪芬斯（iDefense）公司便是最早意識到並形成這個新市場的新創公司之一，該公司成立於一九九八年五月，當時其名稱為基礎設施論壇公司（Infrastructure Forum, Inc.）。然而，在實務方面，最新的反情報研究之中，其一項核心驅動力反而更為平凡，也更為基本，就是世界上最先進的惡意軟體逆向工程師和數位鑑識調查人員，無論是在營利部門還是非營利部門，全都充滿了好奇心和熱情。這些專家組成了一個緊密的實務團體群組，甚至開發了自己的分類系統，即「紅綠燈協議」。[52]具有這樣共同的社群精神，再加上「獵殺」與防範最複雜對手的共同利益，公開競爭公司的威脅情報團隊就很有可能會在私下相互分享、交流所發現的高度敏感資訊。

值得注意的是，公開反情報的實務作法並不是新聞，但是卻正以全新形式和全新表達方式重新出現。美國情報界開始公開反擊蘇聯的祕密行動，特別是當時被稱為「積極措施」的檔案。一九六一年六月二日，在中情局計畫處曾負責中情局自身祕密行動的理查·赫姆斯（Richard Helms），在某次聽證會上向國會提交了大量實際案例和證據，揭開數十項針對美國及其盟國的祕密措施。中情局為準備這次聽證會的文件投入大量精力，並授權出版了多個附錄，共一百二十七頁。[53]事實上，聽證會本身就是一種公開的反情報活動。在一九八〇年代後來的聽證會上，中情局採取了更進一步動作，不只公開其本身部分的調查技巧，甚至讓自己的調查人員和分析人員就中情局如何建立歸責能力進行作證。

兩名前中情局反間諜官員在一九八八年某篇文章中曾表示：「外國情報機構相當善用這種美國組織的界限來挫敗美國的反情報工作。」[54]事實上，就在幾年後，「月光迷宮」（Moonlight Maze）行動背後的俄國軍官選擇了美國境內，尤其是科羅拉多州的一家公共圖書館，作為其最關鍵的跳板。美國國防部部分調查人員推測，俄國情報人員（準確地）懷疑，出於法律監督的原因，美國反情報機構將更難追蹤和監視公共圖書館內正在進行的行動。[55]

綜觀整個二十世紀，反情報和祕密行動人員的技能和經驗，在政府情報部門以外的市場中，並沒有得到充分重視。訓練有素、技能純熟的人員實際上只限於一個雇主，也就是他們自己的政府。情報專家在情報機構工作，反情報專家在反情報機構工作。不過，現在不再是這樣了。

在二〇一〇年代初期之後經常被稱為「威脅情報」的數位反情報領域，不僅競爭激烈，而且在一九九〇年代末期，人才也確實開始出現從更廣泛的政府情報部門轉移到私部門，並偶爾再回到政府部門的現象。這種獨特的「旋轉門」（revolving door）現象為私部門注入的不僅僅是紀律、方法和組織專業知識。當經驗豐富的分析師或學科領域或地區專家從美國國家安全局轉到谷歌（Google），或從政府通訊總部（Government Communications Headquarters, GCHQ）轉到網路安全公司克勞德史崔克（CrowdStrike）公司時，他們不只帶來了特許知識（privileged knowledge），同時也知道該在哪裡能找到公共或專業數據與證據，從而幫助其新雇主獨立重建對敵對情報行動的發現和評估。

政府不再是壟斷反情報行動的行為者。很多私人公司也開始從事揭發和挫敗敵對方情報收集和祕密行動的工作。網路安全公司麥迪安（Mandiant）公司曾出版具有里程碑意義的APT1報告就是一個早期的例子，該報告揭開了中國人民解放軍情報部門的產業間諜活動。[56]而谷歌是另一個早期例子。二〇一四年九月五日，山景城（Mountain View）的安全團隊在更廣泛的惡意軟體研究社群中，也發布了一份題為「窺視水族館」（Peering into the Aquarium）的報告。[57]該標題意指從事情報工作的俄國分析師；「水族館」則意指俄國參謀部情報總局（GRU）位於莫斯科附近的霍登卡機場（Khodinka airfield）的舊總部大樓。此外，谷歌也分析過一整套工具，尤其是「奇幻熊」（Sofacy）和「X探員」（X-Agent），這些都是「接受某個複雜的國家資助的組織所使用的工具，其主要目標是前蘇聯加盟共和國、北約成員國及其他西歐國家」。[58]谷歌對俄國參謀部情報總局所正在進行的行動做出廣泛傳播的分析，其數據是來自向惡意軟體資料庫和平台VirusTotal所公開和私人傳送的惡意軟體樣本。谷歌的「水族館」報告只是私部門對某種新形式的反間諜活動所進行、且特別引人注目的早期分析，而這種反情報活動主要（但又不完全）是由傳統情報界以外的調查人員所推動的。

此外，嚴格來說，反情報活動在情報機構內部也曾發生過重大變化。美國中央情報局前局長赫姆斯在一九八四年表示，抓捕間諜的一個長期特色，是情報收集人員與反情報官員之間「正常又自然的緊張關係」。赫姆斯認為，情報收集者的職業偏見便是將新招募的線人視為老實線人，而反情報官員的職業偏見卻是將新招募的線人視為可疑線人。選擇往往是非黑即白，在成功或失敗地建立起消息來源的真實性方面，失敗便意味著要放棄消息來源。赫姆斯說：「如果沒有這種緊張關係，我不知道該如何正常管理情報組織。」[59]當資訊來源是機器而非人類時，這種正常的緊張關係很可能無法完全消除；但已不再像赫姆斯所懷疑的那樣「自然」。

一個顯著又常見的例子，即是被稱作「第四方收集」的現象，這是一個相對較新的信號情報（signals intelligence）術語。有份未註明日期的國家安全局內部文件（很可能是二〇一〇年代初的文件），便將這個概念定義為：「第四方收集利用反電網攻擊（CCNE）的進入權限，從外國電網攻擊（Computer Network Exploitation, CNE）受害者那裡提供外國情報。」電網攻擊是數位間諜或電腦網路攻擊的技術性術語，反電網攻擊是「攻擊性數位反間諜」或「反電腦網路攻擊」的簡稱。白話來說，第四方收集就是以間諜監視間諜。[60]美國國家安全局的相關部門極力強調，擾亂對手的植入程序並不算是破壞，也不算是一種攻擊形式，相反的，第四方收集是改進收集工作的一種方式。國家安全局在介紹方面也以大寫字母解釋道：「這不是破壞或CNA活動」。

有個例子能說明這點。從二〇〇九年夏季開始，美國國家安全局對中國某個指揮控制點進行「持續收集」活動。美國政府代號為「拜占庭強盜」（Byzantine Raptor）的該位中國情報人員，便是在收集有關聯合國的資訊。美國國家安全局表示，「美國國家安全局能夠進入中國的『信號情報』（SIGINT）收集系統」。美國國安局參二聯合國目標情報辦公室（NSA's S2 UN target office）隨後根據這項第四方收集工作發布三份情報報告，「全部涉及高利益、高知名度的時事。」[61]在數位科技背景下，抓捕間諜已不必然是中斷他們的工作，反倒是意味著他們永遠不會注意到有人在祕密複製他們的工作。在這種情況下，美國國安局的進攻與防禦任務，也就是收集和反情報任務，其之間的界限已被刻意跨越。

IV

因此，網路也擴大了五種互動情形。可否認性本身便會產生第一種互動情形，可否認性並不等同於否認，否認是指明確否定該對某行動負責。有個較明顯的例子，便是克里姆林宮一直否認俄國政體是企圖干預二〇一六年大選的幕後黑手。可否認性是一種更微妙、更抽象、更具彈性的資產。

乍看之下，可否認性似乎是一種遞減的優勢。行為者或許會繼續否認下去，但又會在某個特定行動中失去可否認性。有個明顯例子即是，法國政府最初否認涉及一九八五年七月綠色和平組織的船隻彩虹勇士號在紐西蘭沉沒的事件。僅僅兩個月後，顯示法國政府涉案的證據確鑿，法國總理不得不承認了對外安全總局（DGSE）為擊沉該船所採取的祕密行動。

簡單來說，可否認性取決於行動的結構、相關行動的情報，以及相關行動者的可信度。可否認性可能會隨著新資訊的出現而迅速式微，但是可否認性也是非二元屬性，在某些情況下可能會減弱，卻不會完全歸零。即使在出現大量證據得以完全指證犯罪者的情況下，出於政治或心理原因，犯罪者的否認對於其目標國家的特定群體或個人，還是能具有一定的吸引力。有個相當明顯的例子，就是川普顯然無法承認俄國情報部門試著干預他合法贏得的大選。

若是一項行動的可否認性過低或過高，那麼可否認性很可能就會完全消失，而且無論在哪種情況下，對於行動者來說，還會跟其所預期的相反，反而失去了價值。可否認性較低也代表後果風險增加，例如經濟制裁、國際逮捕令或外交孤立。另一方面，可否認性過高則代表著行動沒有明確的象徵意義、戰略意義或政治價值（除了潛在的戰術價值），或許可與自然事件相提並論，例如軍工廠可證明的意外爆炸、照明引起的火災或真正的交通事故。其中一個例子，便是惡名昭彰的「沙烏地阿拉伯電纜」洩密事件，其源頭即是沙烏地阿拉伯外交部的一個高層網路漏洞，被發布在一個神祕的網站（wikisaleaks.com）上，並被當作維基解密洩密事件。而在此事件中，並沒有任何值得注意的公開歸責性可言。

可否認性過高的事件可能會產生直接影響，包括預期影響，但作為間接影響，卻沒有附帶足夠明確的政治訊息或威脅（儘管不應排除向目標發出私人訊息，有時甚至是在公共管道）。因此，公開反情報行動有時可能會反其道而行之，使行動的可否認性保持在有成效的範圍內，不能太高、也不能太低，從而有利於犯罪者。

V

第二種互動情形與速度有關。對祕密行動的可否認性提出質疑，其反擊速度越快，效果就越好。然而，緊張局勢很快就會出現。詳細調查所發生的一切需要時間，例如篩選大量日誌文件和圖像，對所使用的各種基礎設施進行後續研究，對大量情報數據進行有針對性的分析，發出傳票並等待回應，甚至透過具特定性的情報收集來闡明某一行動的後續情報任務。總之，速度有利於祕密行動，而耐心則有利於反情報。

然而，其過程仍有一種相互抵銷的現象。畢竟行動越是成功，就越難長期維持祕密性。可否認性就像是有半衰期，而祕密行動的隱密性則幾乎只有暫時的光景。不過，祕密行動的半衰期並不像放射性元素的半衰期那樣具有固定的常數；它是調查人員為破案所投入資源的函數，也是犯罪分子為掩蓋其蹤跡所投入資源的函數。這些資源反過來又是雙方政治利益的函數。

積極措施和祕密行動的行為者往往是實用主義者，而不是完美主義者。他們心裡都很清楚，一項行動不可能長期保持隱密，至於原因則有以下幾點：首先，行動的結果會依其定義明顯呈現於目標對象眼前，即使該目標對象無法立即意識到發生的原因。例如，伊朗納坦茲（Natanz）的濃縮離心機不再按程序設定的速度旋轉，而工程師正努力要搞清楚到底發生了什麼事，更不用說要意識到自己是該破壞行動的目標。其次，數位祕密措施、甚至是數位祕密情報行動，往往會留下數位鑑識跡證（artefacts），從磁碟或記憶體中的惡意軟體樣本，到日誌檔案和指揮控制基礎設施皆有。調查人員，通常是私部門的調查人員，很可能會注意到這些跡證，並以某種方式對其採取行動，例如更新安全產品，使其能夠檢測到新發現、仍未歸責的威脅，或與合作夥伴分享新發現的指標，因此從長遠來看，其更有可能全面曝光。第三，特別是具有歷史意義的大型行動，尤其是被視為是成功的行動，都會誘使操作者、組織和政治領導者在事後公開，即使是以匿名的方式公開。比方說，網路病毒震網便是個十分有用的例子。美國政府消息人士匿名向調查記者提供了有關這次行動的訊息，而工程師們也在部分技術會議上暗示了他們的角色。

從長遠來看，最有效、最常見的公開方式，便是讓行為者自己說話。情報機構和情報官員主要會透過三種方式為自己發聲。首先，他們會公開自己的檔案，在大多數情況下，這往往要等到事發幾十年之後，而且檔案資料也會是最詳細、最可靠的證據。情報官員為自己說話的第二種方式，便是撰寫或談論他們的工作。若是相關人員叛逃到另一個國家，就能在那裡更加正式地進行匯報，抑或是其前雇主已不復存在的情況，例如前東歐集團情報組織，那麼這種揭發行為往往會更詳細、也更有啟發性。最後，還有一種不太常見的情況，即是洩漏未經授權的情報文件。例如，史諾登（Snowden）洩密事件，要不是史諾登透露了足以證實一系列「五眼聯盟」情報行動的詳細歸責資訊，這些行動也就不會被發現了。

VI

第三種互動情形與這兩類行動的公開方面有關。針對祕密行動的公開反情報措施將會影響被反擊的行動，也就是防禦與攻擊的相互作用。換言之，針對祕密行動的措施既不應明顯落後於進攻行動的能見度和影響，也不應在能見度和影響上超過進攻行動。在任何一種失衡的情況下，進攻方都可能佔盡優勢。

10-1行動計畫（Operations Plan 10-1）便是一個以祕密行動掩蓋目標所採措施的典型案例。一九六〇年代初，蘇聯國安會成功派遣間諜潛入位於巴黎奧利機場（Orly Field）的美國武裝部隊傳令中心（US Army Forces Courier Center），而這名間諜向莫斯科傳遞了大量美軍祕密文件的照片。在他的身分曝光之後，蘇聯國安會決定回收其中一些資料，並透過偽造方式擴大洩密範圍。這些極具爭議的文件揭開了美國在西歐（包括西德）的核子目標，以及在紅軍入侵西歐時特種部隊在敵後作戰的侵略性非常規戰爭計畫。美國國務院統計在歐洲範圍內出現的極具破壞性洩密事件就有二十件之多，但都沒有對該行動做出反應，因此也就使得該行動變得更加有效。[62]

最近的一個例子，即是「影子經紀人」（Shadow Brokers）事件，這是情報史上最具戰術破壞性的洩密事件之一，其洩露了美國政府所使用的敏感駭客工具。然而，美國各級政府都刻意迴避承認該事件，從而引發了這樣一種理論，即影子經紀人事件也許是有史以來，在針對美國國家安全局方面，最複雜、最有效的祕密行動之一。

祕密行動或祕密行動的結果，可能會非常明顯並產生影響，但也可能沒有影響，甚至在產生任何有意義的影響之前就被發現。其中有個新的動態因素，更加劇這個問題，即是「網路」降低了祕密行動的風險門檻。因為在鍵盤上進行遠端行動的風險，往往遠低於實際前往外國領土策劃或執行行動，即使是簡單的行動亦然。因此，就更常出現低品質、低影響的祕密行動了。在社群媒體公司公開或「移除」該資料之前，這種情況也為調查人員帶來了相當的困難。因為在社群媒體上，「移除」往往會吸引大量的新聞報導及關切，所以比起被公開、被「移除」的活動本身可能反而產生更大的影響及更高的大眾能見度。從二〇一八到二〇二〇年的幾次臉書移除事件，就曾出現過這種不對稱現象，尤其是在臉書於「早期階段」進行移除活動的案例中。在同樣的案例中，刪除「數十個虛假帳號和頁面」，或是較少的粉絲量及印象淺薄，又反過來創造了數百篇閱讀量和印象深刻的新聞報導，從而產生了不可避免的二階效應（second-order effect），大大超過了一階效應（first-order effect）。[63] 新聞界對於惡意訊息本身的追逐，反而會使在曝光階段的惡意訊息具有更高的能見度。

VII

要追究的不僅是只有「誰」，還包括「為什麼」和「那又會如何」。確定行為者，如政府、機構、單位、承包商或個人，確實是公開反情報工作的重要一步，但是確定行動的意圖和目標，以及實現這些目標的有效性，往往更為重要，也更為困難。所謂的「網路攻擊鏈」（cyber kill chain）是個具有七個步驟的概念模型，其目的在於分析從偵察到目標行動的網路入侵活動。然而，該模型中所缺少的，也無法從網路鑑識中取證的，就是階段零（計畫）和階段八（評估）。要能在階段零和階段八追究出責任是很困難，但又是相當重要的事，因為要是不這樣做，就會很難研擬出合適的公開反情報對策。

這個具體的歸責問題正好彰顯出另一個反預期性的互動情形，即最容易確定和衡量的效應便是反情報效應。

在評估效應時，祕密行動和反情報行動都處於認識論的模糊地帶，也就是犯罪者和捍衛者都要面對這種不確定性，而網路更是大大增加了這種認識論上的不確定性。例如，評估蘇聯國安會干預二〇一六年美國大選行動的有效性，對於受害者和敵對情報機構來說都有其內部的困難。正如某位蘇聯集團積極措施叛逃者在採訪中對本文作者所說的那樣，缺乏「測量設備」是惡意訊息行動的特色之一，因為他們都在利用現有的社會或政治分歧，而這些分歧無論如何都會在行動之外繼續發展。對美國政府來說，評估美國公共反情報措施的有效性同樣也很模糊，雖然對於特定的蘇聯國安會部隊及其指揮官來說則不然。

任何以反情報為目的的公開歸責主張（public attribution claim），都有兩種本質明顯不同、但都被包裹於同一行為的傳播方式，例如發布政府新聞稿或起訴書等執法文件。這兩種傳播方式是針對兩種截然不同的對象，即第三方和犯罪者本身。第三方主要是國內民眾，然後才是國際利害關係人，包括第三方政府、網路維護者，以及其他實際和潛在受害者。

任何公開歸責主張的主要目標對象都是對手。但重要的是，對手並不必認同此次歸責主張的有效性，畢竟儘管是以部分可否認性的方式涉案，犯罪者及其上級都很清楚自己確實涉及了現在被公開資訊的行動。對於該對手來說，其問題在於行動被公開了多少，公開得有多徹底、多準確，對於仍在運作的有效優勢會有什麼影響，在歸責對象對於對方行動的了解程度方面又公開了多少，以及公開所造成消極與積極影響的總和會是如何。歸責主張，尤其是包含技術指標的詳細報告，可能不僅僅是消耗能力，還會在被動的反間諜調查中約束和限制了對手的資源。當然，諷刺的是，在成功實施的反情報措施下的目標對象，反倒會試著否認或為該效應保密。

VIII

最後一種互動情形與政治有關，並且跟參與情報活動的政府的憲法形式相關。

具可否認性的祕密行動，從根本上來說，就是一種不民主的手段，跟問責（accountability）、開放與透明的核心價值都格格不入。隨著國會對情報機構的控制和監督日益嚴格，中情局的祕密行動之所以隨之減少，也絕非巧合之事。問責必須付出行動代價。行動的目標越是野心勃勃，具民主問責性的情報機構就越難成功規劃、資助、授權和執行祕密行動，因為這些行動原則上往往很依賴可否認性。在一個開放的民主國家，成功的祕密行動在隨後被公開的風險也高得多。

在開放社會與封閉社會之間，因為允許祕密行動所產生的不對稱現象，也已經為反情報行動帶來了振奮人心的影響。尤其是部分五眼聯盟國家都已經開始公開，重要但又不完全是那些自己沒有參與或不再參與的情報行動類型，即商業間諜和侵略性祕密行動。到了二〇二〇年，美國司法部已經針對涉及傳統政治間諜活動以外的情報活動，起訴所有敵對的網路營運商。

主要道德問題、同時最終也是政治上的問題，便是存在於鍵盤上的許多祕密行動目標廣泛，往往類似於過去所謂的積極措施。這些行動很可能是要針對整個政治社群或次文化，例如試圖擴大現有的種族、文化或政治分歧。但是，一旦目標範圍縮小到單一情報機構，亦就是採取反預期性措施時，有些祕密行動策略就會變得更有吸引力，成為越來越多自由民主國家所部署的公開反情報策略。

這裡的關鍵背景是參與公開歸責過程的實體和行為者的快速增加。到了二〇二〇年代初，在本世紀頭二十年發展起來、整個反情報調查社群的協助下，以新創方式公開敵對情報行動的細節已經成為一種可能。[64]公開歸責行動還能透過非政府實體，大部分的尖端網路安全公司，還有教育工作者、非營利調查人員、活動家，甚至業餘愛好者，以新創方式達成，也能以隱密方式向這群人提供調查線索，甚至在必要時還可以予以否認。

傳統的反情報調查主要具有防禦性質，而且其被動性更甚於主動性。然而，新的和不斷擴展的數位反情報現實，也許是自相矛盾的，更是為自由民主國家和廣大的調查界帶來了偌大的可能性，得以在反擊和削弱敵對情報組織的範圍內，部署實際上可算是進攻性的祕密行動策略。而反情報所曝光的範圍從科技到戰略，則是從明確到模糊，從公開到隱藏皆有。

一個部分公開的反情報社群的崛起，也為現代戰略制定者帶來了前所未有的挑戰和機會。其中，有三個特別明顯的動態因素。

戰略制定者所面臨的第一個挑戰，來自於開放體系與封閉體系之間的強烈對比。相較於開放社會中的同行，具侵略性的專制政權，其外交和安全政策制定者也將遵循截然不同的規則和道德標準。封閉體系似乎是暗中升級，而開放體系則傾向於公開升級，例如揭露祕密行動。而強調並宣傳國際事務中的這種道德不對稱現象，正是符合開放社會的利益，從而捍衛且提高自身的公信力，以抵禦持續出現的道德平等性（moral equivalency）議題。

第二個挑戰與此密切相關，其源自於有爭議的證據標準。要能最有效地消除不可否認性，不僅要抽象地將矛頭指向敵對情報機構，還要詳細揭露其行動，然後透過特定的產出物

（artifact）、證據和指紋，建立基於事實的歸責關係。然而，即使是最令人信服、最有次序的證據，也很可能會遭到部分對手、政治利己方（self-interested parties）及陰謀團體的質疑，甚至是否定。戰略制定者所面臨的挑戰，是如何形成資訊揭露的成本效益計算，並對特定資訊揭露的具體目標及目標對象有一個清晰的概念。利害關係越大，歸責的後果就越嚴重，所需的證據就可能越多。

最後一項、也是最為棘手的挑戰，即是評估效果，這對受害者和加害者來說都是一項重大挑戰。兩者都有一個類似的證據問題，也就是祕密行動和公開反間諜行動的目的都是在改變對手的行為，但是解釋行為和集體決策卻充滿困難，尤其是若有某個目的在加速具組織性、獨立性發展的計畫，或是有目標試圖掩蓋效果的情形。因此，評估影響或缺乏影響或許會變得非常困難，甚至是不可能的事。封閉體系往往會誇大陰謀的影響，無論是真實的還是想像的，包括自己及他人的陰謀。相較之下，開放社會必須在文化上盡力降低陰謀論的煽動，有系統地抱持懷疑態度，並且慎重對待證據。情報官員和戰略制定者更是應該以身作則，因為在缺乏適當證據的情況下，集體將過大的影響力歸責於未知及無法解釋的事物，將會是社會走向衰落的標誌之一。

Chapter

11

準則、邏輯及大戰略

約翰・路易斯・蓋迪斯（John Lewis Gaddis）在耶魯大學擔任軍事與海軍史的羅伯特・洛維特教授（Robert A. Lovett Professor）。目前，負責指導大戰略、傳記以及歷史研究方法等課程。近期著作包括《喬治・凱南的一生》（George F. Kennan）和《大戰略》（On Grand Strategy）。

隨著本書第三版的出版，《當代戰略全書》就像一顆彗星，定期重訪，從而照亮我們所處的地緣政治體系。其中第一版由愛德華·米德·厄爾（Edward Mead Earle）主編，於一九四三年問世，距離二十九年前開始的「世界」戰爭時代，以及在軍事上可預見的戰事終結還有兩年時間。第二版由彼得·帕雷特（Peter Paret）主編，於一九八六年問世，距離一場長達四十五年的「冷戰」，以及其在意識形態上不可預見的結束還有五年的時間。而現在這版，則是在我們所熟知的「後冷戰時代」三十年後出版，要是模式不變的話，這也預告著一個無論好壞、與我們最近的過去截然不同的未來。然而，這三次歷史探訪都有著一個共同的願望：戰略的悠久歷史能幫我們預測未來。

身為歷史公認的史學奠基者，希羅多德（Herodotus）和修昔底德（Thucydides）曾生活在一個充滿神諭的時代，而在某些方面，我們也是如此。我們諮詢智庫、資料庫和人工智慧，但它們所使用的語言，甚至是其中某些名稱，都與德爾菲（Delphi）的預言如出一轍。它們所拋出的悖論，其謎題往往多於原則，至少是全都需要澄清的程度，若是要作為行動的基礎，則需要指引。因為悖論的目的，便是將對立面轉化為單一真理。[1]

對歷史學家來說，悖論中最主要的就是「在敘述中忠於事物過去」的時間性（timefulness），與「從過去歸納出模式以預示事物未來可能」的永恆性（timelessness）之間的對比。不過，透過信仰、運氣或自變項，把這些對立面整合起來的希望渺茫。長期以來，歷史學家一直認為，專業程度往往來自於經驗，無論是從生活中累積的經驗，或是從學術研究中吸收的經驗。因此，戰略就是標準，指示方向的指南。

I

霍爾．布蘭茲（Hal Brands）在其為本書撰寫的導言中表示，所謂戰爭在「戰略」中的基本地位，在其前身中是完全可以理解的：戰爭，無論是冷戰或熱戰，都是制定、應用戰略的原因，必要時還會修改戰略。其他一切皆源自於戰爭。然而，勞倫斯．佛里德曼（Lawrence Freedman）現在擴大了重點。他認為，從戰爭的「狹隘範圍」到涉及「人類事務的各個層面」，二十世紀的定義不斷在進步。如今，戰略是「一種思維方式、一種思考習慣、一種評估局勢弱點的能力、一種對因果關係的理解、一種將不同的活動聯繫起來以實現共同目標的能力」。[2] 然而，他問道，是什麼被遺漏了？怎樣才能防止戰略在知識界變成像是大雜燴湯，只是把所有可用的東西倒進去？[3]

我認為，答案與「大」這個形容詞，經常跟「戰略」這個名詞連在一起、卻鮮少解釋有關。其實大雜燴湯也沒什麼大不了的，除非它變成消費者和飢餓之間的唯一選擇。在這種情況下，鍋裡有什麼、在哪裡、誰能喝到，都成了生死攸關的問題。也許這就是目睹了一八一二年法軍從莫斯科撤退的克勞塞維茲抵制絕對定義的原因。不過，正如帕雷特在一九八六年《當代戰略全書》的序言中所表示，克勞塞維茲「根據手頭的事情改變了戰略的含義」。[4]

本人的學生也是如此，更沒有全讀過克勞塞維茲。不過，他們知道，決定去哪裡吃披薩可能要做出艱難的選擇，但這只是在他們所謂的「小」戰略層面。但是，當他們在高中決定上哪所大學或學院時，又會做出怎樣的決定呢？或是現在正在決定選修什麼課程、申請什麼專業？或是畢業後決定從事什麼職業？抑或是關於與誰相愛或分手？對年輕人來說，這些都是決定一生的問題，即使受影響的人生其實寥寥無幾。

這就顯示了，戰略之「大」不僅體現在時間和空間上，也體現在觀察者的眼中，也就是規模。在任何情況下，微小的選擇都可能產生重大的後果，這就屬於「大」的範圍。克勞塞維茲深諳此道，他的「摩擦」（friction）概念，即可能出錯的事情遲早會出錯這道理，便適用於從釘子到馬蹄鐵，再延伸到馬匹、國王、王國等各個層面。他對於「一眼定生死」

（coup d'oeil）的推崇，在眨眼之間對複雜性進行評估，代表著要看到各種大小物體之間的關係。他將戰爭視為「弔詭式三位一體」（paradoxical trinity），使戰鬥人員冒著生命危險的激情、指揮官的技巧，以及戰爭目標的一致性，正如他所說，要求「在這三種傾向之間保持平衡，就像一個物體懸浮在三塊磁鐵之間」。[5]

這使得戰略成為一個三體問題，其各組成部分的行為都是不可預測的。休・斯特拉坎（Hew Strachan）在《當代戰略全書》裡有關克勞塞維茲的文章中寫道：「任何理論都不能不考慮其中任何一種傾向，但也不能固定它們之間的關係，因為它們永遠處於變化之中。」[6]只有回顧性的敘事才能大致了解發生了什麼，但也無法保證以後還會發生。那麼，該如何才能萬無一失呢？

克勞塞維茲將理論的任務從預測轉為去蕪存菁，從而解決了這個問題。他解釋說：「理論的存在，是為了讓人不必每次都重新整理資料並苦讀鑽研，而是能把這些資料信手捻來，而且井然有序。」理論的目的則是「教育未來指揮官的思想，或者更準確地說，是引導他進行自我教育，而不是陪他上戰場；就像一個明智的老師能引導和激發年輕人的智力發展，但又注意到不是只牽著他的手走完一生」。[7]只是沒有哪個年輕人有時間及耐心，會去思索長輩們想表達的一切。不過，理論作為一種去蕪存菁的道理，倒是能把長輩知道的東西精簡成年輕人需要知道的東西。這就是克勞塞維茲所說的「訓練」：提供必要的技能和耐力，以便在未來的壓力下保有泰然自若的態度。

在克勞塞維茲看來，「泰然自若」源自於他所提及「準則」（grammer）和「邏輯」（logic）之間的相互依存關係。準則是克勞塞維茲所熟知、軍隊所必備的操練和紀律；在今日，大家最好將其視為任何大型組織的標準操作程序。然而，這些從來都不是獨立存在的。這些全都受制於競爭對手的行動、摩擦的作用、意外的發生、偶然事件的隨機性，以及無法消除的恐懼，無論這種恐懼受到多麼強烈的壓制，都有可能不復存在。一旦這些事情顯現出來，群體的準則就會讓位於個人的邏輯，小說家的紀錄也將比歷史學家的紀錄更精彩。羅斯托夫（Rostov）不停思考著，並且無法相信自己所見，「這些是什麼人？」「他們會是法國人嗎？……他們有可能是來找我的嗎？為什麼？來殺我的嗎？是我嗎？是大家都如此愛戴的我嗎？」[8]

訓練一方面尊重權威，另一方面也承認常識的存在。要是訓練得好，就能引導成長朝著預期的結果邁進。若是不好，就會讓人失望，甚至招致毀滅下場。無論如何，訓練都像是一門園藝學：是對發展所進行的培育和推動。這也反過來提出了一個評估戰略成果的標準：「透過這些結果，你們就能了解它們。」[9]

II

任何果實都不可能在不利的環境中茁壯成長，戰略也是如此。因此，戰略與生態的相匹配就必須是準則與邏輯的首次連結，而《孫子兵法》儘管艱澀不易，但一直以來都是最好的指南。吉原恒淑研究員便曾表示，孫子本人可能從未存在過，「孫子一書」只是一本「選集，記載了中國古代一支新興軍事思想流派中，那些無名無姓管理者的集體智慧」。該書從多種觀點出發，避免了單一的解決方案。對於許多讀者來說，這本書裡有太多碩果可擷取。[10]

但若是歷史本身會以多種聲音來說話呢？如果理解需要調和對立面呢？如果結論籠罩在三體的不透明性之中呢？《孫子兵法》比希羅多德、修昔底德及其眾多後繼者的個人著作更直接地面對這些難題，其定義了吉原所說的「戰略文化」，即是「一個國家中負責保衛安全的成員之間，有關武力方面之效力、作用及使用的共同信念……」的集合體。由於這些「記憶中過往的敘事」會「隨著時間過去而相對穩定」，進而可能「對當代政治家和指揮官思考和使用武力的方式造成明顯的影響」。[11]

這就是三版《當代戰略全書》背後的假設。撰稿人在所寫的時代和場域中確定了戰略文化，但是對於這些文化中可轉移的成分是什麼，卻沒有比《孫子兵法》更明確的共識。以下是本人根據克勞塞維茲準則和邏輯平衡法所列出的清單。因為在戰略研究中，成敗的標準很可能就在這裡。

在本人所列清單中，第一項便是生態敏感性（ecological sensitivity）：因為任何事物都與其他任何事物有所關聯，所以要先去理解不同時間、空間和地點的特殊性。因為萬事萬物都與其他萬事萬物有關，所以跨越時間、空間和尺度的特殊性就會變成一致性（uniformity）。古希臘人當然知道這一點。在抵禦西元前四八〇年波斯人的入侵時，他們先是利用了可預見的環境，即是風向、水源及艱難地形，接著也利用了不可預見的機會，即是吞食負重駱駝的飢餓獅子、德爾菲神諭中對「木牆」（wooden wall）的讚譽，以及薛西斯（Xerxes）本人極端的過度自信，他在薩拉米斯（Salamis）派出了一支不諳水性的划船手所組成的艦隊。在希羅多德的幫助下，希臘最終取得了勝利，這可以說是第一次展示了主場優勢。

隨後還有其他例子。西元九年，日耳曼部落引誘羅馬軍團進入條頓堡（Teutoburg）森林，從此一去不返。一五八八年，英國邀請西班牙無敵艦隊進入其荒涼的英吉利海峽，然後打殘了他們的船隻，任憑後者隨狂風、天候及漫長歸途所擺布。兩個世紀後，喬治三世派遣軍隊遠渡重洋，追擊著一支有其大陸得以撤退的叛軍。一八一二年，冬季第一片初雪飄落之際，俄國任由拿破崙攻佔莫斯科。伍德羅・威爾遜（Woodrow Wilson）和富蘭克林・羅斯福（Franklin Roosevelt）的立場都已經從在地理上隔絕世界大戰，轉變成在時間上為世界大戰做好準備，以確保要在最終進行干預時，能以最小代價產生最大的影響。[12]

這些事件全都體現了中文「勢」的概念，即使這些事件都不是受其啟發。吉原解釋說，「勢」是一個難以翻譯的術語，它可以指順流而下的水流、滾下山丘的巨石、捕食者精準致命的俯衝、拉開弩弓的潛在殺傷力。它代表著將慣性轉化為「爆發力」，[13]透過激發潛能使力量倍增，從而減少使用更多力量的需要。與之最為接近的英語概念可能是「槓桿作用」（leverage），其必須在挖掘潛力時具有廣度、在運用潛力時具有巧思，並在機會之窗關閉前就要把握好時機。然而，這些全都不是不請自來的。

比方說，廣度就與專業性格格不入。這就是為什麼分別擅長陸戰和海戰的約米尼（Antoine-Henri Jomini）和馬漢的思想，從未能像孫子或克勞塞維茲那樣具有普遍性。到了約米尼於一八六九年去世時，搭乘鐵路的軍隊比起半個世紀前拿破崙的軍隊，甚至是薛西斯帶領前往薩拉米斯的波斯軍隊，其移動速度都要快了數倍。[14]到了馬漢一九一四年去世時，海軍已經將自己的活動範圍擴大到海面之上和之下，達到了前所未有的三維程度。兩位戰略家都知道這些創新方式，但都不認為有必要修正自己的想法。他們的準則對於新的邏輯來說太過狹隘。[15]

獨創性反倒是會顛覆傳統。人們經常會說：「這事做不到。」直到做到了，才會想起它是唯一可能達成的事情。一個不屑於使用武力的信仰怎麼會佔領羅馬帝國？一千年後，一位偉大的女王又如何用貞操來平衡大國？三個世紀後，受教育最少的美國總統怎麼會成為最受尊敬的總統？在二十世紀，不守規矩的民主政體又是如何戰勝嚴於律己的專制政體？我們經常被告知，突變推動了演化，歷史上的意外也是如此。

最後，時間表並不等於時機。凱撒大帝、拿破崙、列寧、希特勒和詹森都知道自己生命短暫。[16]因此，他們拚命追求加快其上升的步伐，而且偏好平坦地形，更勝於尋找穿越該地的道路。他們所建造的豐功偉業令人印象深刻，甚至令人生畏，但其地基很快就出現了裂縫。與此形成鮮明對比的，則是屋大維（Octavian）、伊莉莎白一世（Elizabeth I）、林肯和羅斯福，他們在繼續前進之前，都先對地形進行了仔細的測試。這就代表他們有時必須接受延誤，甚至是不一致的表象。然而，這些都是對於不一致的調整，是韌性和耐力所必須具備的條件。

馬修・克羅尼格（Matthew Kroenig）在其收錄於《當代戰略全書》的文章中，提及馬基維利（Machiavelli）時寫道，戰略的成功來自於運用「自己的技能來駕馭環境，以達到自己的目的」。[17]這也表示，在戰略中，就像在生態學中一樣，必須平衡準則與邏輯，否則如何確定是否適合所處情況？走鋼索的人別無選擇，只能將自己所走的路排除掉懷疑不安。然而，戰略家必須找到自己的路。

III

這就帶到了戰略成功的第二個標準，即是維持可信度（maintain credibility），也就是預期對手、盟友和支持者所做出的保證，即使不切實際，也會兌現。只要銀行儲戶不是同時提款，銀行就會依照慣例放出超出存款價值的貸款，這種準則自有其邏輯性。[18]大國的運作方式與此類似：若是被要求兌現所有保證，或用盡所有嚇阻手段，它們的戰略就會像擴張過度的銀行一樣迅速崩潰。但要是沒有出現這種最壞的情況，其可信度就會像「勢」一樣，使其影響力倍增。

然而，又是什麼決定了可信度呢？就銀行方面的答案很是明確：拒之門外的排隊人潮就是個壞兆頭。然而，這種標準卻不適用在國家的例子上。在危機中，其多元群眾會朝著不同的方向發展，這使得可信度成為另一個三體問題，甚至是更糟的問題。最能說明這一點的，莫過於修昔底德在其《伯羅奔尼撒戰爭史》（History of the Peloponnesian War）中的論述。

希臘在戰勝波斯之後，並沒有建立中央政府。相反的，他們建立了一個由其特有城邦所組成的體系，而在該體系中，陸上專制的斯巴達和海洋民主的雅典是兩個截然不同的典範。這在當時是合理的，因為陸軍需要服從命令的陣形，而海軍則仰賴自動自發的划船手。每個城市都在自己的能力範圍內追求至高無上的地位，以至於雅典在戰爭來臨時，準備將阿提卡（Attica）半島大部分區域讓給斯巴達。至於雅典本身，以及其港口比雷埃夫斯（Piraeus）倒是變成了一座陸上孤島，補給都從海上提供，而陸地上則以長長的城牆與外界隔絕。斯巴達變成了老虎，雅典變成了鯊魚，二者在各自的地盤中稱霸。據說，其爆發力，也就是他們的「勢」，都將留在各自的地盤內。

不過，這算是準則，卻非邏輯，因為地盤很容易就會令人想到穩定的心理狀態，卻無法抵禦華特・羅素・米德（Walter Russell Mead）所說的「情緒風暴，無論是感激、同情還是憤怒」。[19]這點在西元前四三〇年中，亞得里亞海（Adriatic）上一個不起眼的港口埃皮達姆努斯（Epidamnus）的居民因為不明原因開始互相屠殺，而開始變得十分清楚。當時的倖存者分別向斯巴達和雅典的附庸國科林斯（Corinth）和克基拉（Corcyra）求救，但這些城市卻把責任推給了他們的主導國，使得雅典和斯巴達的可信度都受到了威脅。

隨後於西元前四八三年在斯巴達所進行的「辯論」，則是成為了一次對於戰略文化的徹底解析。修昔底德聽從科林斯抱怨雅典「選擇了超過其能力的冒險決定，大膽地忽視了自己的判斷力」。他們「自己不休息」，「也不給別人休息」。至於，斯巴達的回應則是「什麼也不做，只是看起來好像要做什麼」，也因此讓「敵人的力量（達到）原來的兩倍」。受抱怨的雙方都沒有做出令人信服的回應，很可能是因為這些抱怨是準確的。但這畢竟代表，兩個地盤根本就沒有真的劃分開來；一個地盤在不斷擴張，而另一個地盤卻停滯不前，原因實在根深蒂固，根本是無法補救。修昔底德寫道，結果就是兩個地盤的碰撞：「雅典力量的成長，以及這在斯巴達引起的恐慌，使得戰爭更加不可避免。」[20]

斯巴達人一如預期地在西元前四三一年入侵阿提卡半島，雅典則依計畫將其公民聚集在城牆內。即使到了那時，雅典的領導人伯里克利（Pericles）依然保證，雅典還是會維持民主政體，其防禦方式將是與世界其他地方互通往來，這種開放性比嚴厲保守的斯巴達所能提供的任何東西都更具吸引力。但可預見性和意外很快就顛覆了這個戰略，就像半個世紀前波斯的戰略一樣。

地主們就如同所能預料的一般，發現自己很難在雅典城牆上靜靜看著斯巴達人焚燒他們的農場和葡萄園。而本來就難以預測的開放政策，把病毒隨著商品一起傳入，一場致命的瘟疫很快就席捲了整個城市。伯里克利死於這場瘟疫後，政治形勢變得更加粗暴，對待盟友的態度也更加苛刻：投靠斯巴達似乎需要搶佔先機。這就是為什麼西元前四一六年，本應保持開放態度的雅典告訴先前保持中立的米洛斯（Melian），雅典作為「海洋的主人」，他們要求所有島嶼必須對其服從，而不只是維持友好關係。而雅典一看到沒有人服從，為了維護其可信度，他們便殺光了米洛斯島上所有的男人，奴役女性和兒童，進而重新佔領了這個地方。

此時，有傳言說八百里外西西里的塞傑斯塔（Segesta）城，有可能會投靠斯巴達的盟友敘拉古（Syracusans），因此雅典議會投票決定派遣一支軍隊阻止這種可能性發生，即使斯巴達軍隊距離雅典城牆還有一天的路程。西西里的「遠征」在敘拉古和斯巴達手中遭受了災難性的失敗，而斯巴達現在也砸下鉅資建立了一支標準的海軍。米德寫道，這種角色的逆轉讓這場戰爭的勝利者，「幾乎和被征服者一樣精疲力竭」。[21] 這為馬其頓征服整個希臘開闢了道路，起初是馬其頓，但最終是羅馬。希臘最終摧毀了他們悉心捍衛的家園。

現在，大家經常會抱怨「任務偏離」（mission creep），即是目標逐漸擴大，超出了最初的意圖。然而，修昔底德的《歷史》表示，為了使保證具可信度而慢慢擴大其所認為必要的範圍，「可信度偏離」會是一個更古老、更麻煩的問題。因為當任何可能發生的事情都成為可信度的考驗時，能力就必須變得無限大，虛張聲勢就必須成為日常。[22]兩者都不是長久之計。準則與邏輯互相一致，卻產生荒謬結果。

IV

因此，防止「偏離」的最佳保障是戰略成功的第三個標準，即自我修正。走鋼索的人透過持平長桿來實現這一點；輪船和飛機則是靠陀螺儀保持漂浮和滯空；無論是有形或無形之手，市場都要仰賴監管制度。戰略家追求的是主動權，也就是選擇在何時何地部署的自主能力，但是這需要穩定性：一方面要在準則脫離邏輯之間找到出路，另一方面則是在二者無法長久的結合之間找到出路。那麼，所謂的中間地帶又在哪裡呢？

其答案之一，可能是時間。修昔底德讓雅典勸告斯巴達：「那就慢慢來，不要被別人的意見和抱怨所說服，這樣會給你們自己帶來麻煩。」[23]但希臘城邦既年輕又愚蠢，他們缺乏自信心，無法放慢腳步進行自我修正。因此，他們的生命就像阿基里斯（Achilles）的生命一樣，短暫卻難忘。吉原寫道，中國人不急於求成，而是專注於「冷靜、淡定、詳細地評估安全環境」。[24]這或許就能解釋，為什麼我們今天所了解的中國，與在伯羅奔尼撒戰爭時期、雅典和斯巴達正努力消滅對方之際，仍保留了那麼多相似之處。[25]

可以確定的是，中國領導人在行使其權力時，往往是前後不一致。易明（Elizabeth Economy）表示，他們有時「鼓勵科學探索、知識創造和對外開放」；有時，他們又「焚書坑儒，摧毀國家的海軍艦隊，禁止商人直接與外部世界進行貿易」。[26]中國的邊界就像手風琴一樣，隨著環境的變化而擴張和收縮。意識形態在過去及在現在，都仍然是統治者希望它所呈現的樣貌。但是，這種長期存在的自我修正能力，也就是中國人所謂的「自我批判」，反倒是最容易證實其好處。

另一條通往穩定的道路是多樣性。我們通常不會把這個詞與帝國聯繫在一起，這個詞在我們這個時代有不同的認同看法。[27]多樣性提供了另一種選擇，無論是透過羅馬擴大近乎普遍的公民權，或是透過歐洲人與原住民的共同生活，抑或是英國在印度次大陸進行精心策劃的權力下放等等。在這些情況中，包容成了一種收買、一種保留權力的手段。一旦收回包容，例如在北美，就很有可能會導致革命反抗。[28]

宗教也同樣透過學習與異端共存以穩定其自身地位。教宗不再派遣十字軍去奪回耶路撒冷。艾哈邁德·哈希姆（Ahmed Hashim）解釋道，「吉哈德」的開始包括「穆斯林努力使個人、政治、社會和經濟生活符合真主啟示給人類的教規的幾乎所有活動」，[29]就像戰略之「大」可能取決於觀察者的雙眼一般，新教改革也將信仰牢固地植根於每個信徒的靈魂之中。這為三十年戰爭之後的世俗國家新制度開闢了道路，這種制度將今世的主權看得比來世的救贖更重要。[30]這反過來又擴大了準則與邏輯之間的空間，使權力平衡本身成為戰略的目標。

V

沒有一個地方的安全會是完全免費的，但在某些地方，安全的成本會相對來得更高。不過，這並不像人們通常所認為的那樣，大陸地理有利於專制，而海洋地理則鼓勵民主。[31]這種概括原則或許適用於斯巴達和雅典城邦，但是對於其所達成的帝國呢？或者，對於羅馬、拜占庭、奧圖曼、西班牙、荷蘭、法國、英國或日本來說呢？比較保守的結論，便是企圖以重塑而非反映地理環境方式來改變國家權力性質，往往會為旁觀者敲響警鐘，也會讓犯罪者自取滅亡。西西里水域中雅典軍隊運輸船的碎片，英格蘭、蘇格蘭和愛爾蘭海岸線上的腓力二世（Philip II）無敵艦隊的殘骸，以及在斯卡帕灣（Scapa Flow）被擊沉的德皇威廉二世公海艦隊，都是反映了該原則的明證。[32]

不過，美國確實成功地檢討並重塑了地理條件。在美國獨立後的第一個世紀裡，它從原先一個海權大帝國邊緣的灘頭堡，毫無疑問地成為了該大陸的主宰。同時，即使經歷了極端的內部混亂，其仍然保持著日益喧囂的民主政體，儘管該民主並未除盡貪腐或力求公平管理。[33]這不是盛載上帝聖光而不堪破碎的船隻，而是樣板範本。這就提出了戰略成功的第四個標準，那就是「期待」，即使只是偶然，所謂的「出乎意料」。

沒有強大的鄰國也有好處。英國在把法國趕出北美二十年後，自己也被叛亂的臣民趕了出去。歐洲的拿破崙和美洲其他地區的動盪削弱了西班牙的力量，西班牙便將其帝國範圍縮減至加勒比海群島。克莉．謝克（Kori Schake）表示，美國原住民的抵抗行動便充分運用了其所處的環境，但卻無法扭轉外來美國人的持續擴張。[34]到了一八四〇年代末，（與英國）外交及（與墨西哥）戰爭都已將美國的疆域向西擴展到太平洋，向南擴展到格蘭德河（Rio Grande），內戰遺留下來的世界級軍工綜合體，到了一八六九年，一條橫貫大陸的鐵路，更是鞏固了美國的成就。

與其說是蠶食，不如說是以征服方式，實現了國家開創初期建國者的願景。畢竟這就是約翰・亞當斯（John Adams）所認為，其剛剛簽署的《獨立宣言》值得慶祝之處，「從今以後，從這塊大陸的這一端到另一端，直到永遠。」[35]然而，他的兒子約翰・昆西・亞當斯（John Quincy Adams）卻以其國務卿的身份，明確地指示了征服的終點。面對支持拉丁美洲、甚至希臘革命者的聲浪，年輕的亞當斯在其一八二一年國慶日紀念活動中宣布，美國「不會主動到國外尋找怪物來打倒……她為所有人的自由和獨立祈福，並只成為自己的擁護者和捍衛者」。因為「一旦加入其他聯軍隊伍……她就會使自己捲入其中，無法自拔」。[36]美國會放棄主動權，而保有主動權正是戰略的目的。

一個多世紀以來，美國一直堅持其亞當斯原則：當可信度受到威脅時，美國將自行決定，而不會像修昔底德所說的那樣，「被其他人的意見和限制所左右」。這代表著要將願景控制在能力範圍內，但期待大陸擴張能及時增強其能力。這就是一八一九年《亞當斯奧尼斯條約》（Adams-Onís Treaty）背後的邏輯，該條約為西班牙（以及不久後的墨西哥）在太平洋上的主權設定了一個北部界限，同時假定美國的主權在未來二十年並不存在。一八二三年的門羅主義也是一樣，其排除了歐洲到西半球進一步殖民的可能性，同時靠英國海軍來執行此項限制，直到幾十年後美國自己有能力這樣做為止。在這些情況下，可信度算是建立在機率之上，但在外交方面信譽倒是相當良好。[37]

同時，當其他機會來臨時，美國也只會說「不」。這些機會包括進一步吞併墨西哥、中美洲和加勒比海地區，在美國因非裔美國人的奴隸制而瀕臨解體之後，這些機會對美國的吸引力已經微乎其微。對加拿大來說，種族主義並不是阻礙因素，反而是經濟關係，以及英國作為海軍強國的聲譽。即使英國也對剛剛統一的德國的野心感到震驚，開始鼓勵美國作為制衡力量崛起，美國的回應也主要局限於完成大陸擴張：一八九八年的美西戰爭、對夏威夷和波多黎各的收購，以及羅斯福修建巴拿馬運河的決定。羅伯特・卡根（Robert Kagan）表示，當時的美國「表現得既不像一個世界大國，也不想成為一個世界大國。」[38]

儘管美國加入第一次世界大戰，在決定戰爭結果方面具有重要意義，但並沒有明確改變其思考模式。威爾遜先是使美國保持三年的中立立場，然後才在確認美國的安全確實岌岌可危之後，果斷地使用武力，並只用了一半的時間就取得勝利。威爾遜知道戰後的干預將與其傳統原則背道而馳，因此他在戰後力求恢復歐洲的權力平衡，畢竟這也只需要美國最低限度的管理。不過，他面臨的問題，反而是勝利後卻懷恨在心的盟國堅持要求有利於己方條件的權力失衡。[39]國際聯盟成為威爾遜欲彌合該差距的「準則」，但在國內的批評者看來，這是對於「邏輯」的否定，因為將責任託付給他人，一定會像修昔底德所發出的警告那樣，「給自己帶來麻煩」。

因此，拒絕加入國際聯盟一事，與其說是打破了模式，不如說是證明了美國的單邊主義仍然根深蒂固。唯一一個在戰爭中毫髮無傷的大國，卻選擇了不使用自己的力量。怪物們也及時注意到了這點。

VI

在這個例子中，怪物們是指希特勒、史達林和日本軍國主義者，他們各自將其不滿與野心結合在一起。布倫丹・西姆斯（Brendan Simms）解釋道，對希特勒和史達林來說，他們所違反的罪行是疏忽。希特勒認為，德國的工業化擴大了其人口數量，但卻沒有提供足以維持兩者所需的帝國。史達林追隨列寧，認為俄羅斯帝國的土地要是沒有工業化，將永遠無法成為國際無產階級革命的基地。莎拉・潘恩（S.C.M. Paine）寫道，日本和英國一樣，已經在某個島嶼上實現了工業化目標，但卻還沒有建立起一個帝國，而機會就在中國和西太平洋。

他們都認為，第一次世界大戰的結果使他們倒退了：德國因戰敗而倒退；俄國因外國干涉和內戰而倒退；日本則因和平締造者出於種族動機的疏忽而倒退。他們全都認為英國應負起最主要的責任，但有鑑於英國在戰時已經精疲力竭，他們也就不認為英國的影響力還能有更進一步的發展。不過，他們還是顧忌並最終害怕美國的崛起，儘管當時很少有美國人意識到自己在地緣政治上的重要性。[40]

這三個不滿者，甚至是沒有正式外交關係的蘇聯，倒是都已經開始依賴起美國的貿易和投資，因此，一九二九年秋季發源於華爾街的經濟病毒又讓他們再次倒退。經濟大蕭條促使日本在兩年後佔領滿洲以尋找原料；經濟大蕭條更堅定了史達林不惜一切代價實現自給自足的決心；經濟大蕭條更是把希特勒推上台，摧毀了德國僅存的民主制度。不過，經濟大蕭條倒是確保羅斯福當選美國總統。

羅斯福沒有讓準則與邏輯脫節，就像威爾森時期發生的那樣。因此，新總統首先專注於國內景氣復甦一事，因為國內景氣未能復甦，到任何地方都難以保有其可信度。為了得到國會的支持，他否決了抵制加強中立立場的立法，因為他預期侵略者會為他去除這些限制。羅斯福對專制的危險不抱幻想，但他也看到了這個體系的一個巨大弱點：其成員生來就無法分享權力。

這就是羅斯福會在整個總統任期中尋求與蘇聯合作的原因。他認為蘇聯缺乏海軍實力，對美國不構成軍事威脅；也因為蘇聯是獨裁者中唯一孤立的國家，他預見到蘇聯有朝一日可能會樂於接受協助，或是甚至提供協助。這些原因都促使羅斯福在一九三三年承認了蘇聯；在史達林最嚴厲的大清洗期間，仍然在莫斯科維持其美國大使館；甚至在一九三九年八月簽署《德蘇互不侵犯條約》（Nazi-Soviet Pact）之後，只要史達林仍有選擇走進合作這扇門的可能，羅斯福就會為他敞開大門。希特勒在一九四一年六月二十二日所發動的攻擊，則是證明了這些放任舉措是正確的決定：對羅斯福來說，蘇聯從那一刻起已不再是一個需要摧毀的怪物，只是一個需要維持現狀的怪物。[41]

羅斯福僅用三年半的時間就成功結束了在地球兩端所進行的兩場大規模戰爭，而美國所付出的人員死亡代價僅佔參戰人員總數的二%。美國在取得勝利的同時，經濟規模也是一九四一年的兩倍，更擁有世界上最大的海軍和空軍，並首次投放了原子彈。不過，要是沒有蘇聯的犧牲，這一切也不可能實現，因為蘇聯在戰爭期間的死亡人數是美國的九十倍。[42]羅斯福認為，單憑這一點，蘇聯就有資格在戰後於歐洲和東北亞建立勢力範圍：一頭怪物戰勝了另外兩頭怪物。而訣竅就在於如何在這些地區維持美國對其自身勢力範圍的支持，因為這些地區的結果與美國一直認為的戰爭目的大相逕庭。

塔米・戴維斯・貝特爾（Tami Davis Biddle）寫道，總統希望能透過「在國際框架的範圍內約束史達林……這樣也能解決美國人民要在國際政治中持續扮演某一個角色的問題。」[43]其中國際框架便包括了大西洋憲章（Atlantic Charter）、布列敦森林經濟協議（Bretton Woods economic agreements）和聯合國；但是蘇聯根本無視第一個，退出第二個，並很快否決了第三個，使其陷入停滯狀態。然而，「約束」也可以是「圍堵」的意思，羅斯福讓美國帶著比參戰時還要強大的力量走出戰爭，他留給後人的是改變詞彙意義的能力。我們永遠無法確定，若是他還活著，是否會這樣做，但是值得注意的是，後者的詞意實現了羅斯福對前者詞意的期望，即美國不會在戰後重拾單邊主義。

VII

羅斯福的成就顯示了戰略成功的第五個標準，即運用矛盾（employ contradictions）的能力。專制主義者在崛起過程中會利用對手之間的矛盾，列寧、史達林和希特勒都巧妙地運用了這項藝術。然而，一旦掌權，獨裁者就會壓制批評，以便盡可能長久地保持自己的地位。不過，羅斯福及其繼任者所處的憲法環境都將使其挑戰合法化，無論是透過定期選舉、政府內部分權，或是政府外部的輿論自由等等。大多數戰後盟國的體制也是如此。那麼，若與現在的主要對手，即紀律嚴峻的專制制度相比，這些不守規矩的民主國家又是如何在這些交叉潮流中保持穩定，實現共同的冷戰目標呢？

賽吉．拉德琴科（Sergey Radchenko）認為，其答案之一便是蘇聯其實並不嚴謹，因為在排除了任期限制之後，領導階層便更加不可預測。政權從最初對國際無產階級歷史性勝利的信心，到透過支持民族解放運動來加速此進程的笨拙嘗試、代價高昂的軍備競賽和太空競賽，在危機中尋求平等待遇，再到最終在布列茲涅夫的死板領導下，獨自追求「那些更強大者對於蘇聯強大之處的認可」。[44]直到最後，蘇聯終究是忘記了其革命的初衷。

專制主義者所面臨一個更普遍的問題是，雖然他們追求一致性，但世界通常並不一致。地形、氣候、文化和信仰最終都會與時俱進，只是演化的速度遠遠慢於獨裁者的期望。而曾被推土機鏟平的生態，往往會以令機器操作者不安的方式重新生長。民主國家受此影響較小，因為它們更習慣於干涉與混亂。在大多數情況下，這些干擾會強化其韌性與復原能力，就像是在強烈風暴過後仍能返回正軌的訓練。

對民主國家來說，這種事情是層出不窮。然而，儘管有「有限」戰爭、科技濫用，以及國內正值自滿與不公正情緒等分散注意力之情事，但美國及其盟國在冷戰期間確實屢次重返圍堵的大戰略，即是在戰爭和綏靖的極端之間選擇一條道路，最終說服對手將自己圍堵起來，使他們的利益改變其最基本的政策。[45]

結果之一便是，專制主義者和民主主義者會選擇性地趨向相同立場，共同應對威脅雙方的危險，其中之一就是大戰本身。過去的衝突大多是各有所愛，無論是出於征服、救贖、革命、復仇，或是為了鞏固其風格。到了二十世紀初，那些尚未浴血奮戰的國家在別人眼中，甚至有時在他們自己看來，都是危險的無能之輩。兩次世界大戰把這些大部分的幻想都給抹去了，並帶著重大影響進入冷戰。

或許，這是因為第二次世界大戰比之前的戰爭帶來了更大的破壞；也或許是從廢墟中所產生的權力分配結果，即兩極體系，比之前的多極體系更加容易管理；更或許是戰後的領導者比其前任領導者更有耐心。但可以肯定好戰性下降的主要原因，還是一九四五年八月原子彈於廣島和長崎投下，證實了殺戮能力的提升，而這種提升表現得相當具體與駭人。在一九四九年蘇聯首次試驗原子彈之前，美國甚至都還在尋找不再使用原子彈的理由。[46]

因此，核子時代下的生存之道，與其說是取決於準則與邏輯的平衡，不如說是取決於兩者清楚的劃分。核武準則規定使用此類武器的威脅必須盡可能地令人信服，而這似乎也是離岸制衡（offshore balancing）陸上霸權的唯一途徑。但正如法蘭克．蓋文（Frank Gavin）所表示，核實踐（nuclear practice）是指在任何情況下都避免使用此類武器，因為沒有人知道如何在不毀壞欲拯救事物及其他許多事物的情況下使用該武器。[47]科技應該是抑制而非煽動暴力。

就在美國及蘇聯把攝影機安裝在以火箭發射、載有核彈的衛星上時，類似的情況也發生了。偵察革命將公開透明程度從一種令人恐懼的情形，轉變成一種應該樂見其成，甚至有時是值得追求的態勢。在仍具可能性的情況下，不透明很有可能被視為是逃避。這使得以國家為主的突發攻擊事件幾乎不可能發生，同時也為冷戰超級大國達成軍備控制協議提供了必要的保證，儘管它們之間的競爭仍在持續不斷。

冷戰期間確實仍有意外情況發生，但更多的情況是小國操縱超級大國，而非是相反情形。一九五〇至一九五三年的韓戰、一九五四至一九五五年及一九五八年的台海危機、一九五六年的蘇伊士危機、一九五八至一九五九年及一九六一年的柏林危機、一九六二年的古巴飛彈危機、一九六五至一九七五年的越戰、一九六七年和一九七三年的以阿戰爭、一九七〇年代末的安哥拉危機和衣索比亞危機，以及一九七九至一九八八年的蘇聯阿富汗戰爭，都是在小國拉攏霸權國家的情況下開始的。伯羅奔尼撒戰爭也是如此，正所謂「主次顛倒、大國被小國拖著走」。[48]

然而，冷戰最大的意外還是其結束的方式。這是自二十世紀以來，美國這個大國第二次選擇不使用其所擁有的力量；但是，比較一九一九至一九二〇年的美國與一九八九至一九九一年的蘇聯，反倒就不適用了。因為美國實際上是將自己的力量儲存起來，以備將來在其決定的時間和條件下使用。一旦成員國都脫離蘇聯，蘇聯便別無選擇，只能自我了結。這引發了自一九四五年以來世界政治的最大調整，美國暫時成為僅存的超級大國，而且美國也會因為未能學會如何在沒有對手的情況下保持其優勢，最終不得不從這個位置退位。

VIII

第一次世界大戰期間，費迪南．福煦（Ferdinand Foch）經常問他的部下：「這到底是怎麼回事？」伯納德．布洛迪（Bernard Brodie）是一位機智的地緣政治學者，在《當代戰略全書》第一版出版前，他太年輕未能加入貢獻己力，在其第二版問世時卻又已不在人世，他認為福煦的問題是「所有戰略中最重要的一個想法」。[49]因為要是說不清楚自己要去哪裡，或是到達目的地後打算做什麼，那麼無論是作為個人還是超級強權，都會很容易就迷失了方向。

冷戰期間，美國努力在國際體系中達成權力平衡，而非強加一致性。這項戰略的全球範圍遠遠超出了約翰・昆西・亞當斯十九世紀的大陸主義，但也沒有超出他將目標控制在能力範圍內的堅持，即使這也代表著要與怪物們共存。亞當斯在一八二一年曾表示，要是尋找並試圖摧毀這些怪物，就會使美國在世界其他國家眼中成為怪物。就在圍堵政策的主要設計者喬治・凱南重新於一九四九年提出這個觀點時，這項告誡仍相當有其道理。[50]甚至，他的後半生都還在不斷地引用這句話。

因為蘇聯是圍堵政策中十分有用的怪物。畢竟無論你對美國有什麼看法，從史達林到布列茲涅夫（Leonid Brezhnev）及其直接繼任者的克里姆林宮領導人的行為，全都給人一種更糟糕的印象。戈巴契夫的高階顧問喬治・阿爾巴托夫（Georgi Arbatov）在一九八〇年代末開始警告美國人民，他的新上司決心要「讓你們失去一個敵人」，這可不是在開玩笑。這將使美國「成為國際社會的棄兒」。[51]

其實事情並沒有那麼糟，但一個沒有敵人的世界確實讓老布希政府憂心忡忡，甚至使他否認某份一九九二年的外洩文件，該文件便是建議去追尋這樣一個目標對手。[52]布希的繼任者柯林頓則透過同時向兩個方向發展來應對這種可能性。一方面，他試著要與嗜酒如命的俄國總統葉爾欽建立密切的私人關係。[53]而另一方面，他也開始了北約的擴張進程，顯然這是基於北約已經確保過歐洲免受蘇聯的威脅，因此俄國不會反對北約日益接近的假設上。柯林頓曾試著透過「參與」和「擴大」戰略等舉措展現自我，但是最後都沒有成功，於是他又回到了更簡單的說法，即美國現在是「不可或缺」的國家。美國國務卿歐布萊特就曾在一九九八年解釋，「我們站得很高，比其他國家看得更遠，而且我們看到所有人都面臨著危險。」[54]

危險確實存在，但具有「不可或缺性」卻未能偵測到這些危險。二〇〇一年九月十一日的恐怖攻擊事件，起初看起來就像是一九四一年十二月七日的珍珠港偷襲事件一樣，迫使美國背離過去的戰略。但是羅斯福政府了解自己的敵人，在幾天之內就決定了應對措施，並為此堅持下去。相反的，小布希及其繼任者卻沉溺於任務的變化之中，這可說是不可或缺性的特有風險。他們將塔利班恐怖份子趕出阿富汗，接著再入侵伊拉克尋找不存在的大規模毀滅性武器，並在不完全掌控當地軍事情形下，努力在該國建立民主政體，然後再（同樣於未掌控其軍事情形下）試著但顯然不太成功地到阿富汗植入民主政體，到了最終尋求塔利班的幫助，以促成美國撤離該國的目標，就像二十年前美國為他們所安排的那樣。福煦很可能會問：「這到底是怎麼回事？」

同時，美國也正在撕裂自己。美國史上從來就沒缺少過國內分裂一事，但二十世紀初的戰爭、蕭條和戰爭緩解了國內的分裂趨勢，畢竟無論好壞，大家似乎都待在同一條船上。然而，從一九六〇年代開始，這種凝聚力開始緩慢且持續地瓦解，其部分原因便是全球化的發展。到了二十一世紀的第二個十年，這種情況已經發展到大家臆測會爆發一場全新內戰的地步。[55]國外的競爭對手，即使還未成氣候，也都開始注意到了這一點。

其中之一就是中國，它在美國協助下擺脫了一個世紀的屈辱，先是成為制衡蘇聯的力量，隨後在殷殷期望中國內部擁護市場資本主義的氛圍，以及外部日益高漲的「全球化」浪潮下，都將使「新」中國輕鬆融入冷戰後的自由主義世界秩序。然而，中國真正要展現的是，企業資本精神可以與專制統治共存，而專制統治者習近平對自由主義的興趣，也遠大於將國際體系轉向對中國有利的方向。事實證明，「西方」模式並不適用。在漫長的歷史長河中，中國始終是自己的典範。

另一個對手是俄國，在普丁堅定的領導下，俄國擺脫了葉爾欽執政十年的屈辱。美國及其盟友再次誤判了正在發生的一切。神祕的救世主帝國主義在現代並不存在，畢竟那更像是沙皇而非政委的特徵。這一點，在二〇二二年二月二十四日，普丁主動糾正了列寧在新的蘇維埃社會主義共和國聯盟中承認烏克蘭人身份的「錯誤」，顯得相當清楚。這是一場無端入侵行動，也是自八十一年前希特勒對蘇聯（當時包括烏克蘭）發動侵略以來，在歐洲本土所發生的第一次入侵。這使得普丁的怪物地位更加無庸置疑。

IX

二十一世紀的第三個十年已經開啟，並隨著有力證據顯示，後冷戰時代已經結束，一個尚未命名或定義的新時代已經開始。對美國來說，這似乎意味著朋友越來越少、敵人也越來越多。這也許不完全是壞事。

因為在沒有對手的情況下，戰略反而會變得矛盾。畢竟他們都認為體系是圍繞著自己旋轉的，就像早期天文學家認為太陽繞著地球旋轉一樣，卻不知道自己是更大事物中的一部分，這很可能會導致疏忽或傲慢，或兩者兼具。這種體系中的準則失去了其邏輯性，這是與現實的碰撞所帶來的常識。手段不再與目的相連。

當然，對手的存在也會帶來危險，必須要謹慎管理，但這正是戰略適得其所之處。他們應該在現實世界、而非在理想世界中平衡準則與邏輯。畢竟期望總是會超出能力所及，而這種不對稱本身就是怪物。不過，在作為重心和防止偏離的保障方面，倒還是有些用處。

註釋

前言

1. There is a robust literature on the meaning and nature of strategy. As examples, see Lawrence Freedman, *Strategy: A History* (New York, NY: Oxford University Press, 2014); Hal Brands, *What Good is Grand Strategy? Power and Purpose in American Statecraft from Harry S. Truman to George W. Bush* (Ithaca, NY: Cornell University Press, 2014); John Lewis Gaddis, *On Grand Strategy* (New York, NY: Penguin, 2018); Paul Kennedy, *Grand Strategies in War and Peace* (New Haven, CT: Yale University Press, 1992); Edward Luttwak, *Strategy: The Logic of War and Peace* (Cambridge, MA: Harvard University Press, 2002); Hew Strachan, *The Direction of War: Contemporary Strategy in Historical Perspective* (New York, NY: Cambridge University Press, 2013); Beatrice Heuser, *The Evolution of Strategy: Thinking War from Antiquity to the Present* (Cambridge: Cambridge University Press, 2012).
2. Edward Mead Earle, "Introduction," in *Makers of Modern Strategy: Military Thought from Machiavelli to Hitler*, Earle, ed. (Princeton, NJ: Princeton University Press, 1943 [republished New York, NY: Atheneum, 1966]), vii.
3. Many of the Europeans were refugees from Hitler's Germany. See Anson Rabinach, "The Making of *Makers of Modern Strategy*: German Refugee Historians Go to War," *Princeton University Library Chronicle* 75:1 (2013): 97–108.
4. Earle, "Introduction," viii.
5. See Lawrence Freedman's essay "Strategy: The History of an Idea," Chapter 1 in this volume; also, Brands, *What Good is Grand Strategy?*
6. See Hew Strachan's essay "The Elusive Meaning and Enduring Relevance of Clausewitz," Chapter 5 in this volume; also, Michael Desch, *Cult of the Irrelevant: The Waning Influence of Social Science on National Security* (Princeton, NJ: Princeton University Press, 1943); Fred Kaplan, *The Wizards of Armageddon* (Stanford, CA: Stanford University Press, 1991).

7. On the evolution of the franchise, see Michael Finch, *Making Makers: The Past, The Present, and the Study of War* (New York, NY: Cambridge University Press, forthcoming 2023).
8. Perhaps because the Cold War still qualified as “current events” in 1986, the book contained only three substantive essays, along with a brief conclusion, that considered strategy in the post-1945 era.
9. Peter Paret, “Introduction,” in *Makers of Modern Strategy: From Machiavelli to the Nuclear Age*, Paret, ed. (Princeton, NJ: Princeton University Press, 1986), 3, emphasis added.
10. See, as surveys, Thomas W. Zeiler, “The Diplomatic History Bandwagon: A State of the Field,” *Journal of American History* 95:4 (2009): 1053–73; Hal Brands, “The Triumph and Tragedy of Diplomatic History,” *Texas National Security Review* 1:1 (2017); Mark Moyar, “The Current State of Military History,” *Historical Journal* 50:1 (2007): 225–40; as well as many of the contributions to this volume.
11. The essays on them, however, are entirely original to this volume.
12. A point that the second volume of *Makers* also stressed. See Paret, “Introduction,” 3–7.
13. See the essays by Francis Gavin (“The Elusive Nature of Nuclear Strategy,” Chapter 28) and Eric Edelman (“Nuclear Strategy in Theory and Practice,” Chapter 27) in this volume.
14. See Earle, “Introduction,” viii; Paret, “Introduction”; as well as Lawrence Freedman’s contribution (“Strategy: The History of an Idea,” Chapter 1) to this volume.
15. The chronological breakdown of the sections is, necessarily, somewhat imprecise. For example, certain themes that figured in the world wars—the concept of total war, to name one—had their roots in earlier eras. And some figures, such as Stalin, straddled the divide between eras.
16. The same point could be made about the strategies being pursued by other US rivals today. See Seth Jones, *Three Dangerous Men: Russia, China, Iran, and the Rise of Irregular Warfare* (New York, NY: W. W. Norton, 2021); Elizabeth Economy, *The World According to China* (London: Polity, 2022).
17. On this debate, see the essays in this volume by (among others) Walter Russell Mead (“Thucydides, Polybius, and the Legacies

of the Ancient World," Chapter 2), Tami Biddle Davis ("Democratic Leaders and Strategies of Coalition Warfare: Churchill and Roosevelt in World War II," Chapter 23), and Matthew Kroenig ("Machiavelli and the Naissance of Modern Strategy," Chapter 4).

18. The point is also made in Richard Betts, "Is Strategy an Illusion?" *International Security* 25:2 (2000): 5–50; Freedman, *Strategy*.
19. Lawrence Freedman, "The Meaning of Strategy, Part II: The Objectives," *Texas National Security Review* 1:2 (2018): 45.
20. On strategic failures as failures of imagination, see Kori Schake's "Strategic Excellence: Tecumseh and the Shawnee Confederacy," Chapter 15 in this volume.
21. Hal Brands, "The Lost Art of Long-Term Competition," *The Washington Quarterly* 41:4 (2018): 31–51.
22. This point runs throughout Alan Millett and Williamson Murray, *Military Effectiveness*, Volumes 1–3 (New York, NY: Cambridge University Press, 2010).
23. Henry Kissinger, *White House Years* (Boston, MA: Little, Brown, 1959), esp. 54.
24. Hal Brands, *The Twilight Struggle: What the Cold War Can Teach Us About Great-Power Rivalry Today* (New Haven, CT: Yale University Press, 2022).

第 1 章

1 *Public Papers of the Presidents of the United States: George H.W. Bush* (*1991*, *Book I*), 219–21, National Archives and Records Administration.

2 Samuel P. Huntington, "Democracy's Third Wave," *Journal of Democracy* 2:2 (1991): 12.

3 Francis Fukuyama, "The End of History?" *The National Interest* (Summer 1989): 16.

4 Charles Krauthammer, "The Unipolar Moment," *Foreign Affairs* 70:1 (1990/1991): 23–33.

5 George Bush and Brent Scowcroft, *A World Transformed* (New York, NY: Vintage Books, 1999), 14.

6 Kristina Spohr, *Post Wall, Post Square: How Bush, Gorbachev, Kohl, and Deng Shaped The World After 1989* (New Haven, CT: Yale University Press, 2019), 6.

7 Hal Brands, *Making the Unipolar Moment: U.S. Foreign Policy and the Rise of the Post-Cold War Order* (Ithaca, NY: Cornell University Press, 2016), 290.

8 Bush and Scowcroft, *A World Transformed*, 253.

9 Krauthammer, "The Unipolar Moment," 24.

10 Bush and Scowcroft, *A World Transformed*, 490–91.

11 William J. Perry, "Desert Storm and Deterrence," *Foreign Affairs* 70:4 (1991).

12 Lorna S. Jaffe, *The Development of the Base Force* (Washington, DC: Office of the Chairman of the Joint Chiefs of Staff, 1993), 17–26.

13 Jaffe, *The Development of the Base Force*, 21.

14 Jaffe, *The Development of the Base Force*, 32.

15 "Remarks at the Aspen Institute Symposium in Aspen, Colorado," August 2, 1990, George H.W. Bush Presidential Library, available at https://bush41library.tamu.edu/archives/public-papers/2128.

16 指南草案中的所有引文均來自國家安全檔案館發布的版本。"Document 3," February 18, 1992, available at https://nsarchive2.gwu.edu/nukevault/ebb245/doc03_extract_nytedit.pdf.

17 Patrick Tyler, "U.S. Strategy Plan Call for Ensuring No Rivals Develop," *New York Times*, March 8, 1992.

18 Zalmay Khalilzad, *The Envoy: From Kabul to the White House, My Journey Through a Turbulent World* (New York, NY: St. Martin's Press, 2016), 80.

19 Dick Cheney, *Defense Strategy for the 1990s: The Regional Defense Strategy* (Washington, DC: The Pentagon, 1993), 3–4.

20 Eric V. Larson et al., *Defense Planning in a Decade of Change: Lessons from the Base Force, Bottom-Up Review, and Quadrennial Defense Review* (Santa Monica, CA: RAND, 2001), 13.

21 Cheney, *Defense Strategy for the 1990s*, 17.

22 Strobe Talbott, *The Russia Hand: A Memoir of Presidential Diplomacy* (New York, NY: Random House, 2002), 131.

23 "Excerpts from Speech by Clinton on U.S. Role," *New York Times*, October 2, 1992.

24 "Excerpts from Clinton Speech on Foreign Policy Leadership," *New York Times*, August 14, 1992.

25 Jennifer Sterling-Folker, "Between a Rock and a Hard Place: Assertive Multilateralism and Post-Cold War U.S. Foreign Policy Making," in *After the End: Making U.S. Foreign Policy in the Post-Cold War World*, James M. Scott, ed. (Durham, NC: Duke University Press, 1998), 297.

26 John Bolton, "Wrong Turn in Somalia," *Foreign Affairs* 73:1 (1994): 62.

27 Elaine Sciolino, "Bosnia Policy Shaped by US Military Role," *New York Times*, July 29, 1996.

28 Anthony Lake, "From Containment to Enlargement," Remarks Delivered at Johns Hopkins University School of Advanced International Studies, September 21, 1993, available at https://www.mtholyoke.edu/acad/intrel/lakedoc.html.

29 Anthony Lake, "From Containment to Enlargement."

30 Anthony Lake, "From Containment to Enlargement."

31 Eric Schmitt, "Plan for 'New' Military Doesn't Meet Savings Goal," *New York Times*, September 15, 1992.

32 Les Aspin, *Report of the Bottom-Up Review* (Washington, DC: Department of Defense, 1993), 7.

33 Aspin, *Report of the Bottom-Up Review*, 8.

34 Larsen et al., *Defense Planning in a Decade of Change*, 42.

35 Aspin, *Report of the Bottom-Up Review*, 7.

36 Colin L. Powell, *My American Journey* (New York, NY: Random House, 1995), 564.

37 James M. Goldgeier, *Not Whether But When: The U.S. Decision to Enlarge NATO* (Washington, DC: Brookings Institution Press, 1999), 98.

38 Jane Perlez, “Suave Rival Has Words for the U.S.: En Garde,” *New York Times*, September 20, 2000.

39 William Cohen, *Report of the Quadrennial Defense Review* (Washington, DC: Department of Defense, 1997), iv.

40 Michael Pillsbury, *China Debates the Future Security Environment* (Honolulu, HI: University Press of the Pacific, 2000), 285–95.

41 “Gov. Bush Vows Stronger Military, to ‘Redefine War,’ ” *Chicago Tribune*, September 24, 2000.

42 Thomas W. Lippmann, “Bush Makes Clinton’s China Policy an Issue,” *Washington Post*, August 20, 2000.

43 George W. Bush, “Second Inaugural Address,” January 20, 2005, available at https://georgewbush-whitehouse.archives.gov/news/releases/2005/01/20050120-1.html.

44 “Bush’s Speech at the Citadel,” *New York Times*, December 11, 2001.

45 George Bush, *The National Security Strategy of the United States* (Washington, DC: The White House, 2002), ii.

46 The White House, “President Delivers State of the Union Address,” January 29, 2002, available at https://georgewbush-whitehouse.archives.gov/news/releases/2002/01/print/20020129-11.html.

47 Bush, *National Security Strategy*, 6, 15.

48 The White House, “President Bush Delivers Graduation Speech at West Point,” June 1, 2002, available at https://georgewbush-whitehouse.archives.gov/news/releases/2002/06/20020601-3.html;Bush, *National Security Strategy*, iii.

49 The White House, “President Bush Delivers Graduation Speech at West Point.”

50 Donald Rumsfeld, *Quadrennial Defense Review Report* (Washington, DC: Department of Defense, 2001), 17.

51 Robert M. Gates, *Duty: Memoirs of a Secretary at War* (New York, NY: Alfred A Knopf, 2014), 142.

52 Barack Obama, *The Audacity of Hope: Thoughts on Reclaiming the American Dream* (New York, NY: Crown, 2006), 294.

53 Barak Obama, "The New Way Forward," December 1, 2009, available at https://obamawhitehouse.archives.gov/blog/2009/12/01/new-way-forward-presidents-address.

54 Gates, *Duty*, 569.

55 Obama, *The Audacity of Hope*, 310.

56 Barack Obama, "Remarks by the President to Address the Nation on Libya," March 28, 2011, available at https://obamawhitehouse.archives.gov/the-press-office/2011/03/28/remarks-President-address-nation-libya.

57 Robert Gates, "Address at the American Enterprise Institute," May 24, 2011, available at https://www.americanrhetoric.com/speeches/robertgatesamericanenterpriseinstitute.htm.

58 Barack Obama, *Sustaining U.S. Global Leadership: Priorities for 21st Century Defense* (Washington, DC: Department of Defense, 2012), i-6.

59 Barack Obama, "Remarks by the President on the Way Forward in Afghanistan," June 22, 2011, https://obamawhitehouse.archives.gov/the-press-office/2011/06/22/remarks-president-way-forward-Afghanistan.

60 Gian Gentile et al., *A History of the Third Offset: 2014–2018* (Santa Monica, CA: RAND, 2021), 33–40.

61 "Remarks by the President to the White House Press Corps," August 20, 2012, https://obamawhitehouse.archives.gov/the-press-office/2012/08/20/remarks-president-white-house-press-corps; "Government Assessment of the Syrian Government's Use of Chemical Weapons on August 21, 2013," https://obamawhitehouse.archives.gov/the-press-office/2013/08/30/government-assessment-syrian-government-s-use-chemical-weapons-august-21.

62 有關凱利的論點，請見："Full Transcript: Secretary of State John Kerry's Remarks on Syria," *Washington Post*, August 30, 2013. For Obama's announcement, see "Statement by the President on Syria," August 31, 2013, https://obamawhitehouse.archives.gov/the-press-office/2013/08/31/statement-president-syria.

63 Jeffrey Goldberg, "The Obama Doctrine," *The Atlantic*, April 2016, https://www.theatlantic.com/magazine/archive/2016/04/the-obama-doctrine/471525/.

64 "Statement by the President on Afghanistan," May 27, 2014, https://obamawhitehouse.archives.gov/the-press-office/2014/05/27/statement-president-afghanistan.

65 Krauthammer, "The Unipolar Moment," 24.

66 Donald Trump, *National Security Strategy of the United States of America*, December 2017, https://trumpwhitehouse.archives.gov/wp-content/uploads/2017/12/NSS-Final-12-18-2017-0905.pdf.

67 James Mattis, *Summary of the 2018 National Defense Strategy*, January 2018, https://dod.defense.gov/Portals/1/Documents/pubs/2018-National-Defense-Strategy-Summary.pdf.

68 Joseph R. Biden, *Interim National Security Strategic Guidance*, March 2021, https://www.whitehouse.gov/wp-content/uploads/2021/03/NSC-1v2.pdf.

第二章

1 相關例子，請見：Stephen Blank and Richard Weitz, *The Russian Military Today and Tomorrow: Essays in Memory of Mary Fitzgerald* (Carlisle Barracks, PA: US Army War College, 2010); Stephen Blank and Jacob Kipp, *The Soviet Military and the Future* (Westport, CT: Greenwood Press, 1992); Andrei Kokoshin, "Revoliutsiia v Voenom Dele I Problemy Sozdaniia Sovremennykh Vooruzhennykh Sil Rossii," *Mezhdunarodnye Otnosheniia I Mirovaia Politika* 25:1 (2009); Stephen Peter Rosen, "The Impact of the Office of Net Assessment on the American Military in the Matter of the Revolution in Military Affairs," *Journal of Strategic Studies* 33:4 (2010): 469–82; Andrea Gilli, "Net Assessment: Competition is for Losers," *NATO Defense College Policy Brief* 9 (May 2021); Niccolo Petrelli, "NATO, Strategy and Net Assessment," *NATO Defense College Policy Brief* 10 (May 2021); Andrew Krepinevich and Barry Watts, *The Last Warrior: Andrew Marshall and the Shaping of Modern American Defense Strategy* (New York, NY: Basic Books, 2015); Thomas Mahnken, ed., *Net Assessment and Military Strategy: Retrospective and Prospective Essays* (New York, NY: Cambria Press, 2020). See also Dmitry (Dima) Adamsky, "Through the Looking Glass: The Soviet Military-Technical Revolution and the American Revolution in Military Affairs," *Journal of Strategic Studies* 31:2 (2008): 257–94; Adamsky, *The Culture of Military Innovation: The Impact of Cultural*

Factors on the Revolution in Military Affairs in the U.S. Russia and Israel (Stanford, CA: Stanford University Press, 2010); Adamsky, "The Art of Net Assessment and Uncovering Foreign Military Innovations: Learning from Andrew W. Marshall's Legacy," *Journal of Strategic Studies* 43:5 (2020): 611–44.

2 Andrew W. Marshall, statement before the Subcommittee on Acquisition and Technology of the Senate Armed Services Committee, 104th Congress, Congressional Record (Washington, DC: US Government Printing Office, 1995); Max Boot, *War Made New: Technology, Warfare and the Course of History, 1500 to Today* (New York, NY: Gotham Books, 2006).

3 Barry D. Watts, *What Is the Revolution in Military Affairs?* (Arlington, VA: Northrop Grumman Analysis Center, 1995); Theodor W. Galdi, *Revolution in Military Affairs? Competing Concepts, Organizational Responses, Outstanding Issues* (Washington, DC: Congressional Research Service, 1995).

4 Michael G. Vickers and Robert C. Martinage, *The Revolution in War* (Washington, DC: Center for Strategic and Budgetary Assessments, 2004), 7.

5 Eliot A. Cohen, "Change and Transformation in Military Affairs," *Journal of Strategic Studies* 27:3 (2004): 397–405.

6 Robert R. Tomes, *U.S. Defense Strategy from Vietnam to Operation Iraqi Freedom: Military Innovation and the New American War of War, 1973–2003* (New York, NY: Routledge, 2007).

7 MacGregor Knox and Williamson Murray, *The Dynamics of Military Revolution, 1300–2050* (Cambridge: Cambridge University Press, 2001).

8 Adamsky, "Through the Looking Glass."

9 Adamsky, "Through the Looking Glass."

10 Knox and Murray, *The Dynamics of Military Revolution*, 3.

11 Jacob W. Kipp, "The Russian Military and the Revolution in Military Affairs: A Case of the Oracle of Delphi or Cassandra?," paper delivered at the MORS Conference in Annapolis, Maryland, on June 6–8, 1995; Sergei Modestov, "Serii Kardinal Pentagona Andrew Marshall—ideology novoi amerikanskoi revoliucii v voennom dele," *Nezavisimoe voennoe obozrenie* 4, December 14, 1995.

12 Knox and Murray, *Dynamics of Military Revolution*, 4; James Der Derian, *Virtuous War* (Boulder, CO: Westview Press, 2001), 29–32.

13 Andrew J. Bacevich, Jr., *The New American Militarism* (Oxford: Oxford University Press, 2005), 161–63; and Stephen Peter Rosen, "Net Assessment as an Analytical Concept," in *On Not Confusing Ourselves*, Andrew W. Marshall, J. J. Martin, and Henry S. Rowen, eds. (Boulder, CO: Westview Press, 1991), 283–84; Albert Wohlstetter, "The Political and Military Aims of Offensive and Defensive Innovation," in *Swords and Shields: NATO, the USSR, and New Choices for Long-Range Offense and Defense*, Fred S. Hoffman, Albert Wohlstetter, and David S. Yost, eds. (Lexington, KY: Lexington Books, 1987).

14 Krepinevich, *Military-Technical Revolution*, i–iv.

15 Notra Trulock III, "Emerging Technologies and Future War: A Soviet View," in *The Future Security Environment*, Andrew W. Marshall and Charles Wolf, Jr., eds. (Washington, DC: Department of Defense, October 1988).

16 Knox and Murray, *The Dynamics of Military Revolution*; Der Derian, *Virtuous War*.

17 Andrew W. Marshall, memorandum for the record, "Some Thoughts on Military Revolutions—Second Version," August 23, 1993, Office of Net Assessment, 2–4; Krepinevich, *Military-Technical Revolution*, iii–iv, 5–7; Vickers and Martinage, *Revolution in War*, 10–13; Michael Horowitz and Stephen Peter Rosen, "Evolution or Revolution?" *Journal of Strategic Studies* 3:6 (2005).

18 Chris C. Demchak, "Creating the Enemy: Global Diffusion of the Information Technology-Based Military Model," in *The Diffusion of Military Technology and Ideas*, Emily Goldman and Leslie Eliason, eds. (Stanford, CA: Stanford University Press, 2003); Keith Shimko, *The Iraq Wars and America's Military Revolution* (Cambridge: Cambridge University Press, 2010). The subsequent counterinsurgency campaigns turned into a fiasco and demonstrated the antithesis—the RMA of the other side. Itai Brun, "While You Are Busy Making Other Plans—The Other RMA," *Journal of Strategic Studies* 33:4 (2010): 535–65. These Campaigns also illustrated the limitation of the IT-RMA against hybrid actors and supported the scholarly proposition about the continuity of the character of war in contemporary war. For elaboration, see Stephen Biddle, *Military Power: Explaining Victory and Defeat in Modern Battle* (Princeton, NJ: Princeton University Press, 2006).

19 這裡並不是說馬歇爾的專業理念已經完全實現。對於美國國防機構內部的文化、精神和組織傾向所進行的批判性分析，甚至是那些聲稱其不斷創新者的分析，都顯示情況恰好是相反的。相關討論，請見：*Net Assessment and Military Strategy: Retrospective and Prospective Essays*, Mahnken, ed. (2020).

20 Adamsky, *The Culture of Military Innovation*, 2010.

21 Jeffrey S. McKitrick, "The Revolution in Military Affairs," in *Battlefield of the Future: 21st Century Warfare Issues* (Maxwell Air Force Base, AL: Air University Press, 1995); Marshall, "Some Thoughts on Military Revolutions—Second Version."

22 Central Intelligence Agency, "Warsaw Pact Nonnuclear Threat to NATO Airbases in Central Europe," NIE 11/20-6-84, October 25, 1984; "Trends and Developments in Warsaw Pact Theater Forces, 1985–2000," NIE 11-14-85/D, September 1985, 9–13, 29–33; "Trends and Developments in Warsaw Pact Theater Forces and Doctrine Through the 1990s," NIE 11-14-89, February 1989.

23 Dmitry (Dima) Adamsky and Kjell Inge Bjerga, *Contemporary Military Innovations: Between Anticipation and Adaptation* (New York, NY: Routledge, 2012).

24 Roger McDermott and Tor Bukkvoll, "Tools of Future Wars—Russia Is Entering the Precision-Strike Regime," *Journal of Slavic Military Studies* 31:2 (2018): 191–213.

25 俄國學者經常使用「結構」（contours）一詞來代替「綜合體」，但意思是一樣的。

26 有關西方軍隊中任務指揮文化的演進，請見 Eitan Shamir, *Mission Command: The Pursuit of Mission Command in the U.S., British, and Israeli Armies* (Stanford, CA: Stanford University Press, 2011).

27 Adamsky, "Through the Looking Glass."

28 *Metodologiia Predvideniia I Prognozirovaniia v Voennom Dele*.

29 這項軍事傳統可見於俄國總參謀長格拉西莫夫在其綱領性演說中，一再呼籲探討現代科技影響下戰爭性質的變化，並擷取其對戰略藝術和軍事行動的影響。

30 這種多學科的軍事認識論方法，也是蘇聯及俄國研究戰鬥力和軍事平衡方法的特色，在俄國詞典中也被稱為「手段與力量的相關性」。

31 Mahnken, *Technology and the American War of War*, 74–75; Watts, *What Is the Revolution in Military Affairs?*, 1–2.

32 Adamsky, *The Culture of Military Innovation*.

33 這也符合網路評估辦公室的信條，也就是側重於戰略判斷，而非政策規定。McKitrick, “Adding to Net Assessment,” 119; Williamson Murray, *Emerging Strategic Environment: Challenges of the Twenty-First Century* (Westport, CT: Praeger Publishers, 1999).

34 Watts, *Six Decades*, 77; Watts, *What Is the Revolution in Military Affairs?*, 6; Galdi, *Revolution in Military Affairs*, 9.

35 把戰略視為對手之間的學習競爭，請見：Yossi Baidatz, “Strategy as a Learning Process,” *Markaz Middle East Politics and Policy*, November 29, 2016, Brookings Institution.

36 Williamson Murray, “Contributions of Military Historians,” in *Net Assessment and Military Strategy: Retrospective and Prospective Essays*, Thomas Mahnken, ed. (Amherst, NY: Cambria Press, 2020), 139–55.

37 Murray, “Contributions of Military Historians,” in *Net Assessment and Military Strategy*, Mahnken, ed., 142–43.

38 Alan Millett and Williamson Murray, *Military Effectiveness* (Cambridge: Cambridge University Press, 2010), 3 Volumes.

39 Murray, “Contributions of Military Historians,” 143–45.

40 Murray, “Contributions of Military Historians,” 147.

41 相關例子，請見：Barry D. Watts and Williamson Murray, “Military Innovation in Peacetime,” in *Military Innovation in the Interwar Period*, Williamson Murray and Allan R. Millett, eds. (New York, NY: Cambridge University Press, 1996), 369–415; Murray, “Contributions of Military Historians,” 147; Geoffrey Parker, *The Military Revolution: Military Innovation and the Rise of the West, 1500–1800* (Cambridge: Cambridge University Press, 1988).

42 相關權威學術著作，即是：Watts and Murray, “Military Innovation in Peacetime.” For the research on the flip side of the phenomenon see, Williamson Murray, *Military Adaptation in War: Fear of Change* (Cambridge: Cambridge University Press, 2011).

43 MacGregor Knox and Williamson Murray, *The Dynamics of Military Revolution, 1300–2050* (Cambridge: Cambridge University Press, 2001).

44 Galdi, *Revolution in Military Affairs?*, 9.

45 Stephen Peter Rosen, *Winning the Next War* (Ithaca, NY: Cornell University Press, 2018). 有關莫瑞、米萊特、諾克斯等人著作，請見本章之前所引註文獻來源。Thomas Mahnken, *Uncovering Ways of War: U.S. Intelligence and Foreign Military Innovation, 1918–1941* (Ithaca, NY: Cornell University Press, 2009).

46 Adam Grissom, "The Future of Military Innovation Studies," *Journal of Strategic Studies* 29:5 (2006): 905–34. Stuart Griffin, "Military Innovation Studies: Multidisciplinary or Lacking Discipline?" *Journal of Strategic Studies* 40:1–2 (2017): 196–224.

47 關於網路評估分析技術、網路評估辦公室的思想史，以及馬歇爾傳記及其思想遺產等核心著作，請見：Mahnken, ed., *Net Assessment and Military Strategy*; Thomas G. Mahnken, ed., *Competitive Strategies for the 21st Century: Theory, History, and Practice* (Stanford, CA: Stanford University Press, 2012); Krepinevich and Watts, *The Last Warrior: Andrew Marshall and the Shaping of the American Defense Strategy* (New York, NY: Basic Books, 2015); Paul Bracken, "Net Assessment: A Practical Guide," *Parameters* 36:1 (2006), 90–100; Philip A. Karber, *Net Assessment for SecDef: Future Implications from Early Formulations* (Washington, DC: Potomac Foundation, 2014).

48 Stephen Peter Rosen, "Competitive Strategies: Theoretical Foundations, Limits, and Extension," in *Competitive Strategies*, Manhken, ed.

49 Rosen, "Competitive Strategies."

50 Andrew Krepinevich and Robert Martinage, *Dissuasion Strategy* (Washington, DC: Center for Strategic and Budgetary Assessments, 2008), 15–16.

51 關於未來戰爭的特色，奧加可夫提出了三個相互關聯的論點，即是先進常規遙控武器的威力將可與戰術核武的作戰潛力相媲美；這些綜合體模糊了進攻型和防禦型戰爭模式之間的分界，從而使這種區分變得過時；在戰場上，對於整個行動戰略縱深的精確打擊強調的是火力和效果的機動性，而不是平台和部隊的機動性。

52 作者將最初概念歸功於麥克・科夫曼。

53 顯然，奧加可夫反對有限核戰，因為在概念上沒有區分區域與全球核交戰的地方，在經驗上也沒有區分區域和全球核交戰的必要（但是該項需求還是出現於一九九〇年代的俄國）。然而，他在有關只靠常規軍事戰爭實現戰爭政治目標的設想，以及在不佔領領土的情況下對整個行動戰略縱深實施打擊的概念，還是現代俄國嚇阻作戰藝術思想方面的先驅。

54 Kofman, "The Ogarkov Reforms."

第三章

1 Jack Lule, "Myth and Terror on the Editorial Page: The New York Times Responds to September 11, 2001," *Journalism & Mass Communication Quarterly* 79:2 (2002): 281.

2 Gallup, "Terrorism," accessed January 27, 2018, https://news.gallup.com/poll/4909/terrorism-united-states.aspx.

3 解釋反叛亂和反恐怖主義有大量資料。有關一般理論入門，請見：Stathis Kalyvas, *The Logic of Violence in Civil War* (Cambridge: Cambridge University Press, 2006)；有關反叛亂方面資料，請見：John Nagl, *Learning to Eat Soup with a Knife* (Chicago, IL: University of Chicago Press, 2005); David Kilcullen, *The Accidental Guerrilla* (New York, NY: Oxford University Press, 2009); and *The U.S. Army-Marine Corps Counterinsurgency Field Manual* (Chicago, IL: University of Chicago Press, 2007)。有關反恐怖主義方面資料，請見：Stanley McChrystal, *My Share of the Task* (New York, NY: Penguin, 2013)。有關阿富汗及伊拉克各自戰爭方面資料，請見：Edmund Degen and Mark Reardon, *Modern War in an Ancient Land*, Volumes 1 and 2 (Washington, DC: Center of Military History, 2021); and Joel Rayburn and Frank Sobchak, *The US Army in the Iraq War*, Volumes 1 and 2 (Carlisle Barracks, PA: US Army War College Press, 2019)。

4 David Galula, *Counterinsurgency Warfare: Theory and Practice* (New York, NY: Praeger, 1964), 87.

5 Galula, *Counterinsurgency Warfare*, 89.

6 Robert Thompson, *Defeating Communist Insurgency* (New York, NY: Praeger, 1966), 111–12.

7 Bing West, *The Village* (New York, NY: Harper & Row, 1972).

8 Robert Komer, *Bureaucracy Does Its Thing* (Santa Monica, CA: RAND Corporation, 1972).

9 OEF Study Group: Interview of President George W. Bush, US Army Center for Military History, 2015.

10 *National Security Strategy* (Washington, DC: The White House, 2002).

11 Nagl, *Learning to Eat Soup with a Knife*, 28–29.

12 David Kilcullen, “Twenty-Eight Articles: Fundamentals of Company-level Counterinsurgency,” *Military Review* 86:3 (2006): 103–8.

13 *The U.S. Army-Marine Corps Counterinsurgency Field Manual*, 42.

14 *The U.S. Army-Marine Corps Counterinsurgency Field Manual*, 47–50.

15 *The U.S. Army-Marine Corps Counterinsurgency Field Manual*, 37.

16 George W. Bush, *Decision Points* (New York, NY: Crown, 2010), 371.

17 General David Petraeus, Note to Troops, March 19, 2007.

18 Discussion with Khamis al-Fahadawi, Baghdad, April 2, 2017.

19 Gary W. Montgomery and Timothy S. McWilliams, “Interview 3: Sheikh Ahmad Bezia Fteikhan al-Rishawi,”in *Al-Anbar Awakening*, Volume II, Gary W. Montgomery and Timothy S. McWilliams, eds. (Quantico, VA: Marine Corps University Press, 2009), 46–47.

20 David Petraeus, “Transcript of Iraq Hearing Statements,” *CNN*, September 10, 2007, available at https://www.cnn.com/2007/POLITICS/09/10/patraeus.transcript/.

21 Stephen Biddle, Jeffrey Friedman, and Jacob Shapiro, “Testing the Surge,” *International Security* 37:1 (2012): 7.

22 OEF Study Group: Interview with General David Petraeus, Combat Studies Institute, May 15, 2009.

23 Barack Obama, *A Promised Land* (New York, NY: Crown, 2020), 436.

24 Stanley McChrystal, “COMISAF’s Initial Assessment (Unclassified),” *Washington Post*, September 21, 2009.

25 Bob Woodward, *Obama’s Wars* (New York, NY: Simon & Schuster, 2010), 166–68, 251.

26 Barry Bearak, “Karzai Calls Coalition ‘Careless,’ ” *New York Times*, June 24, 2007.

27 Carlotta Gall, “Afghan Leader Criticizes U.S. on Conduct of War,” *New York Times*, April 26, 2008.

28 Stanley McChrystal, “Tactical Directive,” *ISAF Headquarters*, July 6, 2009, available at https://www.nato.int/isaf/docu/official_texts/Tactical_Directive_090706.pdf.

29 McChrystal, *My Share of the Task*, 312.

30 “Afghan Villagers Rise up Against Taliban in the South,” *AFP*, February 15, 2013.

31 David Edwards, *Heroes of the Age* (Berkeley, CA: University of California Press, 1996), 3, 4.

32 Discussion with Gul Mohammed, Marjah tribal leader, Kabul, February 24, 2014.

33 OEF Study Group: Interview with former Defense Secretary Leon Panetta, undated.

34 Obama, *A Promised Land*, 314.

35 Jeffrey Jones, “Americans More Positive on Afghanistan After bin Laden Death,” *Gallup*, May 11, 2011, https://news.gallup.com/poll/147488/americans-positive-afghanistan-bin-laden-death.aspx.

36 Robert Gates, Speech at the United States Military Academy, February 25, 2011, availablet https://www.stripes.com/news/text-of-secretary-of-defense-robert-gates-feb-25-2011-speech-at-west-point-1.136145.

37 Mark Moyar, *Oppose Any Foe: The Rise of America’s Special Operations Forces* (New York, NY: Basic Books, 2017), 171–72.

38 Roger Trinquier, *Modern Warfare: A French View of Counterinsurgency* (New York, NY: Praeger, 1964).

39 Moyar, *Oppose Any Foe*, 157–58, 163.

40 William McRaven, *Case Studies in Special Operations Warfare: Theory and Practice* (New York, NY: Presidio Press, 1996), 1–5.

41 John Arquilla and David Ronfeldt, *Networks and Netwars* (Santa Monica, CA: RAND Corporation, 2001).

42 Michael Flynn, Rich Juergens, and Thomas Cantrell, "Employing ISR: SOF Best Practices," *Joint Force Quarterly* 50:3 (2008): 59.

43 Donald Rumsfeld to Steve Cambone and General Myers, May 31, 2002, National Security Archive.

44 Moyar, *Oppose Any Foe*, 271.

45 Deputy Defense Secretary Paul Wolfowitz to Donald Rumsfeld, January 11, 2002, National Security Archive.

46 McChrystal, *My Share of the Task*, 105–6.

47 McChrystal, *My Share of the Task*, 93.

48 McChrystal, *My Share of the Task*, 148.

49 McChrystal, *My Share of the Task*, 115.

50 Moyar, *Oppose Any Foe*, 277.

51 McChrystal, *My Share of the Task*, 177.

52 Flynn, Juergens, and Cantrell, *Employing ISR*, 57.

53 Obama, *A Promised Land*, 677.

54 Mark Mazzetti, *The Way of the Knife* (New York, NY: Scribe, 2013), 128, 129, 155.

55 New America Foundation, "The Drone War in Pakistan," https://www.newamerica.org/international-security/reports/americas-counterterrorism-wars/the-drone-war-in-pakistan/, accessed December 7, 2021.

56 Peter Bergen and Jennifer Rowland, "CIA Drone Strikes and the Taliban," in *Talibanistan*, Peter Bergen and Katherine Tiedemann, eds. (New York, NY: Oxford University Press, 2013), 229.

57 Osama bin Laden, "Summary on Situation in Afghanistan and Pakistan," Office of the Director of National Intelligence, trans., undated, https://www.dni.gov/files/documents/ubl/english/Summary%20on%20situation%20in%20Afghanistan%20and%20Pakistan.pdf.

58 OEF Study Group: Interview with Former Defense Secretary Leon Panetta, undated.

59 “Terrorism,” *Gallup*, December 8–9, 2015, https://news.gallup.com/poll/4909/terrorism-united-states.aspx.

60 Barack Obama, “President Obama: We Will Degrade and Ultimately Destroy ISIL,” *Obama White House*, December 10, 2014, https://obamawhitehouse.archives.gov/blog/2014/09/10/president-Obama-we-will-degrade-and-ultimately-destroy-isil.

61 Barack Obama, “Transcript: President Obama’s Speech Outlining Strategy to Defeat Islamic State,” *Washington Post*, September 10, 2014.

62 William T. Eliason, “An Interview with General Joseph Votel,” *Joint Force Quarterly* 89:2 (2018): 39.

63 Becca Wasser et al., *The Air War Against the Islamic State* (Santa Monica, CA: RAND Corporation, 2019), 41, 52–53, 115–16; Michael Gordon, *Degrade and Destroy* (New York: Macmillan, 2022).

64 Joseph Votel and Eero Keravuori, “The By-With-Through Operational Approach,” *Joint Force Quarterly* 89:2 (2018): 40. Italics in original.

65 Joseph Votel and Elizabeth Dent, “The Danger of Abandoning Our Partners,” *The Atlantic*, October 8, 2019.

66 Mazloum Abdi, “If We Have to Choose Between Compromise and Genocide, We Will Choose Our People,” *Foreign Policy*, October 13, 2019.

67 Brian Dodwell, Paul Cruickshank, and Kristina Hummel, “A View from the CT Foxhole: General (Ret) Joseph Votel, Former Commander, U.S. Central Command,” *CTC Sentinel* 12:10 (2019): 12.

68 Carter Malkasian, *The American War in Afghanistan: A History* (Oxford: Oxford University Press, 2021), 357.

69 “Terrorism,” *Gallup*, https://news.gallup.com/poll/4909/terrorism-united-states.aspx, accessed January 27, 2018; “Most Important Problem,” *Gallup*, https://news.gallup.com/poll/1675/most-important-problem.aspx, accessed December 7, 2021.

第四章

1 James Turner Johnson, *The Holy War Idea in Western and Islamic Traditions* (Philadelphia, PA: Pennsylvania State University Press, 1997), 21.

2 Rudolph Peters, *Jihad in Classical and Modern Islam: A Reader* (Princeton, NJ: Markus Wiener Publishers, 1996), vii.

3 Asma Afsaruddin, “Jihad and Martyrdom in Islamic Thought and History,” *Oxford Research Encyclopedias*, March 2016, available at https://doi.org/10.1093/acrefore/9780199340378.013.46.

4 P.M. Holt, Ann K.S. Lambton, and Bernard Lewis, eds., *The Cambridge History of Islam*, Volume 1A: *The Central Islamic Lands from Pre-Islamic Times to the First World War* (Cambridge: Cambridge University Press, 1970), 3.

5 Ibn Khaldun, *The Muqaddimah: An Introduction to History*, trans. Franz Rosenthal (Princeton, NJ: Princeton University Press, 1967), 421.

6 有關穆罕默德的生平及軍事創新，請見：W. Montgomery Watt, *Muhammad: Prophet and Statesman* (Oxford: Oxford University Press, 1961); Karen Armstrong, *Muhammad: A Biography of the Prophet* (New York, NY: HarperCollins, 1992); Russ Rodgers, *The Generalship of Muhammad: Battles and Campaigns of the Prophet of Allah* (Gainesville, FL: University Press of Florida, 2012).

7 Ibn Khaldun, *The Muqaddimah: An Introduction to History*, 421. Emphasis in original. Various translations of this text are available—see, for instance, the Princeton University Press translation from 2015.

8 Malik Mufti, “The Art of Jihad,” *History of Political Thought* 28:2 (2007): 195.

9 Marshall Hodgson, *The Venture of Islam: The Classical Age of Islam*, Volume 1 (Chicago, IL: Chicago University Press, 1974), 175.

10 此處「哈里發」（khulafah）單數為 khalifah，亦是 caliph 一詞的出處。

11 有關這些征戰，請見：Fred M. Donner, *The Early Islamic Conquests* (Princeton, NJ: Princeton University Press, 1981); Richard Bonney, *Jihad: From Qur'an to bin Laden* (New York, NY: Palgrave Macmillan, 2004).

12 Carole Hillenbrand, *The Crusades: Islamic Perspectives* (Edinburgh: Edinburgh University Press, 1999), 92–93.

13 Hillenbrand, *The Crusades*, 94.

14 Hillenbrand, *The Crusades*, 95–96.

15 相關例子，請見：John Kelsay, "Al-Shaybani and the Islamic Law of War," *Journal of Military Ethics* 2:1 (2003): 63–75; Majid Khadurri, *The Islamic Law of War: Al-Shaybani's Siyar* (Baltimore, MD: Johns Hopkins University Press, 2002).

16 有關沙菲伊，請見：Asma Afsaruddin, "Jihad and Martyrdom in Islamic Thought and History," *Oxford Research Encyclopaedia—Religion*, March 2016.

17 Nial Christie, *The Book of the Jihad of Ali ibn Tahir al-Sulami (d.1106): Text, Translation and Commentary* (London: Routledge, 2015).

18 Hillenbrand, *The Crusades*, 103.

19 John Kelsay, *Arguing the Just War in Islam* (Cambridge, MA: Harvard University Press, 2007), 121.

20 Kelsay, *Arguing the Just War in Islam*, 121.

21 Rudolph Peters, *Islam and Colonialism: The Doctrine of Jihad in Modern History* (The Hague: Mouton, 1979).

22 Nelly Lahoud, "The Evolution of Modern Jihadism," *Oxford Research Encyclopaedia*, August 31, 2016.

23 Anthony Tsontakis, "Revolution in the Eye of Sayyid Qutb," *The New Rambler*, February 2017.

24 Tsontakis, "Revolution in the Eye of Sayyid Qutb."

25 有關聖戰激進份子，請見：Shiraz Maher, *Salafi-Jihadism: The History of an Idea* (London: Hurst and Company, 2016); Jarret Brachman, *Global Jihadism: Theory and Practice* (London: Routledge, 2009).

26 Johannes J.G. Jansen, *The Neglected Duty: The Creed of Sadat's Assassins and Islamic Resurgence in the Middle East* (New York, NY: Macmillan Press, 1986).

27 Naim Qassem, *Hizbullah: The Story from Within* (London: Saqi, 2005), 34–49.

28 除了阿札姆的著作，其他請見：Thomas Hegghammer, *The Caravan: Abdallah Azzam and the Rise of Global Jihad* (Cambridge: Cambridge University Press, 2020).

29 Joas Wagemakers, "Salafism," *Oxford Research Encyclopaedia*, August 5, 2016.

30 Shiraz Mahir, *Salafi-Jihadism: The History of an Idea* (London: Penguin Books, 2016).

31 有關賓拉登的戰略，請見：Mohammad-Mahmoud Ould Mohamedou, *Understanding al-Qaeda: Changing War and Global Politics* (London: Pluto Press, 2011); Gilles Kepel and Jean-Pierre Mileli, eds., *Al-Qaeda in its Own Words* (Cambridge, MA: Belknap Press, 2008); Michael Ryan, *Decoding Al-Qaeda Strategy: The Deep Battle Against America* (New York, NY: Columbia University Press, 2013).

32 "Ubuwat al-nasifa: Ahamiyataha wa tariq istikhdamaha" (Explosive Devices: Importance and Ways to Use), *Al-Naba* 101:1439 (October 12, 2017): 8.

33 有關 ISI 和 ISIS，請見 Ahmed S. Hashim, *The Caliphate at War: Operational Realities and Innovations of Islamic State* (New York, NY: Oxford University Press, 2018); Abu Bakr Naji, *The Management of Savagery*, trans. Will McCants (Boston, MA: John Olin Institute for Strategic Studies, Harvard University, 2006).

第五章

1 "Full text: China's New Party Chief Xi Jinping's speech," *BBC News*, November 15, 2012, https://www.bbc.com/news/world-asia-china-20338586.

2 Xi Jinping, Report at 19th CPC National Congress, *Xinhua*, November 3, 2017, http://www.xinhuanet.com/english/special/2017-11/03/c_136725942.htm.

3 Friso Stevens, "China's Long March to National Rejuvenation: Toward a Neo-Imperial Order in East Asia," *Asian Security* 17:1 (2021).

4 "Featured Excerpt from 'The Long Game: China's Grand Strategy to Displace American Order,' " *China Leadership Monitor*, September 1, 2021, https://www.prcleader.org/dashi.

5 Hoo Tiang Boon, *China's Global Identity: Considering the Responsibilities of Great Power* (Washington, DC: Georgetown Press, 2018), 5–6.

6 Boon, *China's Global Identity*, 5–6.

7 Mao Zedong, "The Chinese People Have Stood Up: Opening Address at the First Plenary Session of the Chinese People's Political Consultative Conference 21 September 1949," as quoted in Victoria Tin-Bor Hui, "The China Dream: Revival of What Historical Greatness," *China Dreams: China's New Leadership and Future Impacts*, Arthur Shuhfan Ding and Chih-shian Liou, eds. (Singapore: World Scientific Publishing Co, 2015), 8.

8 Jiang Zemin, Speech at the Meeting Celebrating the 80th Anniversary of the Founding of the Communist Party of China, Permanent Mission of the People's Republic of China to the United Nations Office at Geneva, http://www.china-un.ch/eng/zgbd/smwx/t85789.htm.

9 Jiang, Speech at the Meeting Celebrating the 80th Anniversary of the Founding of the Communist Party of China.

10 Zheng Wang, "The Chinese Dream: Concept and Context," *Journal of Chinese Political Science Association of Chinese Political Studies* 19 (2014): 3.

11 Wang, "The Chinese Dream," 4.

12 Xi Jinping, Speech on the CCP's 100th anniversary, *Nikkei Asia*, July 1, 2021, https://asia.nikkei.com/Politics/Full-text-of-Xi-Jinping-s-speech-on-the-CCP-s-100th-anniversary.

13 Victoria Tin-bor Hui, "The China Dream: Revival of What Historical Greatness?," in *China Dreams: China's New Leadership and Future Impacts*, Arthur S. Ding and Chih-Shian Liou, eds. (Singapore: New World Scientific, 2015), 12.

14 Hui, "The China Dream," 26.

15 Friso Stevens, "China's Long March to National Rejuvenation."

16 "Deng: A Third World War is Inevitable," *Washington Post*, September 1, 1980.

17 Zheng Wang, *Never Forget National Humiliation* (New York, NY: Columbia University Press, 2012), 130, as quoted in in Orville Schell and John DeLury, "Rejuvenation," Chinafile, July 2, 2013, https://www.chinafile.com/library/excerpts/rejuvenation-fu-xing.

18 Wang, *Never Forget National Humiliation*, 132.

19 Xi Jinping, "Achieving Rejuvenation is the Dream of the Chinese People," November 29, 2012, in *The Governance of China* (Beijing: Foreign Language Press, 2014), 37.

20 Xi Jinping, "Achieving Rejuvenation is the Dream of the Chinese People," 37.

21 Xi Jinping, "Address to the First Session of the 12th National People's Congress," March 17, 2013, as quoted in *The Governance of China*, 41–42.

22 Kirk A. Denton, "China Dreams and the Road to Revival," *Origins* 8:3 (2014), available at https://origins.osu.edu/users/kirk-denton.

23 Xi Jinping, Speech on the CCP's 100th Anniversary.

24 Xi Jinping, Speech on the CCP's 100th Anniversary.

25 Delia Lin, "Morality Politics Under Xi Jinping," *East Asia Forum*, August 1, 2019, available at https://www.eastasiaforum.org/2019/08/01/morality-politics-under-xi-jinping/.

26 Xiangzhen Tang and Xiaofei Fan, "Analysis on the Way of Integrating Xi Jinping's Educational Thought of 'Cultivating People by Virtue'," in "Teaching Paradigm of Ideological and Political Courses in Medical Colleges," *International Journal of Science* 6:7 (2019).

27 "China Schools: Xi Jinping Thought Introduced into Curriculum," *BBC News*, August 25, 2021, available at https://www.bbc.com/news/world-asia-58301575.

28 Eric Cheung, "Inherit the Red Gene: China Issues Xi-focused Morality Guidelines," *CNN*, October 30, 2019, available at https://www.cnn .com/2019/10/30/asia/china-morality-xi-jinping-intl-hnk/index.html.

29 Nathan Vanderklippe, "China's New Moral Guide Elevates Xi Over Mao, Urges National Pride Over Foreign Influence," *The Globe and Mail*, October 28, 2019, available at https://www.theglobeandmail.com/world/article-chinas-moral-guide-urges-national-pride-over-foreign-influence/.

30 Nathan Vanderklippe, "China's New Moral Guide Elevates Xi Over Mao."

31 "China Bans Effeminate Men from Tv," *The Associated Press*, September 2, 2021, https://www.npr.org/2021/09/02/1033687586/china-ban-effeminate-men-tv-official-morality.

32 Wanqing Zhang, "Chinese Director Speaks Out Against Culture Sector Crackdown," *Sixth Tone*, September 14, 2021, https://www.sixthtone.com/news/1008505/chinese-director-speaks-out-against-culture-sector-crackdown.

33 Joseph Brouwer, "Netizen Voices: LGBT Groups, #Metoo Activist Shuts Down by wechat, weibo," *China Digital Times*, July 9, 2021, available at https://chinadigitaltimes.net/2021/07/netizen-voices-lgbt-groups-metoo-activist-shut-down-by-wechat-weibo/.

34 Jessica Batke, "The New Normal for Foreign NGOs in 2020," The China NGO Project, January 3, 2020, https://www.chinafile.com/ngo/analysis/new-normal-foreign-ngos-2020.

35 Peter Ford, "China Targets 'Hostile Foreign Forces' in Crescendo of Accusations," *The Christian Science Monitor*, November 9, 2015, https://www.csmonitor.com/World/Asia-Pacific/2014/1109/China-targets-hostile-foreign-forces-in-crescendo-of-accusations.

36 Cindy Carter, "Translation: Everyone Can Sense that a Profound Transformation is Underway," *China Digital Times*, August 31, 2021, https://chinadigitaltimes.net/2021/08/translation-everyone-can-sense-that-a-profound-transformation-is-underway/.

37 Ford, "China Targets 'Hostile Foreign Forces.' "

38 Ford, "China Targets 'Hostile Foreign Forces.' "

39 State Council Information Office of the PRC, "China's Epic Journey from Poverty to Prosperity," September 2021, available at https://news.cgtn.com/news/files/Full-Text-China's-Epic-Journey-from-Poverty-to-Prosperity.pdf.

40 Lily Zhao, "Chinese Prime Minister: 600 Million People Earn Less Than $145 a Month," World Socialist Web Site, August 19, 2020.

41 "A History of Common Prosperity," *China Newspeak*, August 27, 2021, available at https://chinamediaproject.org/2021/08/27/a-history-of-common-prosperity/.

42 Karishma Vaswani, "Changing China: How Xi's 'Common Prosperity' May Impact the World," *BBC News*, October 7, 2021, available at https://www.bbc.com/news/business-58784315.

43 Mercy A. Kuo, "China's Common Prosperity: The Maoism of Xi Jinping," *The Diplomat*, September 23, 2021, available at https://thediplomat.com/2021/09/chinas-common-prosperity-the-maoism-of-xi-jinping/.

44 Chris Buckley, Alexandra Stevenson, and Cao Li, "Warning of Income Gap, Xi Tells China's Tycoons to Share Wealth," *New York Times*, September 7, 2021.

45 "China Focus: 'Be Ready to Win Wars,' China's Xi orders PLA," *Xinhuanet*, January 8, 2017, available at http://www.xinhuanet.com/english/2017-08/01/c_136491455.htm.

46 Xi Jinping, Speech on the CCP's 100th Anniversary.

47 Ben Westcott, "Chinese President Xi Jinping Tells Troops to Focus on 'Preparing for War,' " *CNN*, October 14, 2020, available at https://www.cnn.com/2020/10/14/asia/xi-jinping-taiwan-us-esper-intl-hnk/index.html.

48 Xue Guifang and Zheng Jie, "China's Building of Overseas Military Bases: Rationale and Challenges," *China Quarterly of International Strategic Studies* 5:4 (2019): 493–510, available at https://www.worldscientific.com/doipdf/10.1142/S237774001950026X.

49 Merics, "The PLA's Mask Diplomacy," *China Global Security Tracker* 7 (August 3, 2020), available at https://merics.org/en/tracker/plas-mask-diplomacy.

50 Guifang and Jie, "China's Building of Overseas Military Bases: Rationale and Challenges," 495.

51 "Continue to Promote the Reunification of the Motherland," Embassy of the People's Republic of China in the United States of America, available at http://www.china-embassy.org/eng/zt/999999999/t36735.htm.

52 "An Idea for the Peaceful Reunification of the Chinese Mainland and Taiwan," June 26, 1983, available at http://en.people.cn/dengxp/vol3/text/c1120.html.

53 "China Calls for Peaceful Reunification with Taiwan," *Outlook*, October 9, 2011, available at https://www.outlookindia.com/newswire/story/china-calls-for-peaceful-reunification-with-taiwan/737680.

54 "South China Sea, Island Exercise!" *CCTV Military*, October 10, 2020, available at https://mp.weixin.qq.com/s/eXWnAJmEa9tT4VRpC6TWtg.

55 Carlos Garcia and Yew Lun Tian, "China's Xi Vows 'Reunification' with Taiwan," *Reuters*, October 9, 2021, available at https://www.reuters.com/world/china/chinas-xi-says-reunification-with-taiwan-must-will-be-realised-2021-10-09/.

56 See "Full Text of Xi Jinping's Report at 19th CPC National Congress," November 3, 2017, *Xinhua*, available at xinhuanet .com/english/special/2017–11 /03/c136725942.htm.

57 "How it Happened: Transcript of the US-China Opening Remarks in Alaska," *Nikkei Asia*, March 19, 2021.

58 "Hu Urges Enhancing 'Soft Power' of Chinese Culture," *China Daily*, October 15, 2007, available at https://www.chinadaily.com.cn/china/2007-10/15/content_6226620.htm.

59 Wang Huning,"Culture as National Soft Power: Soft Power," *Journal of Fudan University*, March 1993, as quoted in Bonnie S. Glaser and Melissa E. Murphy, "Soft Power with Chinese Characteristics: The Ongoing Debate," in *Chinese Soft Power and Its Implications for the United States: Competition and Cooperation in the Developing World*, Carola McGiffert,ed. (Washington DC: Center for Strategic and International Studies, March 2009), available at https://csis-website-prod.s3.amazonaws.com/s3fs-public/legacy_files/files/media/csis/pubs/090310_chinesesoftpower_chap2.pdf.

60 Asit K. Biswas and Cecilia Tortajada, "China's Soft Power is on the Rise," *China Daily*, February 28, 2018.

61 Wu You, "The Rise of China with Cultural Soft Power in the Age of Globalization," *Journal of Literature and Art Studies* 8:5 (2018): 774.

62 Wu You, "The Rise of China with Cultural Soft Power in the Age of Globalization."

63 "Xi Jinping Calls for More 'Loveable' Image for China in Bid to Make Friends," *BBC News*, June 2, 2021.

64 Laura Silver, Kat Devlin, and Christine Huang, "Unfavorable Views of China Reach Historic Highs in Many Countries," Pew Research Center, October 6, 2020.

65 Daniel Tobin, “How Xi Jinping’s ‘New Era’ Should Have Ended U.S. Debate on Beijing’s Ambitions,” Center for Strategic and International Studies Report (May 2020), available at https://www.csis.org/analysis/how-xi-jinpings-new-era-should-have-ended-us-debate-beijings-ambitions.

66 Xi Jinping, Report at 19th CPC National Congress.

第六章

1 Валéрий Герасимов [Valery Gerasimov], “Ценность науки в предвидении: Новые вызовы требуют переосмыслить формы и способы ведения боевых действий” [“The Value of Science Is in the Foresight: New Challenges Demand Rethinking the Forms and Methods of Carrying Out Combat Operations”], Военно-промышленный курьер [*Military-Industrial Courier*], February 26, 2013.

2 Sun Tzu, *The Art of War*, trans., Samuel B. Griffith (New York, NY: Oxford University Press, 1971), 77. Emphasis added.

3 Sun Tzu, *The Art of War*, 67.

4 George F. Kennan, “Organizing Political Warfare,” April 30, 1948, Woodrow Wilson Center, History and Public Policy Program Digital Archive.

5 Mao Zedong, *On Guerrilla Warfare*, trans. Samuel B. Griffith (Urbana, IL: University of Illinois Press, 2000), 46.

6 Oleg Kalugin, “Inside the KGB: An Interview with Retired KGB Maj. Gen. Oleg Kalugin,” interview by the Cold War Production Team, CNN, January 1998.

7 Charles K. Bartles, “Getting Gerasimov Right,” *Military Review* 96:1 (2016): 30. Emphasis added.

8 “سردار قاسم سليماني: گمنامي: خواسته شهيدان ما بود” [“Commander Qassemi: Anonymity Was the Wish of Our Martyrs”], روزنامه جمهوري اسلامي [*Jomhouri-ye Eslami*], June 7, 2005.

9 相關例子，請見：سپاه پاسداران انقلاب اسلامی [Islamic Revolutionary Guard Corps], بر دو سال جنگ گذری [*A Glance at Two Years of War*] (Tehran: Political Office, 1982).

10 سپاه پاسداران انقلاب اسلامی [Islamic Revolutionary Guard Corps], گذری بر دو سال جنگ [*A Glance at Two Years of War*], 15.

11 相關例子，請見：Brandon A. Pinkley, *Guarding History: The Islamic Revolutionary Guard Corps and the Memory of the Iran-Iraq War*, Special Historical Study 12 (Washington, DC: Joint History Office, Office of the Chairman of the Joint Chiefs of Staff, 2018)。同樣的，許多有關伊斯蘭革命衛隊的歷史，請見：حسین اردستانی [Hossein Ardestani], کتاب رویارویی استراتژی‌ها جنگ عراق و ایران [*Confrontation of Strategies in the Iran-Iraq War*] (Tehran: Sepah Center for Sacred Defense Documents and Research, 1388 AH [2009 / 2010 CE]), 101–; 2 محمد درودیان [Muhammad Durudiyan], تحلیلی سال‌به‌سال: آغاز تا پایان [*Beginning to End: A Year-by-Year Analysis*] (Tehran: Sepah Center for War Studies and Research, 1383 AH [2004 / 2005 CE]), 44.

12 照片來源為記者亞妮莎・夏希德（Anisa Shaheed）。“Who Is Soleimani’s Successor Ismail Khan?”, *Tolo News* (Afghanistan), January 5, 2020.

13 US Department of Defense, “OIF EFP Detonations by Month: July 2005 to December 2011,” undated, accessed on April 21, 2022, available at https://admin.govexec.com/media/gbc/docs/pdfsedit/enclosure_tab_a_document_for_review_(150813_ oif_efp_pull_no_summary)_(1) .pdf.

14 有關這些活動，請見：Seth Jones, *Three Dangerous Men: Russia, China, Iran, and the Rise of Irregular Warfare* (New York, NY: W. W. Norton, 2021).

15 Tim Arango, et al., “The Iran Cables: Secret Documents Show How Tehran Wields Power in Iraq,” *New York Times*, November 19, 2019.

16 Arango, “The Iran Cables.”

17 Statement of Ladislav Bittman, Former Deputy Chief of the Disinformation Department of the Czechoslovak Intelligence Service, “Soviet Covert Action (The Forgery Offensive): Hearings Before the Subcommittee on Oversight of the Permanent Select Committee on Intelligence,” US House of Representatives (Washington, DC: US Government Printing Office, 1980), 43–44.

18 相關例子，請見：Герасимов [Gerasimov], “Ценность науки в предвидении” [“The Value of Science Is in the Foresight”]; Валерии Герасимов [Valery Gerasimov], “Мир на гранях войны,” [“World on the Brink of War”], Военно-промышленный курьер [*Military-Industrial Courier*], March 13, 2017.

19 Владимир Тихонов [Vladimir Tikhonov] interview with Валерии Герасимов [Valery Gerasimov], Военно-промышленный курьер [*Military-Industrial Courier*], May 25, 2005.

20 相關格拉西莫夫的訪談內容，請見：Наби Набиев [Nabi Nabiyev], “Горячие будни генерала Герасимова” [“Gen. Gerasimov’s Busy Routine”], Красная звезда [*Red Star*], March 12, 2001.

21 Valery Gerasimov, PowerPoint Slides, Moscow Conference on International Security, May 23, 2014. The slides were published in Anthony H. Cordesman, *Russia and the “Color Revolution”: A Russian Military View of a World Destabilized by the U.S. and the West* (Washington, DC: Center for Strategic and International Studies, 2014), 11–25.

22 Bartles, “Getting Gerasimov Right.”

23 Герасимов [Gerasimov], “Ценность науки в предвидении” [“The Value of Science Is in the Foresight”]; Валерии Герасимов [Valery Gerasimov], “По опыту Сирии,” [“On the Syrian Experience”], Военно-промышленный курьер [*Military-Industrial Courier*], No. 44, March 9, 2016.

24 Gerasimov, PowerPoint Slides, May 23, 2014. Emphasis added.

25 Валерии Герасимов [Valery Gerasimov], “Военные опасности и военные угрозы Российской Федерации в современных условиях” [“Military Dangers and Military Threats of the Russian Federation in Modern Conditions”], Армейский Сборник [*Army Journal*], No. 5, April 16, 2015.

26 Герасимов [Gerasimov], “Ценность науки в предвидении” [“The Value of Science Is in the Foresight”].

27 Валерий Герасимов [Valery Gerasimov], “Влияние современного характера вооруженной борьбы на направленность строительства и развития Вооруженных Сил Российской Федерации. Приоритетные задачи военной науки в обеспечении обороны страны” [“The Influence of the Contemporary Nature of Armed Struggle on the Focus of the

Construction and Development of the Armed Forces of the Russian Federation. Priority Tasks of Military Science in Safeguarding the Country's Defense"], Вестник Академии Военных Наук [*Journal of the Academy of Military Sciences*] 62:2 (2018): 18.

28 Валерии Герасимов [Valery Gerasimov], "ИГИЛ начался с 'Талибана' " ["ISIS Began with the 'Taliban' "], Военно-промышленный курьер [*Military-Industrial Courier*], October 12, 2015.

29 "Special Operations Forces Created in Russian Armed Forces—General Staff," Interfax, March 6, 2013.

30 Sun Tzu, *The Art of War*, 77.

31 See Jones, *Three Dangerous Men*.

32 Валерии Герасимов [Valery Gerasimov], "Вооруженные Силы Российской Федерации и борьба с международным терроризмом" ["The Armed Forces of the Russian Federation and the Fight Against International Terrorism"], V Московской конференции по международной безопасности [V Moscow Conference on International Security], April 27, 2016.

33 Вíктор Баранéц [Victor Baranets], "Начальник Генштаба Вооруженных сил России генерал армии Валерий Герасимов: 'Мы переломили хребет ударным силам терроризма' " ["Chief of the General Staff of the Armed Forces of Russia Army General Valery Gerasimov: 'We Have Broken the Ridge of the Shock Forces of Terrorism' "], Комсомольская правда [*Komsomolskaya Pravda*], December 26, 2017.

34 Баранец [Baranets], "Начальник Генштаба Вооруженных сил России генерал армии Валерий Герасимов" ["Chief of the General Staff of the Armed Forces of Russia Army General Valery Gerasimov"].

35 Герасимов [Gerasimov], "Вооруженные Силы Российской Федерации и борьба с международным терроризмом" ["The Armed Forces of the Russian Federation and the Fight Against International Terrorism"].

36 有關俄國軍隊在敘利亞的預先部署，請見：Валерий Половинкин [Valery Polovinkin], ed., Российское оружие в сирийском конфликте [*Russian Weapons in Syrian Conflict*] (Moscow: STATUS, 2016).

37 Герасимов [Gerasimov], "Ценность науки в предвидении" ["The Value of Science Is in the Foresight"].

38 國內生產毛額（購買力平價指數），其包括中國二二・五兆美元、美國二十・五兆美元、俄國四兆美元（二〇二〇年估計值）。Central Intelligence Agency, World Factbook, "Real GDP (Purchasing Power Parity)," 2021, https://www.cia.gov/the-world-factbook/field/real-gdp-purchasing-power-parity/country-comparison/.

39 人口數量資料，其包括中國十四億、美國三・三五億、俄國一・四二億（二〇二二年估計值）。Central Intelligence Agency, World Factbook, "Country Comparisons—Population," 2022, https://www.cia.gov/the-world-factbook/field/population/country-comparison/

40 國防預算資料，其包括中國一千九百三十億美元、美國七千三百八十億美元、俄國六百一十億美元（二〇二〇年估計值）。International Institute for Strategic Studies, *The Military Balance*, Volume 21 (London: International Institute for Strategic Studies, 2022), 23.

41 Foreign and Commonwealth Office, *UK Exposes Series of Russian Cyber Attacks Against Olympic and Paralympic Games* (London: UK Foreign and Commonwealth Office, October 19, 2020); United States of America v. Yuriy Sergeyevich Andrienko, et al., United States District Court, Western District of Pennsylvania, Indictment, Criminal No. 20–316, October 15, 2020.

42 Совет Безопасности Российской Федерации [Security Council of the Russian Federation], Стратегия национальной безопасности Российской Федерации [National Strategy of the Russian Federation], July 2, 2021.

43 "CAR: Experts Alarmed by the Government's Use of 'Russian Trainers,' Close Contacts with UN Peacekeepers," Human Rights Council, United Nations Office of the High Commissioner, March 31, 2021, available at https://www.ohchr.org/EN/NewsEvents/Pages/DisplayNews.aspx?NewsID=26961&LangID =E.

44 *Lawfare* (blog), "What Laws Constrain This Russian Private Military Company?" Zarko Perovic, posted March 23, 2021, https://www.lawfareblog.com/what-laws-constrain-russian-private-military -company; Samuel Ramani, "Russia's Strategic Transformation in Libya: A Winning Gambit?," RUSI Commentary, April 28, 2021, available at https://www.rusi.org/explore-our-research/publications/commentary/russias-strategic-transformation-libya-winning-gambit. RUSI is one of the top think tanks in the United Kingdom.

45 Robert Jervis, *The Meaning of the Nuclear Revolution: Statecraft and the Prospect of Armageddon* (Ithaca, NY: Cornell University Press, 1989), 1.

46 Jervis, *The Meaning of the Nuclear Revolution*, 1.

47 Герасимов [Gerasimov], “Ценность науки в предвидении” [“The Value of Science Is in the Foresight”].

48 David C. Gompert, Astrid Stuth Cevallos, and Cristina L. Garafola, *War with China*: *Thinking Through the Unthinkable* (Santa Monica, CA: RAND, 2016), xiv.

49 有關競賽及可能局勢，請見：John Gordon IV, et al., *Army First Capabilities for 2025 and Beyond* (Santa Monica, CA: RAND, 2019); Raphael S. Cohen, et al., *The Future of Warfare in 2030* (Santa Monica, CA: RAND, 2020); David Ochmanek et al., *U.S. Military Capabilities and Forces for a Dangerous World* (Santa Monica, CA: RAND, 2017); *War on the Rocks* (blog), “How Does the Next Great Power Conflict Play Out? Lessons from a Wargame,” James Lacey, posted April 22, 2019; Gompert et al., *War with China*.

50 International Institute for Strategic Studies, *The Military Balance* (London: International Institute for Strategic Studies, 2021), Volume 21, 23.

51 Валерии Герасимов [Valery Gerasimov], “По опыту Сирии,” [“On the Syrian Experience”], Военно-промышленный курьер [*Military-Industrial Courier*], 44 (March 9, 2016).

第七章

1 Han S. Park, *North Korea: Politics of Unconventional Wisdom* (Boulder, CO: Lynne Rienner, 2002), 47.

2 David R. Hawk, *Thank You, Father Kim Il Sung: Eyewitness Accounts of Severe Violations of Freedom of Thought, Conscience, and Religion in North Korea* (Washington, DC: US Commission on International Religious Freedom, 2005), v, available at https://www.uscirf.gov/sites/default/files/resources/stories/pdf/nkwitnesses_wgraphics.pdf.

3 Human Rights Council, "Report of the Commission of Inquiry on Human Rights in the Democratic People's Republic of Korea," United Nations, February 7, 2014, available at https://documents-dds-ny.un.org/doc/UNDOC/GEN/G14/108/66/PDF/G1410866.pdf?OpenElement.

4 Robert Collins, "Marked for Life: Songbun, North Korea's Social Classification System," Committee for Human Rights in North Korea, June 6, 2012, 7, available at https://www.hrnk.org/uploads/pdfs/HRNK_Songbun_Web.pdf.

5 Gavan McCormack, "Kim Country: Hard Times in North Korea," *New Left Review* 198 (1993): 35.

6 Nicholas Eberstadt, *The End of North Korea* (Washington, DC: AEI Press, 1999), 31.

7 National Foreign Assessment Center, *Korea: The Economic Race between the North and the South* (Langley, VA: Central Intelligence Agency, 1978), 8.

8 Eberstadt, *The End of North Korea*, 35.

9 Eberstadt, *The End of North Korea*, 134.

10 R. Jeffrey Smith, "Perry Sharply Warns North Korea," *Washington Post*, May 31, 1994.

11 Sue Mi Terry, "North Korea's Nuclear Family," *Foreign Affairs* 100:5 (2021), available at https://www.foreignaffairs.com/articles/north-korea/2021-08-24/north-koreas-nuclear-family.

12 Stephan Haggard and Marcus Noland, "Famine in North Korea Redux?," Working Paper Series, Peterson Institute for International Economics, 2008, 2.

13 Stephan Haggard and Marcus Noland, "Aid to North Korea," Peterson Institute of International Economics, August 1, 2007, available at https://www.piie.com/commentary/op-eds/aid-north-korea.

14 Evan Ramstad, "Studies Ponder Reunification . . . Some Day," *Wall Street Journal*, November 22, 2010.

15 Namgung Min, "$800,000 Spent Preserving Kim Il Sung's Body," *Daily NK*, April 16, 2008, available at https://www.dailynk.com/english/800000-spent-preserving-kim-il-sun/.

16 Don Oberdorfer, *The Two Koreas: A Contemporary History* (New York, NY: Basic Books, 2001), 395.

17 Kim Hakjoon, *Dynasty: The Hereditary Succession Politics of North Korea* (Stanford, CA: Shorenstein Asia-Pacific Research Center, 2015), 153.

18 Bureau of Arms Control, Verification and Compliance, "World Military Expenditures and Arms Transfers 2019," US Department of State, https://2017-2021.state.gov/world-military-expenditures-and-arms-transfers/index.html, accessed December 4, 2021.

19 "Khan 'Gave N Korea Centrifuges,' " *BBC*, August 24, 2005, http://news.bbc.co.uk/2/hi/south_asia/4180286.stm.

20 US Department of State, "Joint Statement of the Fourth Round of the Six-Party Talks Beijing," September 19, 2005, available at https://2001-2009.state.gov/r/pa/prs/ps/2005/53490.htm.

21 David Lague and Donald Greenless, "Squeeze on Banco Delta Asia Hit North Korea Where It Hurt—Asia-Pacific—International Herald Tribune," *New York Times*, January 18, 2007.

22 Jonathan Watts and Tania Branigan, "North Korea's Leader Will Not Last Long, Says Kim Jong-un's Brother," *The Guardian*, January 17, 2012, available at https://www.theguardian.com/world/2012/jan/17/north-korea-leader-not-long. See Tom Parry, "My Brother the Dictator Is a Big Joke—Book," *The Daily Mirror*, January 18, 2012.

23 Victor Cha and Lisa Collins, "The Markets: Private Economy and Capitalism in North Korea?" Beyond Parallel/CSIS, August 26, 2018, available at https://beyondparallel.csis.org/markets-private-economy-capitalism-north-korea/.

24 Cha and Collins, "The Markets."

25 "North Korea Requires Students to Take 81-Hour Course on Kim Jong-un," *KBS World*, November 25, 2014, available at http://world.kbs.co.kr/service/new_sview.htm?lang=e&Seq_Code=106892.

26 Josh Smith, " 'Treasured Sword:' North Korea Seen as Reliant as Ever on Nuclear Arsenal as Talks Stall," *Reuters*, November 13, 2018, available at https://www.reuters.com/article/us-northkorea-missiles-nuclear-analysis/treasured-sword-north-korea-seen-as-reliant-as-ever-on-nuclear-arsenal-as-talks-stall-idUSKCN1NI132.

27 See, for instance, Erica Pardney, "The Trump Admin's 'Bloody Nose' Strategy to Strike North Korea," *Axios*, January 8, 2018.

28 Philip Rucker and Josh Dawsey, " 'We Fell in Love:' Trump and Kim Shower Praise, Stroke Egos on Path to Nuclear Negotiations," *Washington Post*, February 25, 2019.

29 Congressional Research Service, "North Korea's Nuclear Weapons and Missile Programs," December 13, 2021, https://sgp.fas.org/crs/nuke/IF10472.pdf.

30 David Sanger, David Kirkpatrick, and Nicole Perlroth, "The World Once Laughed at North Korea as a Cyberpower. No More," *New York Times*, October 15, 2017.

31 Michelle Nichols, "North Korea Took $2 Billion in Cyberattacks to Fund Weapons Program: U.N. Report," *Reuters*, August 5, 2019, https://www.reuters.com/article/us-northkorea-cyber-un/north-korea-took-2-billion-in-cyberattacks-to-fund-weapons-program-u-n-report-idUSKCN1UV1ZX.

32 Central Intelligence Agency, "Real GDP Per Capita," *The World Factbook*, https://www.cia.gov/the-world-factbook/field/real-gdp-per-capita/country-comparison, accessed December 8, 2021.

第八章

1 新戰爭的論文在學者間備受抨擊，他們主要的批評在於這種戰爭形式並非真正「新的」；罪犯、認同以及意識形態動機間的區別站不住腳；而且關於新戰爭的說法也無法獲得數據證明。Mark Duffield, *Global Governance and the New Wars: The Merging of Development and Security* (London: Zed Books, 2014); Stathis Kalyvas, " 'New' and 'Old' Civil Wars: A Valid Distinction?," *World Politics* 54:1 (2001): 99–118; Mats Berdal, "How 'New' Are 'New Wars'? Global Economic Change and the Study of Civil War," *Global Governance* 9:4 (2003): 477–502.

2 Denis Tull and Andreas Mehler, "The Hidden Costs of Power-Sharing: Reproducing Insurgent Violence in Africa," *African Affairs* 104:416 (2005): 375–98. This is contested by Helga Malmin Binningsbo, "Power-Sharing and Postconflict Peace Periods," presentation at the 47th Annual Convention of the International Studies Association, San Diego, 2006.

3 USAID, "Agriculture and Food Security in the DR Congo," https://www.usaid.gov/democratic-republic-congo/agriculture-and-food-security, accessed November 2, 2021.

4 Stefaan Marysse and Catherine Andre, "Guerre et pillage economique en Republique democratique du Congo," in *L'Afrique des Grands Lacs*, *Annuaire 2000–2001*, Filip Reyntjens and Stefaan Marysse, eds. (Paris: L'Harmattan, 2001); Bjørn Willum, "Foreign Aid to Rwanda: Purely Beneficial or Contributing to War?" PhD dissertation, Institute of Political Science, University of Copenhagen, 2001.

5 United Nations, "Report of the Panel of Experts," S/2001/357, April 12, 2001, 27.

6 資料來源為作者二〇一三年八月二十一日在金沙薩所做訪談。

7 資料來源為作者二〇一五年九月十六日在金沙薩所做訪談。

8 Thomas Callaghy, *The State-Society Struggle: Zaire in Comparative Perspective* (New York, NY: Columbia University Press, 1984); Crawford Young and Thomas Turner, *The Rise and Decline of the Zairian State* (Madison, WI: University of Wisconsin Press, 1985).

9 資料來源為作者二〇一四年七月八日在金沙薩所做訪談。

10 這些數字來自作者二〇一二至二〇一六年期間在剛果所進行的田野調查；其他相關資料，請見：Jason Stearns, *The War That Doesn't Say Its Name: The Unending Conflict in the Congo* (Princeton, NJ: Princeton University Press, 2022).

11 更多聯合國專家團體的研究報告，請見：https://www.un.org/sc/suborg/en/sanctions/1533/work-and-mandate/expert-reports; Ann Laudati, "Beyond Minerals: Broadening 'Economies of Violence' in Eastern Democratic Republic of Congo," *Review of African Political Economy* 40:135 (2013): 32–50; Judith Verweijen and Esther Marijnen, "The Counterinsurgency/Conservation Nexus: Guerrilla Livelihoods and the Dynamics of Conflict and Violence in the Virunga National Park, Democratic Republic of the Congo," *Journal of Peasant Studies* 45:2 (2018): 300–20; Michael Nest, Francois Grignon, and Emizet F. Kisangani, *The Democratic Republic of Congo: Economic Dimensions of War and Peace* (Boulder, CO: Lynne Rienner, 2006).

12 United Nations, "Final Report of the Group of Experts on the DRC Submitted in Accordance with Paragraph 18(d) of Security Council Resolution 1857 (2008)," S/2009/603, November 23, 2009, https://www.undocs.org/S/2009/603.

13 Jason Stearns, Judith Verweijen, and Maria Eriksson Baaz, *The National Army and Armed Groups in the Eastern Congo: Untangling the Gordian Knot of Insecurity* (London: Rift Valley Institute, 2013).

14 Jason Stearns, *From CNDP to M23: The Evolution of an Armed Movement in Eastern Congo* (London: Rift Valley Institute, 2012).

15 資料來源為作者二〇〇八年一月十三日在沙蘭港（Dar es Salaam）所做訪談。

16 Patrick Vinck and Phuong Pham, "Searching for Lasting Peace Population-Based Survey on Perceptions and Attitudes about Peace, Security and Justice in Eastern Democratic Republic of the Congo," Harvard Humanitarian Initiative, 2014.

17 Judith Verweijen and Claude Iguma, *Understanding Armed Group Proliferation in the Eastern Congo* (Nairobi: Rift Valley Institute, 2015).

18 資料來源為作者二〇一六年二月二十一日在金沙薩所做訪談。

19 這是根據透過學術資料庫 Nexis Uni，搜尋《潛力報》檔案中，有關「攻擊」（attaque）、「暴力」（violence）和「武裝團體」（groupe armé）等關鍵字並進行篩選所得出結果。搜尋結果再進行排序，只保留那些提及具體襲擊事件的文章。至於，同一襲擊事件的多篇文章，則全都算為一篇。

20 Marielle Debos, *Living by the Gun in Chad: Combatants, Impunity and State Formation* (London: Zed Books Ltd., 2016).

21 Debos, *Living by the Gun in Chad*; Henrik Vigh, *Navigating Terrains of War: Youth and Soldiering in Guinea-Bissau* (Copenhagen: Berghahn Books, 2006).

22 Food and Agriculture Organization (FAO), *Ending Extreme Poverty in Rural Area* (Rome: FAO, 2018), 8.

23 United Nations Office on Drugs and Crime (UNODC), "The Transatlantic Cocaine Market," (Dakar: UNODC, 2011), 15; "Cybercrime Is Costing Africa's Businesses Billions," *Quartz*, June 12, 2018.

24 Scott Straus, "Wars Do End! Changing Patterns of Political Violence in Sub-Saharan Africa," *African Affairs* 111:443 (2012): 179–201.

25 Shola Omotola, "From Political Mercenarism to Militias: The Political Origin of the Niger Delta Militias," in *Fresh Dimensions on the Niger Delta Crisis of Nigeria*, Victor Ojakorotu, ed. (South Africa: JAPSS Press, 2009), 91; Judith Burdin Asuni, *Understanding the Armed Groups of the Niger Delta* (New York, NY: Council on Foreign Relations, 2009).

26 Morten Bøåoas and Liv Elin Torheim, "The Trouble in Mali—Corruption, Collusion, Resistance," *Third World Quarterly* 34:7 (2013): 1279–92.

27 Peter Geschiere and Francis Nyamnjoh, "Capitalism and Autochthony: The Seesaw of Mobility and Belonging," in *Millennial Capitalism and the Culture of Neoliberalism*, Jean Comaroff and John Comaroff, eds. (Durham, NC: Duke University Press, 2001), 159–90.

28 David Keen, "Liberalization and Conflict," *International Political Science Review* 26:1 (2005): 73–89.

29 Deborah Bryceson and Vali Jamal, eds., *Farewell to Farms: De-Agrarianisation and Employment in Africa* (London: Routledge, 2019).

30 William Masters et al., "Urbanization and Farm Size in Asia and Africa: Implications for Food Security and Agricultural Research," *Global Food Security* 2:3 (2013): 156–65.

31 Jean-Francois Bayart and Stephen Ellis, "Africa in the World: A History of Extraversion," *African Affairs* 99:395 (2000): 217–67.

32 Tobias Hagmann, *Stabilization, Extraversion and Political Settlements in Somalia* (Nairobi: Rift Valley Institute, 2016).

33 Zachariah Mampilly and Jason Stearns, "A New Direction for US Foreign Policy in Africa," *Dissent* 67:4 (2020): 107–17.

第九章

1 Enormous fifteenth-century "treasure ships" allowed the early Ming dynasty to send expeditionary forces far abroad. One such force defeated Ceylon and captured its king. Geoff Wade, "The Zheng He Voyages: A Reassessment," *Journal of the Malaysian Branch of the Royal Asiatic Society* 78:1 (2005): 37–58.

2 Alex Roland, *War and Technology: A Very Short Introduction* (Oxford: Oxford University Press, 2016), 48–49; and John Keegan, *The Price of Admiralty: The Evolution of Naval Warfare* (New York, NY: Penguin, 1988), xix–xxi.

3 Beatrice Heuser, *The Evolution of Strategy: Thinking War from Antiquity to the Present* (Cambridge: Cambridge University Press, 2010), 205–11.

4 Alfred Thayer Mahan, *The Influence of Seapower Upon History, 1660–1783* (Boston, MA: Little Brown, 1890), 138.

5 Alfred Thayer Mahan, *Naval Strategy Compared and Contrasted with the Principles And Practice of Military Operations on Land* (Boston, MA: Little, Brown, and Company, 1911), 176.

6 Mahan, *Naval Strategy*, 418.

7 Frank McLynn, *1759: The Year Britain Became Master of the World* (London: Penguin, 2004).

8 Keegan, *Price of Admiralty*, xxii–xxiii.

9 Probably the most famous is Julian Corbett's "maritime strategy." Julian S. Corbett, *Some Principles of Maritime Strategy* (Annapolis, MD: US Naval Institute, 1988 [1911]).

10 Giulio Douhet, *The Command of the Air* (Washington, DC: Office of Air Force History, 1983 [1921]), 3–10, quoted at 9.

11 Douhet, *Command of the Air*, 21. See also Stephen Budiansky, *Air Power: The Men, Machines, and Ideas That Revolutionized War, from Kitty Hawk to Iraq* (New York, NY: Penguin, 2005), 144.

12 Tami Davis Biddle, *Rhetoric and Reality in Air Warfare: The Evolution of British and American Ideas about Strategic Bombing, 1914–1945* (Princeton, NJ: Princeton University Press, 2004), 128–47; and Phil Haun, ed., *Lectures of the Air Corps Tactical School and American Strategic Bombing in World War II* (Lexington, KY: University of Kentucky Press, 2019).

13 Douhet, *Command of the Air*, 10.

14 Stanley Baldwin, comments in the House of Commons, November 10, 1932, available at https://api.parliament.uk/historic-hansard/commons/1932/nov/10/international-affairs.

15 William Emerson, "Operation Pointblank: A Tale of Bombers and Fighters," US Air Force Academy Harmon Memorial Lecture #4 (1962), available at https://www.usafa.edu/app/uploads/Harmon04.pdf.

16 Jon R. Lindsay, *Information Technology and Military Power* (Ithaca, NY: Cornell University Press, 2020), 71–108.

17 關於此辯論有兩則重要的資料，分別是：Philips Payson O'Brien, *How the War was Won: Air-Sea Power and Allied Victory in World War II* (Cambridge: Cambridge University Press, 2019); and Adam Tooze, *The Wages of Destruction: The Making and Breaking of the Nazi Economy* (New York, NY: Viking, 2007). 兩者的結論都是轟炸對德國戰爭的能力深具影響，但此結果是因為多年實踐而來。

18 Bernard S. Brodie, *Strategy in the Missile Age* (Santa Monica, CA: RAND, 1959).

19 Colin S. Gray, "The Influence of Space Power Upon History," *Comparative Strategy* 15:4 (1996): 293–308. For a recent attempt to provide such a framework, see Bleddyn E. Bowen, *War in Space: Strategy, Spacepower, Geopolitics* (Edinburgh: Edinburgh University Press, 2020). Bowen draws on Corbett's maritime logic to develop his theory, as does John J. Klein, *Space Warfare: Strategy, Principles and Policy* (London: Routledge, 2006).

20 這一規則的例外則是所謂思想的制高點，認為「在未來，太空部隊將會主宰陸地上的部隊」。但這個想法直到冷戰後期才出現。Matthew Mowthorpe, *The Militarization and Weaponization of Space* (Lanham, MD: Lexington Books, 2004), 15.

21 Robert A. Divine, *The Sputnik Challenge: Eisenhower's Response to the Soviet Satellite* (Oxford: Oxford University Press, 1993).

22 Mowthorpe, *Militarization and Weaponization of Space*, 19–22.

23 Robert C. Harding, *Space Policy in Developing Countries* (Abingdon: Routledge, 2013), 53–54.

24 Roland, *War and Technology*, 97. 冷戰後期，當雷根總統宣布太空飛彈防禦系統的計畫時，「太空軍事化」的相關辯論再次出現。這並沒有成為將太空改造為真正戰爭領域的重要推力，即使批評者不斷警告未來將可能會是如此。相關例子，請見：Joan Johnson-Freese, *Space Warfare in the 21st Century: Arming the Heavens* (New York, NY: Routledge, 2017).

25 Jordan Branch, "What's in a Name? Metaphors and Cybersecurity," *International Organization* 75:1 (2021): 39–70; and Erick D. McCroskey and Charles A. Mock, "Operational Graphics for Cyberspace," *Joint Force Quarterly* 85 (2017): 42–49.

26 John Arquilla and David Ronfeldt, "Cyberwar is Coming!," in *In Athena's Camp: Preparing for the Next Conflict in the Information Age*, John Arquilla and David Ronfeldt, eds. (Santa Monica, CA: RAND, 1993).

27 Thomas Rid, "Cyberwar Will Not Take Place," *Journal of Strategic Studies* 35:1 (2012): 5–32.

28 Jon R. Lindsay, "Stuxnet and the Limits of Cyber Warfare," *Security Studies* 2:3 (2013): 365–404.

29 Joshua Rovner, "What Is an Intelligence Contest?," *Texas National Security Review* 3:4 (2020): 114–20.

30 Joshua Rovner, "Warfighting in Cyberspace," in *Ten Years In: Implementing Strategic Approaches to Cyberspace*, Emily Goldman, Michael Warner, and Jacquelyn Schneider, eds. (Newport, RI: Naval War College, Newport Papers, 2021).

31 Jacqueline Schneider, *Digitally Enabled Warfare: The Capability-Vulnerability Paradox* (Washington, DC: Center for a New American Security, 2016). Nightmare scenarios are common in the literature on cybersecurity. Prominent analysts have used fiction to draw attention to the risks of catastrophic sudden defeat. Peter Singer and August Cole wrote the preface to the congressionally mandated *Report of the Cyber Solarium Commission* (2020), calling it "A Warning from Tomorrow." See also Eliott Ackerman and Adm. James Stavridis (ret.), *2034: A Novel of the Next World War* (New York, NY: Penguin, 2021).

32 Nina Kollars and Emma Moore, "Every Marine a Blue-Haired Quasi-Rifleperson?," *War on The Rocks*, August 21, 2019.

33 Lindsay, *Information Technology and Military Power*.

34 Chris Dougherty, "Confronting Chaos: A New Concept for Information Advantage," *War on the Rocks*, September 9, 2021.

35 Recent commentary includes Hal Brands, "Win or Lose, U.S. War Against China or Russia Won't Be Short," *Bloomberg*, June 14, 2021; Andrew F. Krepenevich, Jr., *Protracted Great Power War: A Preliminary Assessment* (Washington, DC: Center for a New American Security, 2020); and Joshua Rovner, "Two Kinds of Catastrophe: Nuclear Escalation and Protracted War in Asia," *Journal of Strategic Studies* 40:5 (2017): 696–730.

36 皆引用自：Heuser, *The Evolution of Strategy*, 201–7.

37 Heuser, *Evolution of Strategy*, 209.

38 Edward L. Dreyer, *Zheng He: China and the Oceans in the Early Ming Dynasty* (London: Pearson, 2006).

39 N.A.M. Rodger, *The Command of the Ocean: A Naval History of Britain, 1649–1815* (New York, NY: W.W. Norton, 2005), 368; and Roger Knight, "From Impressment to Task Work: Strikes and Disruption in the Royal Dockyards, 1688–1788," in *History of Work and Labor Relations in the Royal Dockyards*, Kenneth Lunn and Ann Day, eds. (London: Mansell, 1999).

40 Nick Bunker, *An Empire on the Edge: How Britain Came to Fight America* (New York, NY: Vintage, 2015).

41 Robert S. Ross, "China's Naval Nationalism: Sources, Prospects, and the U.S. Response," *International Security* 34:2 (2009): 46–81.

42 Samuel Zilincik, "Technology is Awesome, But So What?! Exploring the Relevance of Technologically Inspired Awe to the Construction of Military Theories," *Journal of Strategic Studies* 45:2 (2021): 5–32.

43 B.H. Liddell Hart, *Paris, or The Future of War* (New York, NY: E.P. Dutton, 1925), 29–31.

44 William Mitchell, "Winged Defense," in *The Roots of Strategy*, David Jablonsky, ed.(Mechanicsburg, PA: Stackpole Books, 1999 [1925]), 423.

45 David E. Omissi, *Air Power and Colonial Control: The Royal Air Force, 1919–1939* (Manchester: Manchester University Press, 1990), 107–33.

46 See, for instance, John Ferris, "Fighter Defense before Fighter Command: The Rise of Strategic Air Defence in Great Britain, 1917–1934," *Journal of Military History* 63:4 (1999): 845–84.

47 As quoted in Budiansky, *Air Power*, 143.

48 Curtis Peebles, *Shadow Flights: American's Secret War Against the Soviet Union* (Novato, CA: Presidio Press, 2000).

49 Analysts distinguish "militarization" from "weaponization." The former roughly describes space satellites that enable ground forces. Johnson-Freese, *Space as a Strategic Asset*, 82–140.

50 Bleddyn E. Bowen, "From the sea to outer space: The command of space as the foundation of spacepower theory," *Journal of Strategic Studies* 42:3–4 (2019): 532–56, at 542.

51 Thomas G. Mahnken, ed., *Competitive Strategies for the 21st Century: Theory, History, and Practice* (Stanford, CA: Stanford University Press, 2012). 此想法可能在雷根政府時期的戰略防禦動議中佔有一席之地，參考 Gregory G. Hildebrandt, "SDI and the Soviet Defense Burden," RAND Note N-2662-AF, September 1988.

52 Joshua Rovner and Tyler Moore, "Does the Internet Need a Hegemon?," *Journal of Global Security Studies* 2:3 (2017): 184–203.

53 Jon R. Lindsay and Erik Gartzke, "Coercion through Cyberspace: The Stability-Instability Paradox Revisited," in *Coercion: The Power to Hurt in International Politics*, Kelly M. Greenhill and Peter Krause, eds. (Oxford: Oxford University Press, 2018); Brandon Valeriano, Ryan C. Maness, and Benjamin Jensen, *Cyber Strategy: The Evolving Character of Power and Coercion* (Oxford: Oxford University Press, 2018); and Sarah Kreps and Jacquelyn Schneider, "Escalation Firebreaks in the Cyber, Conventional, and Nuclear Domains: Moving Beyond Effects-Based Logics," *Journal of Cybersecurity* 5:1 (2019): 1–11. On disconnecting, see Jane Wakefield, "Russia 'successfully tests' its unplugged internet," *BBC*, December 24, 2019, available at https://www.bbc.com/news/technology-50902496.

54 Paul M. Nakasone and Michael Sulmeyer, "How to Compete in Cyberspace," *Foreign Affairs* (online), August 25, 2020, available at https://www.foreignaffairs.com/articles/united-states/2020-08-25/cybersecurity.

55 跨領域戰略的例子，請見：Gidget Fuentes, "CYBERCOM: Navy-Marine Integration Must Extend Across the Cyber Realm to Protect Weapons Systems, Data," *USNI News*, June 29, 2021, available at https://news.usni.org/2021/06/29/cybercom-navy-marine-integration-must-extend-across-the-cyber-realm-to-protect-weapons-systems-data; and Andy Ozment and Tom Atkin, "Critical Partnerships: DHS, DoD, and the National Response to Significant Cyber Incidents," September 23, 2016, available at https://dod.defense.gov/Portals/1/features/2015/0415_cyber-strategy/docs/DOD-DHS-Cyber_Article-2016-09-23-CLEAN.pdf. On the State Department, see Ferial Ara Saeed, "A State Department for the Digital Age," *War on the Rocks*, June 21, 2021. On public private integration see Justin Doubleday, "CISA Looks to Tie Together Public-Private Partnerships Through New Cyber Planning Office," *Federal News Network*, August 5, 2021, available at https://federalnewsnetwork.com/cybersecurity/2021/08/cisa-looks-to-tie-together-public-private-partnerships-through-new-cyber-planning-office/.

56 Barry R. Posen, "Command of the Commons: The Military Foundation of U.S. Hegemony," *International Security* 28:1 (2003): 5–46.

57 Michael Horowitz, "The Spread of Nuclear Weapons and International Conflict: Does Experience Matter?," *Journal of Conflict Resolution* 53:2 (2009): 234–47.

第十章

1 作者在此特別感謝狄米崔・阿爾佩羅維奇（Dmitri Alperovitch）、班・布坎南（Ben Buchanan）、亞力克斯・奧爾良（Alex Orleans）、哈爾・布蘭德斯（Hal Brands）及一位未具名讀者所提出的寶貴意見與建議。

2 有關祕密行動的類型，請見：Gregory Treverton, *Covert Action: The Limits of Intervention in the Postwar World* (New York, NY: Basic Books, 1987).

3 從歷史上看，「祕密行動」（covert action）是美國（和英國）的專業術語。幾十年來，不同的情報機構都使用自己的術語，例如蘇聯集團的「積極措施」（active measures）。作者之所以在全球範圍內使用「祕密行動」一詞，是因為該詞在概念上富有成效，而且比大多數替代術語更準確。至於，英國方面的觀點，請見：Rory Cormac, *Disrupt and Deny* (New York, NY: Oxford University Press, 2018), 4.

4 Roger George, *Intelligence in the National Security Enterprise* (Washington, DC: Georgetown University Press, 2020), 205.

5 US Government, *National Security Act of 1947*, 84.

6 Central Intelligence Agency, "CIA Long-Range Planning for 1985–1990, Phase 2—Covert Action Goals," May 12, 1982.

7 Richard Spence, "Russia's Operatsiia Trest: A Reappraisal," *Global Intelligence Monthly* 1:4 (1999): 19.

8 George Kennan, "The Inauguration of Organized Political Warfare," History and Public Policy Program Digital Archive, April 30, 1948.

9 有關「信任行動」及美國政治作戰相關細節。請見：Thomas Rid, *Active Measures* (New York, NY: Farrar, Straus and Giroux, 2020) 18–32, 64.

10 NSC 10/2, June 18, 1948, Records of the National Security Council, RG 273, National Archives and Records Administration.

11 Rid, *Active Meausures*.

12 Treverton, *Covert Action*, 18.

13 Treverton, *Convert Action*, 15.

14 US Senate, "Covert Action in Chile 1963–1973," *Staff Report of the Select Committee to Study Governmental Operations with Respect to Intelligence Activities*, December 18, 1975, 22.

15 US Senate, "Covert Action in Chile 1963–1973," 22.

16 Central Intelligence Agency, "Coordination and Approval of Covert Operations," February 23, 1967, 4.

17 Central Intelligence Agency, "CIA Long-Range Planning for 1985–1990," 1.

18 Treverton, *Covert Action*, 14.

19 Central Intelligence Agency, "CIA Long-Range Planning for 1985–1990," 1.

20 以下四段參考作者所著《積極措施》(*Active Measures*)第二十三章。

21 House of Representatives Permanent Select Committee on Intelligence, *Soviet Active Measures*, July 13–14, 1982 (Washington, DC: Government Printing Office, 1982), 15, 221.

22 Vladimir P. Ivanov, "Роля и място на активните мероприятия в разузнаването," April 24, 1979, КГБ И ДС (Sofia: COMDOS Archive, 2010), 9, 3, 209, 45–54. Vladimir P. Ivanov, "Форми и методи на работа. Използването на агентура за влияние," беседа с др. В. П. Иванов на April 25, 1979, 5 юни 1979 г. (Sofia: COMDOS Archive, 2010), ф. НРС, пф. 9, оп 3, а.е. 209, л. 1–7.

23 Ivanov, "Роля и място на активните мероприятия в разузнаването."

24 Tennent Bagley and Sergei Kondrashev, *Spymaster* (New York, NY: Skyhorse, 2013), 187.

25 Ivanov, "Роля и място на активните мероприятия в разузнаването."

26 Ivanov, "Роля и място на активните мероприятия в разузнаването."

27 Treverton, *Covert Action*, 27.

28 Thomas Powers, *The Man Who Kept the Secrets: Richard Helms & the CIA* (New York, NY: Knopf, 1979), 284.

29 US Government, "Executive Order 12333—United States Intelligence Activities," 1981, 200.

30 William Johnson, *Thwarting Enemies at Home and Abroad* (Washington, DC: Georgetown University Press, 2009), 2.

31 Sandra Grimes and Jeanne Vertefeuille, *Circle of Treason. A CIA Account of Traitor Aldrich Ames and the Men He Betrayed* (Annapolis, MD: Naval Institute Press, 2013).

32 John Ehrman, “Toward a Theory of CI,” *Studies in Intelligence* 53:2 (2009).

33 Robin W. Winks, *Cloak and Gown: Scholars in the Secret War, 1939–1961* (New York, NY: William Morrow, 1987), 323.

34 Robert Hathaway and Russell Jack Smith, *Richard Helms* (Washington, DC: Central Intelligence Agency History Staff, 1993), 102.

35 David Robarge, “ ‘Cunning Passages, Contrived Corridors:’ Wandering in the Angletonian Wilderness,” *Studies in Intelligence* 53:4 (2009), 4.

36 See “Draft Notes by TJG for Assassination Records Review Board,” January 15, 1997.

37 Max Frankel, “Soviet Aide Sees Defector, Who Elects to Stay in U.S.,” *New York Times*, February 15, 1964.

38 John Hart, “The Monster Plot: Counterintelligence in the Case of Yuriy Ivanovich Nosenko,” CIA, December 1976. See also John Hart, “James J. Angleton, Anatoliy Golitsyn, and the ‘Monster Plot:’ Their Impact on the CIA Personnel and Operations,” *Studies in Intelligence* 55:4 (2014): 47.

39 Cleveland Cram, *Of Moles and Molehunters: A Review of Counterintelligence Literature, 1977–92* (Washington, DC: Center for the Study of Intelligence, 1993).

40 Cram, *Of Moles and Molehunters*, 26.

41 See David Robarge, “Moles, Defectors, and Deceptions: James Angleton and CIA Counterintelligence,” *Journal of Intelligence History* 3:2 (2003): 21–49.

42 Tennent H. (Pete) Bagley, “Ghosts of the Spy Wars: A Personal Reminder to Interested Parties,” *International Journal of Intelligence and CounterIntelligence* 28:1 (2015): 1–37.

43 National Counterintelligence and Security Center, “Strategic Plan 2018–2022,” April 2018, available at https://web.archive.org/web/20200502204052/ https://www.odni.gov/files/NCSC/documents/Regulations/2018-2022-NCSC-Strategic-Plan.pdf.

44 聯邦調查局在冷戰後期，以蘇聯為重點的反間諜工作相關回顧，請見：Ron Kessler, *Spy vs Spy* (New York, NY: Scribner, 1988).

45 Gordon Corera, *Russians Among Us* (New York, NY: Harper, 2020).

46 See David Wise, *Tiger Trap: America'sSecret Spy War with China* (New York, NY: Houghton Mifflin Harcourt, 2011).

47 Nicholas Eftimiades, *Chinese Intelligence Operations* (Annapolis, MD: Naval Institute Press, 1994), 6, 27.

48 Mara Hvistendahl, *The Scientist and the Spy* (New York, NY: Riverhead, 2020).

49 FBI, "Counterintelligence," https://web.archive.org/web/20211117104019/https://www.fbi.gov/investigate/counterintelligence, accessed December 16, 2021.

50 See Sebastian Rotella and Kirsten Berg, "Operation Fox Hunt," *Pro Publica*, July 22, 2021.

51 J. L. Tierney, "Soviet Active Measures Relating to the U.S. Peace Movement," Federal Bureau of Investigation, March 9, 1983, available at https://archive.org/details/1983-FBI-active-measures-peace-movement.

52 See First, "Traffic Light Protocol (TLP)," available at https://web.archive.org/web/20160918054223/https://www.first.org/tlp.

53 Richard Helms, *Communist Forgeries*, Hearing before the US Senate Judiciary Subcommittee to Investigate the Administration of the Internal Security Act and Other Security Laws (Washington, DC: Government Printing Office, 1961).

54 George Kalaris and Leonard Mccoy, "Counterintelligence for the 1990s," *International Journal of Intelligence and Counterintelligence* 2:2 (1988): 184.

55 作者針對月光迷宮事件的相關調查訪談，請見：Thomas Rid, *Rise of the Machines* (New York, NY: W.W. Norton, 2016).

56 Mandiant, "APT1," 2013.

57 Neel Mehta, Billy Leonard, and Shane Huntley, "Peering into the Aquarium: Analysis Of a Sophisticated Multi-Stage Malware Family," Google, September 5, 2014.

58 Mehta et al. *Peering into the Aquarium*.

59 Richard Helms, Interviewed by Robert Hathaway, May 30, 1984, https://web.archive.org/web/20210323220904/https://www.cia.gov/readingroom/docs/5_30_oral.pdf.

60 See National Security Agency, "Fourth Party Opportunities," undated, https://web.archive.org/web/20200921163305/https://www.spiegel.de/media/f19becb4-0001-0014-0000-000000035684/media-35684.pdf, accessed October 29, 2022.

61 NSA/CSS Threat Operations Center, "NSA's Offensive and Defensive Missions: The Twain Have Met," *SIDToday*, April 26, 2011, https://edwardsnowden.com/2015/01/18/nsas-offensive-and-defensive-missions-the-twain-have-met/.

62 相關細節，請見：Rid, *Active Measures*, Chapter 13.

63 Barbra Ortutay, "Facebook Takedowns Reveal Sophistication of Russian Trolls," *AP News*, March 12, 2020.

64 相關例子，請見二〇二一年十一月十六日在維吉尼亞州阿靈頓舉辦的 CYBERWARCON 多場研討會：https://web.archive.org/web/20211020161336/https://www.cyberwarcon.com/2021-agenda.

第十一章

1 See *Merriam-Webster*, s.v. "paradox," https://www.merriam-webster.com/dictionary/paradox, accessed April 21, 2022.

2 See Lawrence Freedman, "Strategy: History of an Idea," Chapter 1 in this volume. See also Matthew Kroenig, "Machiavelli and the Naissance of Modern Strategy," Chapter 4 in this volume.

3 Freedman, "Strategy." Freedman credits Williamson Murray with this useful metaphor.

4 "Introduction," in *Makers of Modern Strategy from Machiavelli to the Nuclear Age*, Peter Paret, ed. (Princeton, NJ: Princeton University Press, 1986), 3.

5 Carl von Clausewitz, *On War*, trans. and ed. Michael Howard and Peter Paret (Princeton, NJ: Princeton University Press, 1976), 89. I've discussed these points more fully in *On Grand Strategy* (New York, NY: Penguin, 2018), 200–5, 210.

6 Hew Strachan, "The Elusive Meaning and Enduring Relevance of Clausewitz," Chapter 5 of this volume. See also, on three-body problems, James Gleick, *Chaos: Making a New Science* (New York, NY: Viking, 1987), 43–45; and, as fiction, Cixin Liu, *The Three-Body Problem*, trans. Ken Liu (New York, NY: Tor Books, 2014).

7 Clausewitz, *On War*, 141.

8 Leo Tolstoy, *War and Peace*, trans. Richard Pevear and Larissa Volokhonsky (New York, NY: Knopf, 2007), 189. Emphasis in original. The context is the Battle of Schongrabern, in November 1805. For the grammar versus logic distinction, see Bernard Brodie, *War and Politics* (New York, NY: Macmillan, 1973).

9 Matthew 7:20, King James Version. For more on strategic horticulture, see Robert L. Beisner, *Dean Acheson: A Life in the Cold War* (New York, NY: Oxford University Press, 2006), 92; and John Lewis Gaddis, *George F. Kennan: An American Life* (New York, NY: Penguin, 2011), 495.

10 Toshi Yoshihara, "Sun Zi and the Search for a Timeless Logic of Strategy," Chapter 3 of this volume.

11 Yoshihara, "Sun Zi."

12 我曾在《大戰略》（*On Grand Strategy*）一書中詳細討論過這兩段的例子。

13 Yoshihara, "Sun Zi."

14 這點，我要感謝 Sir Michael Howard, *Clausewitz: A Very Short Introduction* (New York, NY: Oxford University Press, 2002), 4.：同時請參考 Antulio J. Echevarria II, "Jomini, Modern War, and Strategy: The Triumph of the Essential," Chapter 6 of this volume.。

15 See John H. Maurer, "Alfred Thayer Mahan and the Strategy of Sea Power," Chapter 7 of this volume.

16 特別參見： Brendan Simms, "Strategies of Geopolitical Revolution: Hitler and Stalin," Chapter 25 of this volume; and Robert A. Caro, *The Years of Lyndon Johnson: Means of Ascent* (New York, NY: Knopf, 1990).

17 Kroenig, "Machiavelli."

18 James Lacey's *Makers* essay, "Alexander Hamilton and the Financial Sinews of Strategy," Chapter 9 of this volume, provides a cogent account.

19 Walter Russell Mead, “Thucydides, Polybius, and the Legacies of the Ancient World,” Chapter 2 of this volume.

20 Robert B. Strasser, ed., *The Landmark Thucydides: A Comprehensive Guide to the Peloponnesian War* (New York, NY: Simon and Schuster, 1996), 16, 39–40.

21 Mead, “Thucydides, Polybius, and the Legacies of the Ancient World.”

22 在此部分語句，摘錄自 Gaddis, *On Grand Strategy*, 60.

23 Strasser, ed., *The Landmark Thucydides*, 44.

24 Yoshihara, “Sun Zi.”

25 See particularly, on language, Jing Tsu, *Kingdom of Characters: The Language Revolution That Made China Modern* (New York, NY: Riverhead Books, 2022), xi–xix.

26 Elizabeth Economy, “Xi Jinping and the Strategy of China’s Restoration,” Chapter 39 of this volume.

27 請見：Greg Woolf, *Rome: An Empire’s Story*, 218–22；另外，對於更大的模式，請見：Michael W. Doyle, *Empires* (Ithaca, NY: Cornell University Press, 1986).

28 該項新觀點，引用自 Andrew Roberts in *The Last King of America: The Misunderstood Reign of George III* (New York, NY: Viking, 2021).

29 Ahmed S. Hasim, “Strategies of Jihad: From the Prophet Muhammad to Contemporary Times,” Chapter 38 of this volume.

30 See Henry Kissinger, *World Order* (New York, NY: Penguin, 2014), especially pp. 23–41; also Matt J. Schumann, “Generational Competition in a Multipolar World: William III and Andre-Hercule de Fleury,” Chapter 12 in this volume.

31 更多相關區別之處，請見：Maurer, “Alfred Thayer Mahan and the Grand Strategy” of Sea Power”; S.C.M. Paine, “Japan Caught between Maritime and Continental Imperialism,” Chapter 17 in this volume; and Gaddis, *On Grand Strategy*, 258–62.

32 See Graham Allison, *Destined for War: Can America and China Escape Thucydides’ Trap?* (Boston, MA: Houghton Mifflin, 2017).

33 更多相關例子，請見：Jon Grinspan, *The Age of Acrimony: How Americans Fought to Fix Their Democracy, 1865–1915* (New York, NY: Bloomsbury, 2021).

34 See Kori Schake, "Strategic Excellence: Tecumseh and the Shawnee Confederacy," Chapter 15 of this volume.

35 John Adams to Abigail Adams, July 3, 1776, in *Adams Family Papers: An Electronic Archive*, Massachusetts Historical Society (2022), available at https://www.masshist.org/publications/adams-papers/index.php/view/ADMS-04-02-02-0016#sn=66.

36 引用自 John Quincy Adams, "Speech to the U.S. House of Representatives on Foreign Policy," July 4, 1821, in *Presidential Speeches: John Quincy Adams Presidency*, University of Virginia, Miller Center (2022)，取自：available at www.millercenter.org/president/jqadams/speeches/speech-3484. 查爾斯・艾德（Charles Edel）曾討論相關背景於 "John Quincy Adams and the Challenges of a Democratic Strategy," Chapter 14 in the present volume.

37 以至於在南北戰爭中北方聯邦顯然會獲勝之後，對於美國干預的恐懼，甚至使歐洲支持者放棄墨西哥的麥斯米蘭皇帝（Emperor Maximilian）。這是長期以來一直被現代人所忽視的一項論述，請見：Edward Shawcross, *The Last Emperor of Mexico: The Dramatic Story of the Habsburg Archduke Who Created a Kingdom in the New World* (New York, NY: Basic Books, 2021).

38 Robert Kagan, "Woodrow Wilson and the Rise of Modern American Grand Strategy," Chapter 22 of this volume. 取得菲律賓是依原則而來的例外。威廉・麥金利（William McKinley）總統的這項決定從一開始就飽受爭議，而羅斯福總統在一九五三年提出保證，使其在十年內實現獨立一事，則是任何帝國屬地的首創之一。

39 Kagan, "Woodrow Wilson."

40 本段論述參考自：Brendan Simms, "Strategies of Geopolitical Revolution: Hitler and Stalin," and S.C.M. Paine, "Japan Caught between Maritime and Continental Imperialism," Chapters 25 and 17, respectively, in the present volume.

41 有關在此三段論述，詳見：Gaddis, *On Grand Strategy*, 279–87; and in John Lewis Gaddis, *Russia, the Soviet Union, and the United States: An Interpretive History*, Second Edition (New York, NY: McGraw-Hill, 1990), 117–49.

42 John Lewis Gaddis, *The Cold War: A New History* (New York, NY: Penguin, 2005), 8–9; John A. Thompson, *A Sense of Power: The Roots of America's Global Role* (Ithaca, NY: Cornell University Press, 2015), 230.

43 Tami Davis Biddle, “Democratic Leaders and Strategies of Coalition Warfare: Churchill and Roosevelt in World War II,” Chapter 23 of this volume.

44 Sergey Radchenko, “Strategies of Detente and Competition: Brezhnev and Moscow’s Cold War,” Chapter 33 of this volume.

45 有關該選擇過程，詳見：*Strategies of Containment: A Critical Appraisal of American National Security Policy During the Cold War*, Revised and Expanded Edition (New York, NY: Oxford University Press, 2005).

46 有關論點更進一步內容，詳見：Lewis Gaddis, *The Long Peace: Inquiries into the History of the Cold War* (New York, NY: Oxford University Press, 1986), especially 106–15 and 216–32. 更進一步的討論，請見：John Lewis Gaddis, Philip H. Gordon, Ernest R. May, and Jonathan Rosenberg, eds., *Cold War Statesmen Confront the Bomb: Nuclear Diplomacy since 1945* (New York, NY: Oxford University Press, 1999).

47 Francis J. Gavin, “The Elusive Nature of Nuclear Strategy,” draft, Chapter 28 of this volume, 1–3; also, his *Nuclear Statecraft: History and Strategy in. the Atomic Age* (Ithaca NY: Cornell University Press, 2012).

48 有關論點，請見：Hal Brands and John Lewis Gaddis, “The New Cold War: America, China, and the Echoes of History,” *Foreign Affairs* 100 (November/December 2021), 10–21.

49 Brodie, *War and Politics*, 1.

50 Gaddis, *George F. Kennan*, 366.

51 Georgi Arbatov letter to the *New York Times*, December 8, 1987; Jean Davidson, “UCI Scientists Told Moscow’s Aim is to Deprive U.S. of Foe,” *Los Angeles Times*, December 12, 1988. Arbatov was the long-time head of the Moscow-based Institute for the Study of the USA and Canada.

52 See Eric Edelman, “The Strange Career of the 1992 Defense Planning Guidance,” in *In Uncertain Times: American Foreign Policy after the Berlin Wall and 9/11*, Melvyn P. Leffler and Jeffrey W. Legro, eds. (Ithaca, NY: Cornell University Press, 2011), 63–77.

53 Talbott, *The Russia Hand*, pp. 7–10.

54 Madeleine Albright, interview by Matt Lauer, *The Today Show*, NBC-TV, February 19, 1998, https://1997-2001.state.gov/statements/1998/980219a.html. See also Strobe Talbott, *The Russia Hand: A Memoir of Presidential Diplomacy* (New York, NY: Random House, 2002), 130–34.

55 有關此項背景回顧，請見：Edward Luce, "Is America Heading For Civil War?," *Financial Times*, May 31, 2022. See also, for the historical and sociological background, Robert D. Putnam, *The Upswing: How America Came Together a Century Ago and How We Can Do It Again* (New York, NY: Simon & Schuster, 2020).

國家圖書館出版品預行編目 (CIP) 資料

後冷戰時代的戰略：美國主導的世界秩序與科技變革帶來的全新戰場 / 霍爾．布蘭茲（Hal Brands）編；鼎玉鉉譯．-- 初版．-- 臺北市：商周出版：英屬蓋曼群島商家庭傳媒股份有限公司城邦分公司發行，民 2024.09 面；　公分（當代戰略全書；5）（莫若以明書房；BA8051）

譯自：The new makers of modern strategy : from the ancient world to the digital age.

ISBN 978-626-390-254-1（平裝）

1. CST：軍事戰略　2. CST：國際關係

592.4　　113011984

莫若以明書房　BA8051

當代戰略全書 5・後冷戰時代的戰略

美國主導的世界秩序與科技變革帶來的全新戰場

原文書名／The New Makers of Modern Strategy: From the Ancient World to the Digital Age [Part Five: Strategy in the Post-Cold War World]
作者／霍爾・布蘭茲（Hal Brands）
譯者／鼎玉鉉
責任編輯／陳冠豪
版權／顏慧儀
行銷業務／周佑潔、林秀津、林詩富、吳藝佳、吳淑華

線上版讀者回函卡

總編輯／陳美靜
總經理／彭之琬
事業群總經理／黃淑貞
發行人／何飛鵬
法律顧問／元禾法律事務所　王子文律師
出版／商周出版　台北市南港區昆陽街 16 號 4 樓
電話：(02)2500-7008　傳真：(02)2500-7759
E-mail：bwp.service@cite.com.tw
發行／英屬蓋曼群島商家庭傳媒股份有限公司　城邦分公司
台北市南港區昆陽街 16 號 8 樓
電話：(02)2500-0888　傳真：(02)2500-1938
讀者服務專線：0800-020-299　24 小時傳真服務：(02)2517-0999
讀者服務信箱：service@readingclub.com.tw
劃撥帳號：19833503
戶名：英屬蓋曼群島商家庭傳媒股份有限公司城邦分公司
香港發行所／城邦（香港）出版集團有限公司
香港九龍九龍城土瓜灣道 86 號順聯工業大廈 6 樓 A 室
電話：(825)2508-6231　傳真：(852)2578-9337
E-mail：hkcite@biznetvigator.com
馬新發行所／城邦（馬新）出版集團
Citée (M) Sdn Bhd
41, Jalan Radin Anum, Bandar Baru Sri Petaling,
57000 Kuala Lumpur, Malaysia.
電話：(603)9056-3833　傳真：(603)9057-6622　email: services@cite.my

封面設計／兒日設計　　內文排版／李信慧
印刷／鴻霖印刷傳媒股份有限公司
經銷商／聯合發行股份有限公司　電話：(02)2917-8022　傳真：(02) 2911-0053
地址：新北市 231 新店區寶橋路 235 巷 6 弄 6 號 2 樓

2024 年（民 113 年）9 月初版

城邦讀書花園
www.cite.com.tw

定價／599 元（平裝）450 元（EPUB）
ISBN：978-626-390-254-1（平裝）
ISBN：978-626-390-262-6（EPUB）